北大社·"十四五"普通高等教育本科规划教材

高等院校机械类"互联网+"创新规划教材

"十三五"江苏省高等学校重点教材（编号：2018−1−180）

机电传动控制

主　编　马如宏　袁　健
　　　　　熊　新

副主编　李春燕

北京大学出版社

PEKING UNIVERSITY PRESS

内 容 简 介

本书主要内容包括概述、机电传动系统的动力学基础、机电传动系统的驱动电动机、机电控制系统中的传感器技术、继电接触控制系统设计、PLC 的原理、其他常用 PLC 简介、机电传动控制设计范例和"机电传动控制"课程设计，可概括为继电接触控制系统设计、PLC 控制应用技术及机电传动控制课程设计三大部分。继电接触控制系统设计部分突出控制原理和逻辑控制思路；PLC 控制应用技术部分以三菱 FX2N 型 PLC 为主线，突出 PLC 程序设计和应用技术的实践；"机电传动控制"课程设计部分为本课程设计教学实施提供指导。

本书可作为高等学校机械设计制造及其自动化、机械工程、智能制造、电气工程及其自动化、机电一体化等相关专业的教材，也可作为相关工程技术人员的参考用书。

图书在版编目（CIP）数据

机电传动控制/马如宏，袁健，熊新主编 .—北京： 北京大学出版社，2024.8. — (高等院校机械类专业 "互联网+" 创新规划教材) .—ISBN 978 - 7 - 301 - 35324 - 0

Ⅰ. TM921.5

中国国家版本馆 CIP 数据核字第 2024NR5166 号

书　　　名	机电传动控制
	JIDIAN CHUANDONG KONGZHI
著作责任者	马如宏　袁健　熊新　主编
策划编辑	童君鑫
责任编辑	孙丹　童君鑫
数字编辑	蒙俞材
标准书号	ISBN 978 - 7 - 301 - 35324 - 0
出版发行	北京大学出版社
地　　　址	北京市海淀区成府路 205 号　100871
网　　　址	http://www.pup.cn　新浪微博:@北京大学出版社
电子邮箱	编辑部 pup6@pup.cn　总编室 zpup@pup.cn
电　　　话	邮购部 010 - 62752015　发行部 010 - 62750672　编辑部 010 - 62750667
印刷者	三河市北燕印装有限公司
经销者	新华书店
	787 毫米×1092 毫米　16 开本　18.5 印张　450 千字
	2024 年 8 月第 1 版　2024 年 8 月第 1 次印刷
定　　　价	59.80 元

前　言

本书是根据机械设计制造及其自动化专业和机械工程专业"机电传动控制"课程教学大纲编写的。编者总结了多年教学经验，在内容的选取上进一步体现了教材的系统性、实用性和先进性。本书力求突出"机电结合、电为机用"的特点，力求理论联系实际，介绍元器件时注重外部特性和在拖动控制系统中的应用。本书内容由浅入深、重点突出，除最后一章外，章后都附有习题，便于初学者自学。

本书分为 9 章，主要内容如下：第 1 章为概述，主要介绍机电传动控制系统的基本概念及系统设计的基本方法；第 2 章为机电传动系统的动力学基础，主要介绍机电传动系统的运动方程式及其含义、多轴拖动系统中转矩折算的基本原则和方法、典型生产机械的机械特性等内容；第 3 章为机电传动系统的驱动电动机，主要介绍步进电动机、伺服电动机、直流电动机的工作原理及基本控制方法；第 4 章为机电控制系统中的传感器技术，主要介绍常用传感器的工作原理及接口设计技术；第 5 章为继电接触控制系统设计，主要介绍继电接触控制系统的设计方法与技巧；第 6 章为 PLC 的控制原理，主要介绍 PLC 的基本原理、指令系统和编程技术与方法；第 7 章为其他常用 PLC 简介，主要介绍西门子、欧姆龙、施耐德、台达、和利时等公司的 PLC 产品特点；第 8 章为机电传动控制设计范例，主要通过产品开发设计实例，介绍机电传动控制系统的设计方法；第 9 章为"机电传动控制"课程设计，主要介绍机电传动控制课程设计的要求、设计方法及参考选题。

本书由马如宏、袁健、熊新任主编，李春燕任副主编。具体编写分工如下：第 1、6、9 章由马如宏编写；第 2、4 章由袁健编写；第 3、5 章由熊新编写；第 7、8 章由李春燕编写。全书由马如宏统稿。在本书的编写过程中，编者参阅了大量文献，在此向其作者表示诚挚的谢意。徐春亮、陆启亮等参与了本书的图表制作工作，在此一并表示感谢。

由于编者水平有限，书中难免存在不妥之处，敬请广大读者批评指正。

编　者

2024 年 5 月

资源索引

目　　录

第1章
概　　述

本章教学目的及要求

（1）熟悉机电传动控制的目的和任务。
（2）了解机电传动控制系统的发展。
（3）掌握机电传动控制系统的基本要素和功能。
（4）熟悉控制系统的基本概念。
（5）了解机电传动控制系统的设计方法。

▶
机电传动
控制宣传片

▶
机电传动控
制的目的和
任务

1.1　机电传动控制的目的和任务

机电传动（又称电力传动或电力拖动）是以电动机为原动机驱动生产机械的系统总称。其作用是将电能转变为机械能，实现生产机械的启动、停止以及速度调节，满足各种生产工艺过程的要求，保证生产过程正常进行。在现代工业中，为了实现生产过程自动化，机电传动不仅包括拖动生产机械的电动机，而且包括控制电动机的一整套控制系统。也就是说，现代机电传动是与由各种控制元件组成的自动控制系统紧密联系的。所以，本课程被命名为"机电传动控制"（又称"机械电气控制"）。

"机电传动控制"课程作为机械设计制造及其自动化专业的一门专业基础课，是机电一体化人才所需电知识结构的"躯体"。机电传动控制系统在生产过程、科学研究及其他领域的应用十分广泛。《机电传动控制》是研究解决与生产机械的电气传动控制有关问题、阐述机电传动控制原理、介绍常用控制电路以及控制电路设计等的教材。

在现代化生产中，生产机械的先进性和电气自动化程度反映了工业生产发展的水平。现代化机械设备和生产系统不再是传统的单纯机械系统，而是机电一体化的综合系统，机电传动控制系统成为现代化机械的重要组成部分。因此，从广义上讲，机电传动控制要使

生产机械、生产线、车间甚至整个工厂都实现自动化；从狭义上讲，机电传动控制以电动机为原动机驱动生产机械，将电能转变为机械能，实现生产机械的启动、停止及调速，满足各种生产工艺过程的要求，实现生产过程自动化。例如，要求一些精密机床的加工精度达几十微米甚至几微米；为保证加工精度和控制表面粗糙度，要求重型镗床在极低的稳速下进给，即要求在很大的范围内调速；轧钢车间的可逆式轧机及其辅助机械操作频繁，要求在不到 1s 时间内完成从正转到反转的过程，即要求其迅速启动、制动和反转；要求电梯和提升机启动、制动平稳，并能准确地停止在给定位置；对于冷、热连轧机及造纸机，要求各机架或各分部的转速保持一定的比例关系进行协调运转；为了提高效率，要求由数台或数十台设备组成的生产自动线统一控制和管理。以上要求都是靠电动机及其控制系统和机械传动装置实现的。

党的二十大报告提出，到 2035 年我国发展的总体目标之一是实现高水平科技自立自强，进入创新型国家前列。坚持走中国特色自主创新道路，在创新型国家建设上取得长足发展，在关键性技术、前沿引领技术、现代工程技术、颠覆性技术创新等方面取得重大突破，实现关键核心技术自主可控，进入创新型国家前列，把发展主导权牢牢掌握在自己手中。现代化生产对机电传动控制系统提出了越来越高的要求，特别是电子、航空航天及汽车等高新技术工业的发展都依赖机械工业制造技术，并且工艺设备由"重大长厚"向"轻小短薄"发展。而每一次新技术的出现都是与新型加工方法、加工手段和测量控制技术密切相关的。

目前，我国加速发展制造技术，引进国外先进技术，吸收新技术成果，并加快单机自动化、局部生产过程自动化、生产线自动化和全厂综合自动化的步伐。这些都离不开机电传动控制。

1.2　机电传动控制系统的发展

机电传动控制系统总是随着社会生产的发展而发展。在近代机械工业的发展过程中，机电传动的发展经历了一个复杂的过程。

电机拖动的发展大体经历了成组拖动、单电动机拖动和多电动机拖动三个阶段，如图 1-1 所示。所谓成组拖动，就是一台电动机拖动一根天轴，再由天轴通过带轮和皮带分别拖动各生产机械。这种拖动方式生产效率低、劳动条件差，一旦电动机发生故障，就会造成成组的生产机械停车。所谓单电动机拖动，就是用一台电动机拖动一台生产机械，虽然比成组拖动前进了一步，但当一台生产机械的运动部件较多时，机械传动机构仍十分复杂。所谓多电动机拖动，就是一台生产机械的每个运动部件分别由一台专门的电动机拖动，如龙门刨床的刨台、左右垂直刀架与侧刀架、横梁及其夹紧机构均分别由一台电动机拖动，不仅简化了生产机械的传动机构，而且控制灵活，为生产机械自动化提供了有利条件。所以，现代化机电传动大多采用多电动机拖动。

控制系统随着控制器件的发展而发展。随着功率器件、放大器件的不断更新，机电传动控制系统的发展日新月异，其发展过程如图 1-2 所示。最早的机电传动控制系统出现在 20 世纪初，它仅借助简单的接触器与继电器等控制电器，实现对控制对象的启动、停

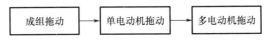

图1-1　电机拖动的发展过程

车及有级调速等控制,其控制速度低、控制精度差。20世纪30年代出现了电机放大机控制,它使控制系统从断续控制发展到连续控制,连续控制系统可随时检查控制对象的工作状态,并根据输出及与给定量的偏差自动调整控制对象,其控制速度及控制精度都大大超过了最初的断续控制,并减少了电路中的触点,提高了可靠性,使生产效率提高。20世纪40—50年代出现了磁放大器控制和水银整流器控制。20世纪50年代末期出现了大功率固体可控整流元件——晶闸管,晶闸管控制很快就取代了水银整流器控制。随后出现了功率晶体管控制,由于晶体管和晶闸管具有效率高、控制特性好、反应快、使用寿命长、可靠性高、维护容易、体积小、质量轻等优点,因此它们的出现为机电传动控制系统开辟了新纪元。随着数控技术的发展,计算机尤其是微型计算机的出现和应用使控制系统发展到新阶段——采样控制;它也是一种断续控制,但是与最初的断续控制不同,它的控制间隔(采样周期)比控制对象的变化周期短得多,因此几乎等效于连续控制。它紧密结合了晶闸管技术、微电子技术、计算机技术,具有强大的生命力。

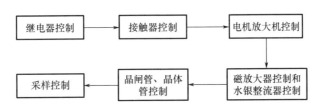

图1-2　机电传动控制系统的发展过程

　　为了适应工业自动化和生产过程变动节奏加快的要求,电气控制逐步采用顺序控制技术。所谓顺序控制,就是按预先规定的逻辑顺序自动对机械设备的动作和生产过程进行的一种控制。20世纪60年代末发展起来的实现顺序控制的一种通用电气控制装置称为顺序控制器(也称程序控制器),其一般具有逻辑运算、顺序操作、定时、计数、程序转移、程序分支和程序循环等功能,有的还具有算术运算和数值比较等功能。它不仅用于单机控制,而且用于多机群控和生产线的自动控制等。其主要特点如下:编制和修改程序方便,通用性和灵活性强,原理简单、易懂,工作稳定、可靠,使用和维修方便,体积小,设计和制造周期短。在机床行业,顺序控制器广泛用于单机、组合机床和自动生产线的控制。

　　近年来,可编程逻辑控制器(programmable logic controller,PLC)在工业过程自动化系统中的应用日益广泛。可编程逻辑控制器从问世起就是以最基层、第一线的工业自动化环境及任务为前提的。它可用梯形图编程,具有硬件结构简单、安装和维修方便、抗强电磁干扰、工作可靠等优点,工程技术人员能很快熟悉和使用它。可编程逻辑控制器是一种数字运算操作的电子系统,它是专门为在工业环境下应用而设计的。它采用一类可编程序的存储器存储执行逻辑运算、顺序控制、定时和算术运算等面向用户的指令,并通过数字式或者模拟式输入和输出控制机械或生产过程。可编程逻辑控制器及其有关外部设备都按易与工业控制系统连成一整体及易扩充功能的原则设计。近年来,可编程逻辑控制器的一个发展方向是微型、简易、价廉,以占领一向以继电器系统为主流的(如一般机床、包

装机、传输带等）控制领域；另一个发展方向是向大型高功能方面延伸。

20世纪70年代初，计算机数控（computer numerical control，CNC）系统应用于数控机床和加工中心，不仅提高了自动化程度，而且提高了机床的通用性和加工效率，在生产中得到了广泛应用。工业机器人的诞生，为实现机械加工全盘自动化创造了物质基础。20世纪80年代以来，出现了由数控机床、工业机器人、自动搬运车等组成的统一由中心计算机控制的机械加工自动线——柔性制造系统（flexible manufacturing system，FMS），它是实现自动化车间和自动化工厂的重要组成部分。机械制造自动化的高级阶段是走向设计、制造一体化，即利用计算机辅助设计（computer-aided design，CAD）与计算机辅助制造（computer-aided manufacturing，CAM）形成产品设计和制造过程的完整系统，使产品构思和设计直至装配、试验和质量管理等全过程实现自动化。为了实现制造过程的高效率、高柔性、高质量，研制出计算机集成制造系统（computer integrated manufacture system，CIMS）。

从整个发展过程不难看出，随着机械加工要求的不断提高，机电传动控制系统的复杂度不断增大。本课程的重点在于控制部分，即利用电气元件或计算机控制电气来拖动机械实现相应功能。设计控制系统时，要求设计人员熟练运用执行元件（电动机）、控制元件，并了解控制要求。

近年来，许多工业部门和技术领域都对控制系统提出了高响应、高精度、高功率质量比、大功率和低成本的要求，促进了液压控制系统、气动控制系统的发展。液压控制系统、气动控制系统和电气控制系统一样，在不同的行业得到了相应的应用。

液压控制系统与电气控制系统相比，具有下列优点。

（1）液压执行机构的功率质量比和扭矩惯量比大。液压控制系统的加速性好、结构紧凑、尺寸大、质量轻，适用于控制大功率、大惯量负载的场合。

（2）液压执行机构的响应速度高，系统频带宽。

（3）液压控制系统的刚度大、抗干扰性能力强、误差小、精度高。由于液体的压缩性小，液压执行机构泄漏少，因此稳态速度和动态位置刚度都比电气控制系统大。可见，液压控制系统具有高精度和快速响应的能力。

（4）液压控制系统的低速平稳性好、调速范围大。

液压控制系统也有如下缺点。

（1）液压元件加工精度要求高、成本高、价格高。

（2）液压元件易漏油，污染环境，可能引起火灾。

（3）液压油易受污染，导致液压控制系统产生故障。

（4）液压系统易受环境温度变化的影响。

（5）液压能源的获得、储存和输送不如电能方便。

气动控制系统的优点如下。

（1）工作介质是空气，获得方便，使用后直接排出，不需要回气管道，不污染环境。

（2）空气黏度小，压力损失小，节能、高效，适用于长距离输送。

（3）气动系统动作迅速、维护简单、成本低，易标准化、系列化和通用化。

（4）工作环境适应性好，特别在易燃、易爆、多尘、强振、辐射等恶劣环境下工作安全、可靠。

气动控制系统的缺点如下。

（1）由于空气可压缩性较大，因此负载变化时系统的动作稳定性较差。

（2）因工作压力低，故不易获得较大输出力或力矩。

（3）需处理气源中的杂质和水分，排气时噪声较大。

（4）因空气无润滑性能，故要在气路中设置给油润滑装置。

现代控制技术、电子技术、计算机技术与液压、气动技术结合，使液压控制、气动控制不断创新，并提高了其综合技术指标。

电气控制系统、液压控制系统、气动控制系统都将充分发挥各自的优势，在相应的行业和技术领域求发展。

20 世纪 70 年代以来，单片计算机发展很快。由于单片计算机的结构和指令系统都是针对工业控制的要求设计的，成本低、集成度高，可灵活地组成各种智能控制装置，解决从简单到复杂的各种任务，性能价格比较高，而且从单片计算机芯片的设计制造开始，就考虑了工业控制环境的适应性，因此它的抗干扰能力较强，特别适合在机电一体化产品中应用，在机电传动控制中也有许多应用。

1.3　机电传动控制系统的基本要素和功能

虽然对机电传动系统的要求不同，其控制系统也不同，但是归纳起来，它们通常是由五大要素与功能组成的，即机械装置（结构功能）、执行装置（驱动功能和能量转换功能）、传感器与检测装置（检测功能）、动力源（运转功能）、信息处理与控制装置（控制功能），如图 1-3 所示。

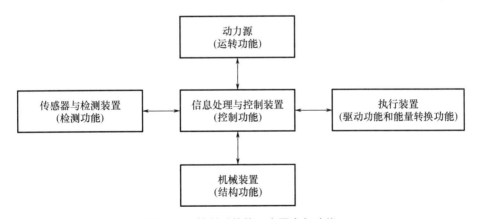

图 1-3　控制系统的五大要素与功能

1. 机械装置（结构功能）

机械是由机械零件组成的、能够传递运动并完成某些有效工作的装置。机械由输入部分、转换部分、传动部分、输出部分及安装固定部分等组成。常用传递运动的机械零件有齿轮、齿条、链轮、蜗轮蜗杆、带、带轮、曲柄及凸轮等。两个零件接触并相对运动就形

成了运动副。由若干运动副组成的具有确定运动的装置称为机构。就传动而言，机构就是传动链。

为了实现机电传动控制系统的最佳目标，从系统动力学方面考虑，传动链越短越好。在传动副中存在间隙非线性，这种间隙非线性会影响系统的动作稳定性。另外，传动件本身的转动惯量也会影响系统的响应速度及动作稳定性。在数控机床中存在半闭环控制的原因就在于此。

据此，提出了"轴对轴传动（d-d传动）"，如电动机直接传动机床的主轴，轴就是电动机的转子，从而出现了电主轴。这对执行装置提出了更高的要求，如机械装置、执行装置及驱动装置之间的协调与匹配问题。当必须保留一定的传动件时，应在满足强度和刚度的前提下，力求传动装置细、小、巧，这就要求采用特种材料和特种加工工艺。

2. 执行装置（驱动功能和能量转换功能）

执行装置包括以电、气压和液压等为动力源的元器件及装置。例如，以电为动力源的直流电动机、直流伺服电动机、三相交流异步电动机、变频三相交流电动机、三相交流永磁伺服电动机、步进电动机、比例电磁铁、电磁粉末离合器/制动器、电动调节阀及电磁泵等；以气压为动力源的气动电动机和气缸；以液压为动力源的液压电动机和液压缸等。

选择执行装置时，要考虑执行装置与机械装置之间的协调和匹配，如在需要低速、大推力或大扭矩的场合下考虑选用液压电动机或液压缸。

为了实现机电控制系统整体的最佳目标、实现各要素之间的最佳匹配，很多公司研制出将电动机与专用控制芯片、传感器或减速器等集成一体的装置，如德国西门子公司的变频器与电动机一体化的高频电动机、日本东芝公司的电动机和传感器一体化的永磁电动机等。

近年来，出现了许多新型执行装置，如压电执行器、超声波执行器、静电执行器、机械化学执行器、光化学执行器、磁致伸缩执行器、磁性液体执行器、形状记忆合金执行器等。特别是一些微型执行器（如直径为 0.1mm 的静电执行器）的出现促进了微电子机械的发展。

3. 传感器与检测装置（检测功能）

传感器是从被测对象中提取信息的器件，用于检测机电传动控制系统工作时要监视和控制的物理量、化学量、生物量。大多数传感器将被测的非电量转换为电信号，用于显示和构成闭环控制系统。

传感器的发展趋势是数字化、集成化和智能化。为了实现机电传动控制系统的整体优化，选用或研制传感器时，要考虑传感器与其他要素之间的协调和匹配。例如，集传感检测、变送、信息处理及通信等功能为一体的智能化传感器广泛用于现场总线控制系统。

4. 动力源（运转功能）

动力源是指驱动电动机的"电源"、驱动液压系统的液压源和驱动气压系统的气压源。驱动电动机常用的"电源"包括直流调速器、变频器、交流伺服驱动器及步进电动机驱动器等；液压源通常称为液压站；气压源通常称为空压站。使用时，应注意动力与执行器、机械部分的匹配。

5. 信息处理与控制装置（控制功能）

机电传动控制系统的核心是信息处理与控制。机电传动控制系统的各部分必须以控制论为指导，由控制器（继电器、可编程控制器、微处理器、单片计算机等）实现协调与匹配，使整体处于最佳工况，实现相应的功能。在现代机电一体化产品中，机电传动控制系统控制部分的成本占总成本的50％。特别是近年来，随着微电子技术、计算机技术的迅速发展，越来越多的控制器使用具有微处理器、计算机的控制系统。

1.4　控制系统的基本概念

1. 系统及控制系统的概念

系统是由相互制约的多个部分组成的具有一定功能的整体。在机电传动控制中，将由与控制设备的运动、动作等参数有关的部分组成的具有控制功能的整体称为系统。控制信号（输入量）通过系统各环节控制被控变量（输出量），使其按规定的方式和要求变化的系统称为控制系统。

2. 控制系统的分类

控制系统的分类方式很多。机械设备的控制系统常按组成原理分为开环控制系统、闭环控制系统和半闭环控制系统。

输出量只受输入量控制的系统称为开环控制系统。在所有开环控制系统中，系统的输出量都不与参考输入量进行比较。对应于每个参考输入量，都有一个相应的固定工作状态与之相对应，系统中没有反馈回路（反馈是把一个系统的输出量不断直接或间接变换后，全部或部分返回输入量，再输入系统的过程）。以步进电动机为执行元件的经济简易型数控机床的控制系统就是一个开环控制系统。因为机床的坐标进给控制信号直接通过控制装置和驱动装置推动工作台运动到指定位置，坐标信号不再反馈。当控制系统出现扰动时，输出量出现偏差。因此，开环控制系统的精确性和适应性差。但它是最简单、最经济的控制系统，一般应用在对精度要求不高的机械设备（如旧机床改造）中。开环控制系统框图如图 1-4 所示。

图 1-4　开环控制系统框图

输出量同时受输入量和输出量的控制，即输出量对系统有控制作用，这种存在反馈回路的系统称为闭环控制系统。闭环控制系统框图如图 1-5 所示。现有的全功能型 CNC 机器人和 CNC 机床的坐标驱动系统等都属于闭环控制系统。但是在 CNC 机床的坐标驱动系统中，只有以坐标位置量为直接输出量，即在工作台上安装长光栅等位移测量元件作为反馈元件的系统才称为闭环控制系统。

以交、直流伺服电动机的角位移为输出量、以圆光栅为反馈元件的系统称为半闭环控制

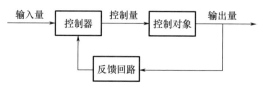

图 1-5　闭环控制系统框图

系统。大多数 CNC 机床均为半闭环控制系统。采用半闭环控制系统的优点在于没有将伺服电动机与工作台之间的传动机构和工作台本身包括在控制系统内，系统易调整、稳定性好、造价低。数控机床半闭环控制系统框图和闭环控制系统框图分别如图 1-6 和图 1-7 所示。

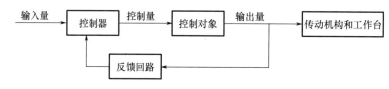

图 1-6　数控机床半闭环控制系统框图

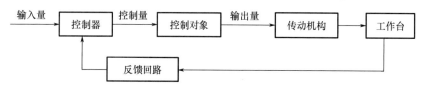

图 1-7　数控机床闭环控制系统框图

1.5　机电传动控制系统的设计方法

　　机电传动控制系统是由相互制约的五大要素组成的具有一定功能的整体，不但要求每个要素都具有高性能和高功能，而且要求它们之间能很好地协调与配合，以便更好地实现预期的功能。特别是在机电一体化传动系统设计中，存在实现机、电有机结合，机、电、液传动匹配，机电一体化系统整体优化等问题，以达到系统整体的最佳目标。

1. 模块化设计方法

　　机电传动控制系统由相互制约的五大要素的功能部件组成，也可以将其设计成由若干功能子系统组成，而每个功能部件或功能子系统又都包含若干组成要素。这些功能部件或功能子系统经过标准化、通用化和系列化成为功能模块。每个功能模块都可视为一个独立体，设计时只需了解其性能规格后按功能选用，而无须了解其结构细节。

　　作为机电一体化产品或设备要素的电动机、传感器和微型计算机等都是功能模块。交流伺服驱动模块就是一种以交流电动机或交流伺服电动机为核心的执行模块，它以交流电源为主工作电源，使交流电动机的机械输出（转矩、转速）按照控制指令的要求变化。

　　设计产品时，可以把各种功能模块组合起来，形成所需产品。采用这种方法可以缩短设计与研制周期、降低工装设备费用和生产成本，也便于生产管理、使用和维护。

2. 柔性化设计方法

将机电一体化产品或系统中实现某功能的检测传感元件、执行元件和控制器做成机电一体化的功能模块，如果控制器具有可编程的特点，则该模块称为柔性模块。例如，采用继电器可以实现位置控制，但这种控制是刚性的，一旦运动改变就难以调节。若采用伺服电动机驱动，则可以简化机械装置，且利用电子控制装置可以进行复杂的运动控制以满足不同的运动和定位要求。采用计算机编程还可以进一步提高该驱动模块的柔性。

3. 取代设计方法

取代设计方法又称机电互补设计方法，其主要特点是用通用或专用电子器件取代传统机械产品中的复杂机械部件，以简化结构，获得更好的功能和特性。

（1）用电力电子器件或部件与电子计算机及其软件取代机械式变速机构，如用变频调速器或直流调速装置代替减速器、变速箱。

（2）用可编程控制器取代传统的继电器控制柜，可以减小控制模块的质量和体积，并使其具有柔性。可编程控制器便于嵌入机械结构。

（3）用电子计算机及其控制程序取代凸轮机构、插销板、拨码盘、步进开关、时间继电器等，以弥补机械技术的不足。

（4）用数字式传感器、集成式传感器或智能式传感器取代传统传感器，以提高检测精度和可靠性。集成式传感器有集成式磁传感器、集成式光传感器、集成式压力传感器和集成式温度传感器等。智能式传感器是集成敏感元件、信号处理电路与微处理器的传感器。

取代设计方法既适合旧产品的改造，又适合新产品的开发。例如，可用单片计算机应用系统（微控制器）、可编程控制器和驱动器取代机械式变换机构、凸轮机构、离合器，代替插销板、拨码盘、步进开关、时间继电器等；用多机驱动的传动机构代替单纯的机械传动机构，可省去许多机械传动件，如齿轮、带轮、轴等。其优点是可以实现较长距离动力传动，大幅度提高设计自由度，提高柔性，利于提高传动精度和传动性能。这就需要开发相应的同步控制、定速比控制、定函数关系控制及其他协调控制软件。

4. 融合设计方法

融合设计方法是把机电一体化产品的某些功能部件或功能子系统设计成该产品专用的。采用这种方法可以使产品各要素和参数之间的匹配更充分、更合理、更经济，更能体现机电一体化的优越性。融合设计方法还可以简化接口，使彼此融为一体。例如，在激光打印机中把激光扫描镜的转轴与电动机轴集成一体，结构更加简单、紧凑；在金属切削机床中，把电动机轴与主轴部件集成一体，驱动器与执行机构结合。在大规模集成电路和微型计算机不断普及的今天，完全能够设计出传感器、控制器、驱动器、执行机构与机械本体集成一体的机电一体化产品。由此可见，融合设计方法主要用于机电一体化产品的设计与开发。

5. 系统整体设计方法

系统整体设计方法是以优化的工艺为主线，以控制理论为指导，以计算机应用为手段，以系统整体最佳为目标的综合设计方法。

系统整体设计方法涉及多种技术（如微电子技术、电力电子技术、计算机技术、信息处理技术、通信与网络技术、传感器与检测技术、过程控制技术、伺服传动技术及精密机械技术）和理论（如经典控制理论、现代控制理论、智能控制理论、信息论及运筹学等）。

系统整体设计方法的难点是要求工程技术人员将上述技术和理论相互交叉、相互渗透和有机结合，做到融会贯通和综合运用。

本书是按 64 学时编写的。除课堂讲授的基本内容外，还有一些内容可由学生在教师的启发下自学完成，如第 4.3 节、第 6.6 节。另外，本书第 2.4 节、第 2.5 节、第 3.6 节的内容较深，教师可根据需要灵活教学。

习　　题

1-1　什么是机电传动控制？机电传动与控制系统的发展各经历了哪些阶段？

1-2　机电传动控制系统有哪五大要素？各具有什么功能？

1-3　什么是开环控制系统、闭环控制系统和半闭环控制系统？

1-4　机电传动控制系统的设计方法有哪些？各具有什么特点？

第**2**章
机电传动系统的动力学基础

本章教学目的及要求

（1）掌握机电传动系统的运动方程式及其含义，并学会用其分析与判别机电传动系统的运行状态。

（2）掌握多轴拖动系统负载转矩、转动惯量和飞轮转矩的折算。

（3）了解生产机械的机械特性。

（4）了解机电传动系统稳定运行的条件，并学会用其分析系统的稳定平衡点。

2.1 机电传动系统的运动方程式

图 2-1 所示为单轴传动系统。电动机 M 产生转矩 T_M，以克服负载转矩 T_L，带动生产机械以角速度 ω（或转速 n）转动。转矩 T_M、T_L 与角速度 ω（或转速 n）之间的函数关系称为运动方程式。

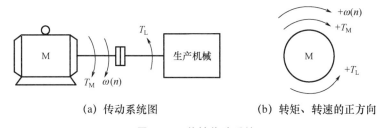

（a）传动系统图   （b）转矩、转速的正方向

图 2-1 单轴传动系统

根据动力学原理，单轴传动系统的运动方程式为

$$T_M - T_L = J\frac{d\omega}{dt} \qquad (2-1)$$

式中，T_M 为电动机产生的转矩；T_L 为单轴传动系统的负载转矩；J 为单轴传动系统的转动惯量；ω 为单轴传动系统的角速度；t 为时间。

在实际工程计算中，往往用转速 n 代替角速度 ω，用飞轮惯量（常称飞轮转矩）GD^2 代替转动惯量 J，由于 $J = m\rho^2 = mD^2/4$（ρ 和 D 分别定义为惯性半径和惯性直径，而质量 m 和重力 G 的关系是 $G = mg$，g 为重力加速度），因此 J 与 GD^2 的关系为

$$J = \frac{1}{4}mD^2 = \frac{1}{4}\cdot\frac{G}{g}D^2 = \frac{1}{4}\cdot\frac{GD^2}{g} \qquad (2-2)$$

或 $$GD^2 = 4gJ$$

且 $$\omega = \frac{2\pi}{60}n \qquad (2-3)$$

将式（2-2）和式（2-3）代入式（2-1），可得运动方程式的实用形式

$$T_M - T_L \approx \frac{GD^2}{375}\cdot\frac{dn}{dt} \qquad (2-4)$$

式中，常数 375 是取 $g \approx 9.81\,\mathrm{m/s^2}$ 所得，有加速度的量纲；GD^2 是一个整体物理量。

运动方程式是研究机电传动系统的基本方程式，它决定着系统运动的特征。

当 $T_M = T_L$ 时，加速度 $a = dn/dt = 0$，传动系统为匀速运动状态（静态）；

当 $T_M > T_L$ 时，加速度 $a = dn/dt > 0$，传动系统为加速运动状态（动态）；

当 $T_M < T_L$ 时，加速度 $a = dn/dt < 0$，传动系统为减速运动状态（动态）。

可见，动态是指机电传动系统处于加速或减速的运动状态。系统处于动态时必然存在一个动态转矩

$$T_d = \frac{GD^2}{375}\cdot\frac{dn}{dt} \qquad (2-5)$$

它使系统的运动状态发生变化。式（2-1）或式（2-4）可以写成转矩平衡方程式

$$T_M = T_L + T_d \qquad (2-6)$$

在任何情况下，电动机产生的转矩总是由轴上的负载转矩（静态转矩）和动态转矩之和平衡。

当 $T_M = T_L$ 时，$T_d = 0$，表示没有动态转矩，系统匀速运动，即处于稳态，电动机产生的转矩大小仅由电动机负载（生产机械）决定。

图 2-1（b）中关于转矩正方向的约定：由于传动系统有多种运动状态，因此运动方程式中的转速和转矩有不同的符号。因为电动机和生产机械以相同的转速旋转，所以，一般以转动方向为参考来确定转矩的符号。设电动机某转动方向的转速 n 为正，则约定电动机转矩 T_M 与 n 一致的方向为正向，负载转矩 T_L 与 n 相反的方向为正向。

根据上述约定，可以根据转矩与转速的符号判定 T_M 与 T_L 的性质：若 T_M 与 n 符号相同（同为正或同为负），则表示 T_M 的作用方向与 n 相同，T_M 为拖动转矩；若 T_M 与 n 符号相反，则表示 T_M 的作用方向与 n 相反，T_M 为制动转矩。若 T_L 与 n 符号相同，则表示 T_L 的作用方向与 n 相反，T_L 为制动转矩；若 T_L 与 n 符号相反，则表示 T_L 的作用方向与 n 相同，T_L 为拖动转矩。

例 2.1 如图 2-2 所示，在提升重物过程中，试判定卷扬机启动和制动时电动机转矩

T_M 和负载转矩 T_L 的符号。

解：设重物提升时，电动机旋转方向为 n 的正
方向。

启动时［图 2-2（a）］，电动机拖动重物上升，
T_M 与 n 正方向一致，T_M 取正号；T_L 与 n 方向相反，
T_L 也取正号。此时运动方程式为

$$T_M - T_L = \frac{GD^2}{375} \cdot \frac{dn}{dt}$$

要能提升重物，必存在 $T_M > T_L$，即动态转矩
$T_d = T_M - T_L$ 和加速度 $a = dn/dt$ 均为正，系统加速
运行。

制动时［图 2-2（b）］仍是提升过程，n 为正，
此时电动机制止系统运转，所以 T_M 与 n 方向相反，T_M 取负号；而重物产生的转矩总是
向下，T_L 与 n 方向相反，T_L 也取正号，运动方程式为

$$-T_M - T_L = \frac{GD^2}{375} \cdot \frac{dn}{dt}$$

可见，此时动态转矩和加速度都是负值，使重物减速上升，直到停止。在制动过程
中，系统中动能产生的动态转矩由电动机的制动转矩和负载转矩平衡。

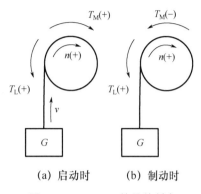

图 2-2　T_M、T_L 符号的判定

2.2　负载转矩、转动惯量和飞轮转矩的折算

前面介绍的是单轴传动系统及其运动方程式，但实际上一般采用多轴传动系统，如图
2-3 所示。因为许多生产机械要求低速运转，而电动机一般具有较高的额定转速，所以电
动机与生产机械之间需要装设减速机构，如减速齿轮箱、蜗轮蜗杆、带传动等。在这种情
况下，为了列出系统的运动方程式，必须将各转动部分的转矩和转动惯量或直线运动部分
的质量都折算到某根轴上（一般折算到电动机轴上），即折算成图 2-1 所示的简单单轴传
动系统。折算的基本原则是折算前后的能量关系或功率关系保持不变。

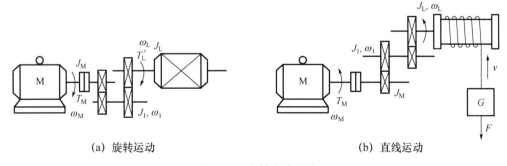

(a)　旋转运动　　　　　　　　　　　(b)　直线运动

图 2-3　多轴传动系统

2.2.1 负载转矩的折算

负载转矩是静态转矩，可根据静态时功率守恒原则进行折算。

对于图 2 - 3 （a）所示的旋转运动，当系统匀速运动时，生产机械的负载功率为

$$P'_L = T'_L \omega_L$$

式中，T'_L 为生产机械的负载转矩；ω_L 为生产机械的角速度。

设 T'_L 折算到电动机轴的负载转矩为 T_L，则电动机轴的负载功率为

$$P_M = T_L \omega_M$$

式中，ω_M 为电动机轴的角速度。

传动机构在传递功率的过程中存在损耗，可以用传动效率 η_C 表示，即

$$\eta_C = \frac{P'_L}{P_M} = \frac{T'_L \omega_L}{T_L \omega_M}$$

式中，P'_L 为输出功率；P_M 为输入功率。

可得折算到电动机轴的负载转矩

$$T_L = \frac{T'_L \omega_L}{\eta_C \omega_M} = \frac{T'_L}{\eta_C j} \tag{2-7}$$

式中，η_C 为电动机拖动生产机械运动时的传动效率；j 为传动机构的速比，$j = \omega_M / \omega_L$。

对于图 2 - 3 （b）所示的直线运动，若生产机械直线运动部件的负载力为 F，运动速度为 v，则所需机械功率 $P'_L = Fv$，电动机轴的机械功率 $P_M = T_L \omega_M$（T_L 为负载力 F 在电动机轴上产生的负载转矩）。

如果电动机拖动生产机械移动（如提升重物），则传动机构中的损耗应由电动机承担，传动效率为

$$\eta_C = \frac{P'_L}{P_M} = \frac{Fv}{T_L \omega_M}$$

将 $\omega_M = \frac{2\pi}{60} n_M$ 代入上式得

$$T_L \approx 9.55 \frac{Fv}{\eta'_C n_M} \tag{2-8}$$

式中，n_M 为电动机轴的转速。

如果生产机械拖动电动机旋转（如降下重物时，电动机处于制动状态），则传动机构中的损耗由生产机械的负载承担，传动效率为

$$\eta'_C = \frac{P_M}{P'_L} = \frac{T_L \omega_M}{Fv}$$

将 $\omega_M = \frac{2\pi}{60} n_M$ 代入上式得

$$T_L \approx 9.55 \frac{\eta'_C Fv}{n_M} \tag{2-9}$$

式中，η'_C 为生产机械拖动电动机时的传动效率。

2.2.2 转动惯量和飞轮转矩的折算

由于转动惯量和飞轮转矩与运动系统的动能有关，因此，可根据动能守恒原则进行折

算。对于旋转运动 [图 2-3（a）]，折算到电动机轴上的总转动惯量为

$$J_Z = J_M + \frac{J_1}{j_1^2} + \frac{J_L}{j_L^2} \tag{2-10}$$

式中，J_M、J_1、J_L 分别为电动机轴、中间传动轴、生产机械轴上的转动惯量；j_1 为电动机轴与中间传动轴之间的速比，$j_1 = \omega_M / \omega_1$；$j_L$ 为电动机轴与生产机械轴之间的速比，$j_L = \omega_M / \omega_L$；$\omega_M$、$\omega_1$、$\omega_L$ 分别为电动机轴、中间传动轴、生产机械轴的角速度。

折算到电动机轴的总飞轮转矩为

$$GD_Z^2 = GD_M^2 + \frac{GD_1^2}{j_1^2} + \frac{GD_L^2}{j_L^2} \tag{2-11}$$

式中，GD_M^2、GD_1^2、GD_L^2 分别为电动机轴、中间传动轴、生产机械轴上的飞轮转矩。

当速比 j 较大时，中间传动轴的转动惯量 J_1 或飞轮转矩 GD_1^2 经折算后占整个系统的比重不大。为计算方便，在实际工程中多采用适当增大电动机轴上的转动惯量 J_M 或飞轮转矩 GD_M^2 的方法，考虑中间传动轴的转动惯量 J_1 或飞轮转矩 GD_1^2 的影响，于是有

$$J_Z = \delta J_M + \frac{J_L}{j_L^2} \tag{2-12}$$

或

$$GD_Z^2 = \delta GD_M^2 + \frac{GD_L^2}{j_L^2} \tag{2-13}$$

式中，δ 为调整系数，一般 $\delta = 1.1 \sim 1.25$。

对于直线运动 [图 2-3（b）]，设直线运动部件的质量为 m，折算到电动机轴上的总转动惯量

$$J_Z = J_M + \frac{J_1}{j_1^2} + \frac{J_L}{j_L^2} + m \frac{v^2}{\omega_M^2} \tag{2-14}$$

总飞轮转矩

$$GD_Z^2 = GD_M^2 + \frac{GD_1^2}{j_1^2} + \frac{GD_L^2}{j_L^2} + 375 \frac{Gv^2}{n_M^2} \tag{2-15}$$

依照上述方法，可把具有中间传动轴带有旋转运动部件或直线运动部件的多轴传动系统折算成等效的单轴传动系统，将所求得的 T_L、GD_L^2 代入式（2-4），即可得到多轴传动系统的运动方程式

$$T_M - T_L = \frac{GD_Z^2}{375} \cdot \frac{\mathrm{d}n_M}{\mathrm{d}t} \tag{2-16}$$

可据此研究机电传动系统的运动规律。

2.3 生产机械的机械特性

在前面讨论的机电传动系统的运动方程式中，负载转矩 T_L 可能是不变的常数，也可能是转速 n 的函数。同一转轴上负载转矩和转速之间的函数关系称为机电传动系统的负载特性，也就是生产机械的负载特性，有时也称生产机械的机械特性。为了便于与电动机的机械特性综合分析传动系统的运行情况，除特别说明外，一般所说的生产机械的负载特性

均指电动机轴上的负载转矩和转速之间的函数关系，即 $n = f(T_L)$。

不同类型的生产机械在运动中受阻力的性质不同，其负载特性曲线的形状也有所不同。典型的负载特性大体上可以归纳为恒转矩型负载特性、离心式通风机型负载特性、直线型负载特性、恒功率型负载特性四种。

1. 恒转矩型负载特性

恒转矩型负载特性的特点是负载转矩为常量，如图 2-4 所示。依据负载转矩与运动方向的关系，恒转矩型负载可分为反抗性恒转矩负载和位能性恒转矩负载。

（1）反抗性恒转矩负载。

反抗性转矩也称摩擦转矩，它是由摩擦、非弹性体的压缩、拉伸和扭转等作用产生的负载转矩，在机床加工过程中切削力所产生的负载转矩就是反抗性转矩。反抗性转矩的方向恒与运动方向相反，运动方向改变时，负载转矩的方向也会随着改变，因而它总是阻碍运动。按 2.1 节中关于转矩正方向的约定可知，反抗性转矩恒与转速 n 取相同的符号，即当 n 为正方向时 T_L 为正，特性曲线在第一象限；当 n 为反方向时 T_L 为负，特性曲线在第三象限〔图 2-4（a）〕。

属于反抗性恒转矩负载的生产机械有提升机行走机构、带式运输机、某些金属切削机床的平移机构等。

（2）位能性恒转矩负载。

位能性转矩与反抗性转矩不同，它是由物体的重力和弹性体的压缩、拉伸与扭转等作用产生的负载转矩，卷扬机提升重物时重力产生的负载转矩就是位能性转矩。位能性转矩的作用方向恒定，与运动方向无关，它在某方向阻碍运动，而在相反方向促进运动。受重力的作用，卷扬机提升重物时方向永远向着地心，其产生的负载转矩永远作用在使重物下降的方向。当电动机拖动重物上升时，T_L 与 n 方向相反；而当重物下降时，T_L 与 n 方向相同。无论 n 是正向还是反向，T_L 都不变，特性曲线在第一象限、第四象限〔图 2-4（b）〕。

属于位能性恒转矩负载的生产机械有起重机提升机构、矿井提升机构等。

不难理解，在运动方程式中，反抗性转矩 T_L 总是正的；位能性转矩 T_L 符号有时为正，有时为负。

2. 离心式通风机型负载特性

离心式通风机型负载是按离心力原理工作的，如离心式鼓风机、离心式水泵等，负载转矩 T_L 与转速 n 的平方成正比，即 $T_L = Cn^2$（其中 C 为常数）。离心式通风机型负载特性曲线如图 2-5 所示。

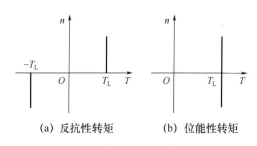

（a）反抗性转矩　　（b）位能性转矩

图 2-4　两种恒转矩型负载特性曲线

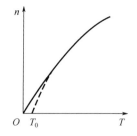

图 2-5　离心式通风机型负载特性曲线

3. 直线型负载特性

直线型负载的转矩 T_L 随转速 n 的增大而成正比地增大，即 $T_L = Cn$（其中 C 为常数）。直线型负载特性曲线如图 2-6 所示。对于实验室中用于模拟负载的他励直流发电机，当励磁电流和电枢电阻固定不变时，其电磁转矩与转速成正比。

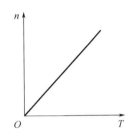

图 2-6　直线型负载特性曲线

4. 恒功率型负载特性

恒功率型负载的转矩 T_L 与转速 n 成反比，即 $T_L = K/n$，或 $K = T_L n \propto P$（其中 P 为常数）。恒功率型负载特性曲线如图 2-7 所示。例如，在车床加工中，粗加工时，切削量大，负载阻力大，转矩大，开低速；精加工时，切削量小，负载阻力小，转矩小，开高速，当选择这种方式加工时，不同转速下的切削功率基本不变。

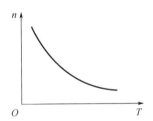

图 2-7　恒功率型负载特性曲线

除上述四种负载特性外，还有一些生产机械特有的负载特性，如带曲柄连杆机构的生产机械的负载转矩随转角的变化而变化，球磨机、碎石机等生产机械的负载转矩随时间的变化作无规律的随机变化，等等。

实际使用中的负载可能是单一类型的，也可能是多种类型的综合。例如，实际使用中的通风机除主要具有通风机型负载特性外，轴上还有一定的摩擦转矩 T，所以其负载特性为 $T_L = T_0 + Cn^2$，如图 2-5 中的虚线所示。

2.4　机电传动系统稳定运行的条件

在机电传动系统中，电动机与生产机械连成一体，为了使系统运行合理，电动机的机械特性与生产机械的负载特性应尽量配合。特性配合好的基本要求是系统稳定运行。

机电传动控制

机电传动系统的稳定运行包含两重含义：一是系统应能以一定的速度匀速运转；二是系统受某种外部干扰作用（如电压波动、负载转矩波动等）运行速度稍有变化时，应保证系统在干扰消除后恢复原来的运行速度。

保证系统匀速运转的必要条件是动转矩为零，即电动机轴上的拖动转矩 T_M 与折算到电动机轴上的负载转矩 T_L 大小相等、方向相反、相互平衡。从 TOn 坐标系来看，电动机的机械特性曲线 $n=f(T_M)$ 和生产机械的负载特性曲线 $n=f(T_L)$ 必有交点，如图 2-8 所示。图中，曲线 1 表示异步电动机的机械特性，曲线 2 表示生产机械的负载特性，两特性曲线有交点 a 和 b。交点称为机电传动系统的平衡点，但是到底哪个交点是系统的稳定平衡点呢？

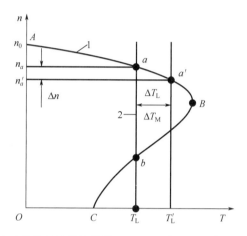

1—异步电动机的机械特性曲线；　2—生产机械的负载特性曲线。

图 2-8　稳定平衡点的判定

两特性曲线存在交点只是保证系统稳定运行的必要条件，而不是充分条件。实际上，只有 a 点才是系统的稳定平衡点，因为系统出现干扰（如负载转矩突然增大 ΔT）时，T_L 变为 T_L'，电动机转速来不及变化，仍工作在原来的 a 点，其转矩为 T_M，于是 $T_M<T_L'$。由传动系统的运动方程式可知，系统要减速，即 n 要下降为 $n_a'=n_a-\Delta n$。从电动机机械特性曲线的 AB 段可看出，电动机转矩 T_M 将增大为 $T_M'=T_M+\Delta T_M$，电动机的工作点转移到 a' 点。干扰消除（$\Delta T_L=0$）后，必有 $T_M'>T_L$，迫使电动机加速，转速 n 上升，而 T_M 又要随 n 的上升而减小，直到 $\Delta n=0$，$T_M=T_L$，系统回到原来的 a 点。反之，若 T_L 突然减小，则 n 上升，干扰消除后，也能回到 a 点工作，所以 a 点是系统的稳定平衡点。

在 b 点，若 T_L 突然增大，则 n 下降，从电动机机械特性曲线的 BC 段可看出，T_M 将减小。干扰消除后，有 $T_M<T_L$，又使得 n 下降，T_M 随 n 的下降而进一步减小，促使 n 进一步下降，直到 $n=0$，电动机停转。反之，若 T_L 突然减小，则 n 上升，T_M 增大，促使 n 进一步上升，直至越过 B 点进入 AB 段的 a 点工作。所以，b 点不是系统的稳定平衡点。

综上可知，对于恒转矩负载，电动机 n 增大时，只有具有向下倾斜的机械特性曲线，系统才能稳定运行；若特性曲线上翘，则系统不能稳定运行。

同理，可以看出图 2-9 所示的交点 b 为稳定平衡点。

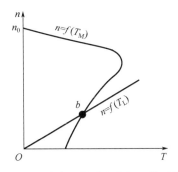

图 2-9 异步电动机拖动直流他励发电机工作时的负载特性曲线

从以上分析可以总结出，机电传动系统稳定运行的充分必要条件如下。

（1）电动机的机械特性曲线 $n=f(T_M)$ 和生产机械的负载特性曲线 $n=f(T_L)$ 有交点（传动系统的平衡点），即电动机的传动转矩和折算到电动机轴上的负载转矩大小相等、方向相反。

（2）当转速大于平衡点对应的转速时，$T_M < T_L$；即若干扰使转速 n 增大，则干扰消除后应有 $T_M - T_L < 0$；当转速 n 小于平衡点对应的转速时，$T_M > T_L$，即若干扰使转速下降，则干扰消除后应有 $T_M - T_L > 0$。

只有满足上述两个条件的平衡点才是传动系统的稳定平衡点，即只有具有这样的特性配合，系统在受到外界干扰后才有恢复到原平衡状态的能力而实现稳定运行。在一般负载情况下，只要电动机的机械特性曲线是下降的，系统就能够稳定运行。

本章小结

本章介绍的运动方程式适用于单轴传动系统，对于多轴传动系统，必须先将各传动链部分的转矩和转动惯量或直线运动部分的质量都折算到电动机轴上，使之等效成单轴传动系统，再运用运动方程式分析电动机的工作状态。折算的基本原则如下：折算前的多轴传动系统与折算后的单轴传动系统在能量或者功率关系上保持不变。

运动方程式可以帮助了解传动系统中电动机的工作状态，结合机电传动系统电动机稳定运行的条件，为掌握电动机启动过程、制动过程和调速过程提供方便。

生产机械的负载特性具有多种形式，常见的负载特性有恒转矩型负载特性、离心式通风机型负载特性、直线型负载特性、恒功率型负载特性。了解生产机械负载特性可以帮助我们选择合适的电动机控制方式，以降低控制系统的运行成本。

习 题

2-1 如何从运动方程式看出机电传动系统处于加速、减速、稳定和静止的工作状态？

2-2 试列出图2-10所示几种情况下系统的运动方程式，并说明系统的工作状态是加速、减速还是匀速（图中箭头方向表示转矩的实际作用方向）。

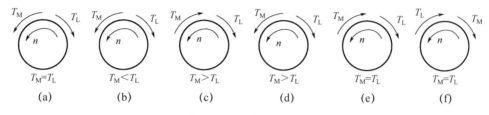

| (a) | (b) | (c) | (d) | (e) | (f) |

图2-10 习题2-2图

2-3 试表述机电传动系统运动方程式中传动转矩、静态转矩和动态转矩的概念。

2-4 为什么要将多轴传动系统折算成单轴传动系统？负载转矩的折算原则是什么？转动惯量和飞轮转矩的折算原则分别是什么？为什么它们采用不同的折算原则？

2-5 为什么机电传动系统中低速轴转矩大、高速轴转矩小？

2-6 为什么机电传动系统中低速轴 GD^2 比高速轴 GD^2 大得多？

2-7 如图2-3（a）所示，电动机轴上的转动惯量 $J_M=2.5\text{kg}\cdot\text{m}^2$，转速 $n_M=900\text{r/min}$；中间传动轴的转动惯量 $J_1=2\text{kg}\cdot\text{m}^2$，转速 $n_1=300\text{r/min}$；生产机械轴的转动惯量 $J_L=16\text{kg}\cdot\text{m}^2$，转速 $n_L=60\text{r/min}$。试求折算到电动机轴上的等效转动惯量。

2-8 如图2-3（b）所示，电动机转速 $n_M=950\text{r/min}$，齿轮减速箱的传动比 $j_1=j_2=4$，卷筒直径 $D=0.24\text{m}$，滑轮的减速比 $j_3=2$，起重负荷 $F=100\text{N}$，电动机的飞轮转矩 $GD_M^2=1.05\text{N}\cdot\text{m}^2$，齿轮、滑轮和卷筒总的传动效率为0.83。试求提升速度 v、折算到电动机轴上的静态转矩 T_L 以及折算到电动机轴上整个传动系统的飞轮转矩 GD_Z^2。

2-9 一般生产机械按运动受阻力的性质分为哪几种负载？

2-10 反抗性转矩与位能性转矩有什么区别？各有什么特点？

2-11 在图2-11中，曲线1和曲线2分别为电动机的机械特性曲线和负载特性曲线，曲线1和曲线2交于一点，试判断哪些点是系统的稳定平衡点，哪些点不是。

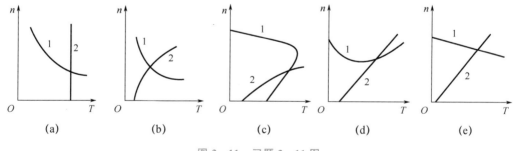

| (a) | (b) | (c) | (d) | (e) |

图2-11 习题2-11图

第3章
机电传动系统的驱动电动机

本章教学目的及要求

(1) 掌握直流电动机的结构、工作原理及特性。

(2) 掌握三相异步电动机的结构、工作原理，熟悉三相异步电动机的运行特性（三相异步电动机运行工作时的机械特性）。

(3) 掌握单相异步电动机的结构、工作原理及特性。

(4) 掌握伺服电动机的结构、工作原理及特性。

(5) 掌握步进电动机的结构、工作原理、特性及控制。

(6) 掌握自整角机的结构、工作原理。

3.1　直流电动机

直流电动机就是通以直流电流的旋转电动机、将直流电能转换成机械能的电动机。直流电动机的结构较复杂、维护较不便，但它的调速性能较好、启动转矩较大。因此，龙门刨床、镗床、轧钢机、起重机和电力牵引设备等常采用直流电动机驱动。

3.1.1　直流电动机的结构

直流电动机的结构如图3-1所示，主要包括定子、转子和机座。

1. 定子

定子又称磁极，其作用是在电动机中产生磁场，包括极芯、极掌等。极芯上放置励磁绕组；极掌的作用是提供一种分布最合适的磁感应强度，并用于固定励磁绕组。磁极一般由硅钢片叠成。

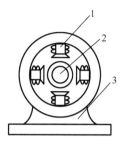

1—定子；2—转子；3—机座。

图 3-1　直流电动机的结构

2. 转子

转子又称电枢，其作用是引入电动势，包括电枢铁芯、电枢绕组、换向器、轴和风扇等。电枢铁芯呈圆柱状，由硅钢片叠成，表面有槽，槽中有电枢绕组。

3. 机座

直流电动机的机座有两种型式，一种为整体机座，另一种为叠片机座。整体机座由导磁效果较好的铸钢材料制成，其同时起导磁和机械支承作用。叠片机座是用薄钢板冲片叠压成定子铁轭，再把定子铁轭固定在一个起支承作用的机座里，定子铁轭和机座是分开的，机座只起支承作用，可由普通钢板制成。

3.1.2　直流电动机的工作原理

原动机驱动电枢在磁场中旋转，电枢线圈的两根有效边切割磁力线，在电枢线圈中感应出电动势。电枢线圈随电枢铁芯转动时，每个有效边中的电动势都是交变的，即在 N 极下是一个方向，转到 S 极下是另一个方向。但由于电刷 A 总是与靠近 N 极侧的换向片接触，而电刷 B 总是同与靠近 S 极侧的换向片接触，因此，在电刷上出现了一个极性不变的电动势或电压。

在电刷 A、B 之间加上直流电压 U，电枢线圈中的电流（I_a）流向如下：N 极侧的有效边（图 3-2 中 cd 部分）中的电流总是一个方向，而 S 极侧的有效边（图 3-2 中 ab 部分）中的电流总是另一个方向。两个有效边受到电磁力的方向一致，电枢开始转动。换向器可以实现线圈有效边从一个磁极（如 N 极）转到另一个磁极（如 S 极）下时，电流的方向同时改变，从而电磁力或电磁转矩的方向不改变。电磁转矩 T 是驱动转矩，$T = KT\Phi I_a$。T 必须与机械负载转距 T_1 及空载损耗转距 T_0 平衡，即 $T = T_1 + T_0$。另外，当电枢绕组在磁场中转动时，电枢线圈中也会产生感应电动势 E，其方向与电流或外加电压的方向相反，称为反电动势，$E = kE\Phi n$，其方向与 I_a 相反。

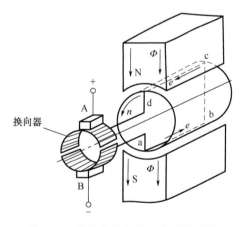

图 3-2　直流电动机的工作原理简图

3.1.3 直流电动机的分类

直流电动机的励磁方式是指对励磁绕组供电、产生励磁磁通势而建立主磁场的方式。根据励磁方式的不同，直流电动机可分为他励直流电动机、并励直流电动机、串励直流电动机、复励直流电动机。

1. 他励直流电动机

励磁绕组与电枢绕组无连接关系，而由其他直流电源对励磁绕组供电的直流电动机称为他励直流电动机，其接线如图 3-3（a）所示，其中 M 表示电动机。永磁直流电动机也可看作他励直流电动机。

2. 并励直流电动机

并励直流电动机的励磁绕组与电枢绕组并联，其接线如图 3-3（b）所示。并励直流电动机的励磁绕组与电枢共用一个电源，其性能与他励直流电动机相同。

3. 串励直流电动机

串励直流电动机的励磁绕组与电枢绕组串联并与直流电源连接，其接线如图 3-3（c）所示。这种直流电动机的励磁电流就是电枢电流。

4. 复励直流电动机

复励直流电动机有并励和串励两个励磁绕组，其接线如图 3-3（d）所示。若串励绕组产生的磁通势与并励绕组产生的磁通势方向相同，则称为积复励；若磁通势方向相反，则称为差复励。

(a) 他励直流电动机　(b) 并励直流电动机　(c) 串励直流电动机　(d) 复励直流电动机

图 3-3　直流电动机的类型简图

不同励磁方式的直流电动机有着不同的特性。一般情况下，直流电动机的主要励磁方式是并励、串励和复励。

3.1.4 直流电动机的特性

1. 直流电动机的基本方程

直流电动机的等效电路图如图 3-4 所示，直流电动机的电磁转矩和电压平衡方程如下。

$$T = C_m \Phi I_a \tag{3-1}$$

$$U = E + I_a R_a \tag{3-2}$$

$$E = C_e \Phi n \tag{3-3}$$

图 3 - 4　直流电动机的等效电路图

$$T = T_1 + T_0 \tag{3-4}$$

$$C_e = \frac{pN}{60a} \tag{3-5}$$

$$C_m = \frac{pN}{2\pi a} \tag{3-6}$$

式中，T 为直流电动机的电磁转矩；C_m 为转矩常数；Φ 为电动机每极磁通；I_a 为电枢电流；R_a 为负载等效电阻；U 为电压；E 为电动机的电动势；C_e 为电动势常数；n 为电动机转速；T_1 为电动机转轴上的输出机械转矩，即负载转矩；T_0 为空载转矩；p 为电枢绕组磁极对数；N 为电枢导体总数；a 为并联支路对数。

2. 直流电动机的工作特性（以他励直流电动机为例）

直流电动机的工作特性是指供给电动机额定电压为 U_N、额定励磁电流为 I_{fN} 时，转速与负载电流之间的关系、转矩与负载电流之间的关系及效率与负载电流之间的关系，分别称为电动机的转速特性、转矩特性及效率特性。

（1）转速特性。

他励直流电动机的转速特性可表示为 $n = f(I_a)$，把式（3-3）代入式（3-2），得

$$n = \frac{U}{C_e \Phi} - \frac{R_a}{C_e \Phi} I_a \tag{3-7}$$

式（3-7）为转速特性的表达式。可见，电动机转速与电枢电流呈线性关系变化，当电枢电流增大时，电动机转速下降。他励直流电动机的工作特性曲线如图 3-5 所示。

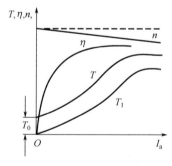

图 3 - 5　他励直流电动机的工作特性曲线

（2）转矩特性。

当 $U = U_N$，$I_f = I_{fN}$ 时，转矩特性可表示为 $T = f(I_a)$。由式（3-1）得电动机转矩特性表达式

$$T = C_m \Phi_N I_a \tag{3-8}$$

在忽略电枢反应的情况下，电磁转矩与电枢电流成正比；若考虑电枢反应使主磁通略下降，则电磁转矩上升的速度比电流上升的速度低，曲线的斜率小。

（3）效率特性。

当 $U=U_N$，$I_f=I_{fN}$ 时，效率特性可表示为 $\eta=f(I_a)$。

$$\eta=\frac{P_1-\sum P}{P_1}=1-\frac{P_0+R_aI_a}{U_NI_a} \tag{3-9}$$

式中：η 为效率特性。

空载耗损 P_0 是不随电枢电流变化的，当电枢电流较小时，效率较低，输出的功率大部分消耗在空载损耗上；当电枢电流增大时，效率提高，输入的功率大部分消耗在机械负载上；但当电枢电流大到一定程度时，铜损耗快速增大，效率又开始降低。

3.1.5 直流电动机的运行与控制

直流电动机的启动特性可由式（3-10）描述。

$$R_{st}=\frac{U}{I_{st}}-R_a \tag{3-10}$$

式中，R_{st} 为启动电阻；I_{st} 为启动电流。

由于直流电动机直接启动时的启动电流很大（为额定电流的 10～20 倍），因此必须限制启动电流。限制启动电流的方法是启动时，在电枢电路中串联启动电阻 R_{st}。一般规定，启动电流不应超过额定电流的 1.5 倍。启动时，将启动电阻调至最大值。启动后，随着电动机转速的上升，启动电阻逐渐减小。

1. 直流电动机调速

根据直流电动机的转速公式 $n=(U-I_aR_a)/C_e\Phi$，可知直流电动机的调速方法有三种：改变磁通调速、改变电枢电压调速和电枢串联电阻调速。

改变磁通调速的优点是调速平滑，可做到无级调速；调速经济，控制方便；不易受外界条件影响，稳定性较好。但由于电动机在额定状态下运行时磁路接近饱和，因此通常只减小磁通上调转速，调速范围较小。

改变电枢电压调速的优点是稳定性好；控制灵活、方便，可实现无级调速；调速范围较大。其缺点是电枢绕组需要一个单独的可调直流电源，设备较复杂。

电枢串联电阻调速简单、方便，但调速范围有限；电动机的损耗大，只适用于对调速范围要求不高的中、小容量直流电动机的调速场合。

2. 直流电动机制动

直流电动机的制动方式有能耗制动、反接制动和发电反馈制动三种。

能耗制动的原理是停机时将电枢绕组接线端从电源断开后，立即与一个制动电阻短接，受惯性作用，短接后电动机仍保持原方向旋转，电枢绕组中的感应电动势仍存在并保持原方向，但因为没有外加电压，电枢绕组中电流和电磁转矩的方向改变，即电磁转矩的方向与转子的旋转方向相反，起制动作用。

反接制动的原理是停机时将电枢绕组接线端从电源断开后，立即与一个极性相反的电源相接，电动机的电磁转矩立即变为制动转矩，使电动机迅速减速至停机。

发电反馈制动的原理是电动机转速超过理想空载转速时，电枢绕组内的感应电动势高于外加电压，使电动机在发电状态下运行，电枢电流方向改变，电磁转矩变为制动转矩，限制电动机转速过分升高。

3.2 三相异步电动机

3.2.1 三相异步电动机的结构与工作原理

1. 三相异步电动机的结构

三相异步电动机主要由定子和转子两部分组成，中间由气隙隔开。根据转子结构的不同，三相异步电动机分为三相笼型异步电动机和三相绕线型异步电动机两种。图 3-6 所示为三相笼型异步电动机的结构。

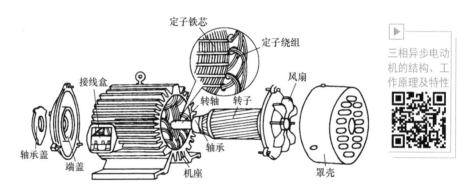

图 3-6 三相笼型异步电动机的结构

（1）定子。定子由定子铁芯、定子绕组和机座三部分组成。

定子铁芯是电动机磁路的一部分，它由 0.5 mm 厚、两面涂有绝缘漆的硅钢片叠成。定子铁芯冲片如图 3-7 所示。

定子绕组是电动机的电路部分，它由铜线缠绕而成，三相绕组根据需要可接成星形（丫）和三角形（△），由接线盒的端子板引出。

机座是电动机的支架，一般由铸铁或铸钢制成。

（2）转子。转子由转子铁芯、转子绕组和转轴三部分组成。

转子铁芯由 0.5mm 厚、两面涂有绝缘漆的硅钢片叠成。转子铁芯冲片如图 3-8 所示。

图 3-7 定子铁芯冲片　　　　　图 3-8 转子铁芯冲片

笼型转子绕组结构如图 3-9（a）所示。绕线型转子绕组结构与定子绕组相似，如图 3-9（b）所示。三相绕线型异步电动机接线如图 3-10 所示。转轴由中碳钢制成，其两端由轴承支承，用来输出转矩。

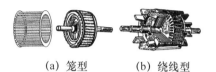

(a) 笼型　　　　(b) 绕线型

图 3-9　转子绕组结构

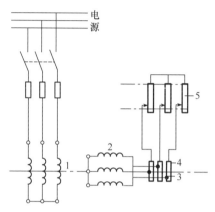

1—定子绕组；2—转子绕组；3—集电环；4—电刷；5—可变电阻。

图 3-10　三相绕线型异步电动机接线

（3）旋转磁场。三相异步电动机的三相绕组用三个线圈 $U_1 - U_2$、$V_1 - V_2$、$W_1 - W_2$ 表示，它们在空间互成 120° 电角度（以下省略"电角度"），采用丫形连接，如图 3-11 所示。

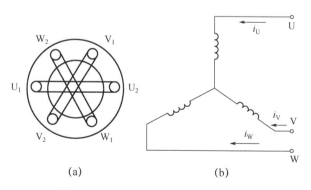

(a)　　　　　　　(b)

图 3-11　三相异步电动机的三相绕组

设流过三相线圈的电流分别如下

$$i_U = I_m \sin\omega t \tag{3-11}$$

$$i_V = I_m \sin(\omega t - 120°) \tag{3-12}$$

$$i_W = I_m \sin(\omega t + 120°) \tag{3-13}$$

假定电流的正方向为线圈的始端流向末端，三相定子电流波形如图 3-12 所示。

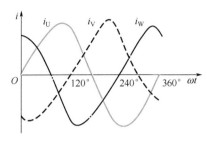

图 3-12　三相定子电流波形

由于电流随时间改变，因此电流流过线圈产生的磁场的分布情况也随时间改变。三相两极旋转磁场如图 3-13 所示。

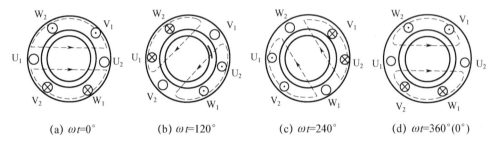

(a) $\omega t=0°$　　(b) $\omega t=120°$　　(c) $\omega t=240°$　　(d) $\omega t=360°(0°)$

图 3-13　三相两极旋转磁场

① $\omega t=0°$ 瞬间，由图 3-12 看出，$i_U=0$，U 相没有电流流过；i_V 为负，表示电流由末端流向首端（V_2 端为⊗，V_1 端为⊙）；i_W 为正，表示电流由始端流入（W_1 端为⊗，W_2 端为⊙），如图 3-13（a）所示。此时，三相电流产生的合成磁场方向由右手螺旋定则判定为水平向右。

② $\omega t=120°$ 瞬间，三相合成磁场顺着相序方向旋转 120°，如图 3-13（b）所示。

③ $\omega t=240°$ 瞬间，三相合成磁场又顺着相序方向旋转 120°，如图 3-13（c）所示。

④ $\omega t=360°（0°）$ 瞬间，转回图 3-13（a）所示的情况，如图 3-13（d）所示。

由此可见，为三相绕组通入三相交流电流时产生旋转磁场。若满足两个对称（绕组对称、电流对称），则旋转磁场的大小恒定不变（称为圆形旋转磁场）。

由图 3-13 可看出，旋转磁场的旋转方向与相序方向一致，如果相序改变，则旋转磁场的旋转方向随之改变。三相异步电动机的反转正是利用了这个原理。

旋转磁场的转速（同步速度）

$$n_1=\frac{60f_1}{p}\qquad(3-14)$$

式中，f_1 为电网频率；p 为磁极对数。

2. 三相异步电动机的工作原理

图 3-14 所示为三相异步电动机的工作原理。

（1）电生磁：定子绕组 U、V、W 通三相交流电流而产生旋转磁场，其旋转方向与相序方向一致，为顺时针方向。假定该瞬间定子旋转磁场方向向下。

（2）（动）磁生电：定子旋转磁场旋转切割转子绕组，在转子绕组感应电动势，其方向由右手螺旋定则判定。由于转子绕组自身闭合，因此有电流流过，并假定电流方向与电动势方向相同，如图 3-14 所示。

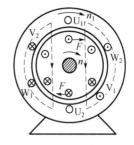

图 3-14　三相异步电动机的
工作原理

（3）电磁力（矩）：转子绕组感应电流在定子旋转磁场的作用下产生电磁力，其方向由左手定则判定，如图 3-14 所示。电磁力对转轴形成转矩（称为电磁转矩），其方向与定子旋转磁场（电流相序）方向一致，电动机在电磁转矩的驱动下，以转速 n 沿着旋转磁场的方向旋转。

$n < n_1$（有转速差）是异步电动机旋转的必要条件，异步的名称也由此而来。

异步电动机的转速差（$n_1 - n$）与旋转磁场转速 n_1 的比值称为转差率，用 s 表示。

$$s = \frac{n_1 - n}{n_1} \tag{3-15}$$

转差率是分析异步电动机运行的一个重要参数。启动瞬间，$n = 0$，$s = 1$；空载运行时，$n \approx n_1$，$s \approx 0$。对异步电动机来说，s 在 0～1 范围内变化，由式（3-15）推得

$$n = (1 - s)n_1$$

在正常运行范围内，异步电动机的转差率很小（0.01～0.06）。

3.2.2　三相异步电动机的电磁转矩与机械特性

1. 三相异步电动机的电磁转矩

（1）电磁转矩的物理表达式。由工作原理可知，电磁转矩与转子电流有功分量（I_{2a}）及定子旋转磁场的每极磁通（Φ_0）成正比，即

$$T_{em} = c_T \Phi_0 I'_{2a} = c_T \Phi_0 I'_2 \cos\varphi_2 \tag{3-16}$$

式中，T_{em} 为电磁转矩；c_T 为电动机结构常数；$\cos\varphi_2$ 为转子回路的功率因数。

当磁通一定时，电磁转矩与转子电流有功分量成正比，而并非与转子电流成正比。

（2）电磁转矩的参数表达式。经推导，还可以得出电磁转矩与电动机参数之间的关系：

$$T_{em} \approx c'_T U_1^2 \frac{sR_2}{R_2^2 + (sX_{20})^2} \tag{3-17}$$

式中，c'_T 为电动机结构常数；R_2 为转子绕组电阻；X_{20} 为转子停转时的转子绕组漏抗。

2. 三相异步电动机的机械特性

（1）机械特性曲线。根据电磁转矩的参数表达式，可得 $T = f(s)$ 关系曲线，称为 $T-s$ 曲线，如图 3-15 所示。

由 $n = (1 - s)n_1$，可将 $T-s$ 关系改为 $n = f(T)$ 关系，此即异步电动机的机械特性，其曲线如图 3-16 所示。它直接反映电动机转矩变化时转速的变化情况。

（2）稳定运行区和不稳定运行区。

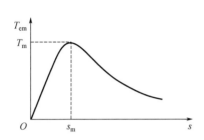

图 3 - 15 三相异步电动机的 T - s 曲线

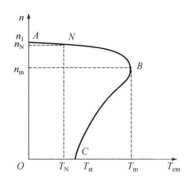

图 3 - 16 三相异步电动机的机械特性曲线

① 稳定运行区：机械特性曲线的 AB 段，即 $n_1 > n > n_m$ 区段。

在机械特性曲线的 AB 段，当作用在电动机轴上的负载转矩发生变化时，电动机能适应负载的变化而自动调节达到稳定运行，称为稳定运行区。

② 不稳定运行区：机械特性曲线的 BC 段，即 $n_m > n > 0$ 区段。

因电动机在该区段工作时电磁转矩不能自动适应负载转矩的变化，故该区段称为不稳定运行区。

（3）三个特征转矩。

①额定转矩 T_N。T_N 是电动机额定运行时的转矩（单位为 N·m），可由铭牌上的额定功率 P_N（单位为 kW）和额定转速 n_N 求取：

$$T_N \approx 9550 \frac{P_N}{n_N} \qquad (3-18)$$

例 3.1 有两台功率相同的三相异步电动机，一台三相异步电动机 $P_{N1} = 7.5\text{kW}$，$U_{N1} = 380\text{V}$，$n_{N1} = 962\text{r/min}$；另一台三相异步电动机 $P_{N2} = 7.5\text{kW}$，$U_{N2} = 380\text{V}$，$n_{N2} = 1450\text{r/min}$。试求它们的额定转矩。

解：
$$T_{N1} \approx 9550 \frac{P_{N1}}{n_{N1}} = 9550 \times \frac{7.5}{962} \approx 74.45 (\text{N} \cdot \text{m})$$

$$T_{N2} \approx 9550 \frac{P_{N2}}{n_{N2}} = 9550 \times \frac{7.5}{1450} \approx 49.40 (\text{N} \cdot \text{m})$$

② 最大转矩 T_m。由机械特性曲线可知，电动机有最大转矩 T_m，令 $\dfrac{dT_{em}}{ds} = 0$，求得产生最大转矩的临界转差率

$$s_m = \frac{R_2}{X_{20}} \qquad (3-19)$$

$$T_m \approx c'_T \frac{U_1^2}{2X_{20}} \qquad (3-20)$$

由式（3 - 19）和式（3 - 20）可知：① $s_m \propto R_2$，而与 U_1 无关；② $T_m \propto U_1^2$，而与 R_2 无关。

对应于不同 U_1 和 R_2 的机械特性曲线如图 3 - 17 所示。

过载能力：最大转矩 T_m 与额定转矩 T_N 的比值，也称最大转矩倍数，用 λ_T 表示。

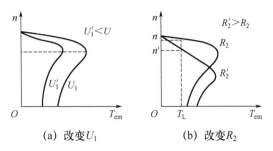

$$(a) \ 改变 U_1 \qquad (b) \ 改变 R_2$$

图 3-17　对应于不同 U_1 和 R_2 的机械特性曲线

$$\lambda_T = \frac{T_m}{T_N} \tag{3-21}$$

对于一般三相异步电动机，$\lambda_T = 1.8 \sim 2.2$。

③ 启动转矩 T_{st}。电动机启动瞬间（$n = 0$，$s = 1$ 时）的转矩称为启动转矩，用 T_{st} 表示。

$$T_{st} \approx c'_T U_1^2 \frac{R_2}{R_2^2 + X_{20}^2} \tag{3-22}$$

启动转矩与电源电压、转子电阻有关。若电源电压 U_1 降低，则启动转矩 T_{st} 减小。若转子电阻适当增大，则启动转矩增大。当转子电阻 $R_2 = X_{20}$ 时，$s_m = 1$，此时 $T_{st} = T_m$。若 R_2 继续增大，则启动转矩开始减小。

启动转矩倍数：启动转矩 T_{st} 与额定转矩 T_N 的比值，用 K_{st} 表示。

$$K_{st} = \frac{T_{st}}{T_N} \tag{3-23}$$

启动转矩倍数反映电动机启动负载的能力。对于一般三相异步电动机，$K_{st} = 1.0 \sim 2.2$。

3.2.3　三相异步电动机的铭牌和技术数据

铭牌的作用是简要说明设备的一些额定数据和使用方法。某三相异步电动机的铭牌数据如图 3-18 所示。

三相异步电动机		
型号：Y160 M-6	功率：7.5 kW	频率：50 Hz
电压：380 V	电流：17 A	接法：△
转速：970 r/min	绝缘等级：B	工作方式：连续
年　　月　　编号		××电机厂

图 3-18　某三相异步电动机的铭牌数据

（1）型号：由产品代号和规格代号组成。

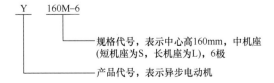

异步电动机的产品代号见表 3-1。

表 3-1　异步电动机的产品代号

产品名称	产品代号	代号意义
三相异步电动机	Y	异
绕线转子三相异步电动机	YR	异绕
三相异步电动机（高启动转矩）	YQ	异起
多速三相异步电动机	YD	异多
隔爆型异步电动机	YB	异爆

（2）额定功率 P_N：电动机在额定运行情况下，转子轴上输出的机械功率，单位为 kW。

（3）额定电压 U_N：电动机在额定运行情况下，三相定子绕组应接的线电压，单位为 V。

（4）额定电流 I_N：电动机在额定运行情况下，三相定子绕组的线电流，单位为 A。

三相异步电动机的额定功率、电流、电压之间的关系为

$$P_N = \sqrt{3}U_N I_N \cos\varphi_N \eta_N \tag{3-24}$$

对于 380V 低压异步电动机，$I_N \approx 2P_N$。

（5）额定转速 n_N：电动机额定运行时的转速，单位为 r/min。

（6）额定频率 f：因我国电网频率为 50Hz，故国内异步电动机的频率均为 50Hz。

（7）接线方式：电动机定子三相绕组有丫形连接和△形连接两种，如图 3-19 所示。

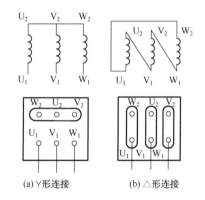

(a) 丫形连接　　(b) △形连接

图 3-19　三相异步电动机的接线方式

（8）温升及绝缘等级：温升是指电动机运行时绕组温度允许高出周围环境温度的数值。允许高出的数值由该电动机绕组所用绝缘材料的耐热程度决定，绝缘材料的耐热程度称为绝缘等级。不同绝缘材料的最高允许温升是不同的，中、小型电动机常用绝缘材料的最高允许温升分五个等级，见表 3-2，其中最高允许温升是按环境温度 40℃ 计算出来的。

表 3-2　中、小型电动机常用绝缘材料的最高允许温升

等级	A	E	B	F	H
最高允许温升/℃	105	120	130	155	180

（9）工作方式：连续工作制、短时工作制和断续周期工作制。

3.2.4 三相异步电动机的选择

1. 功率选择

功率选择的原则是在满足生产机械负载要求的前提下，最经济、合理地确定电动机功率。

2. 防护型式选择

为防止电动机被周围介质损坏或因电动机本身的故障引起灾害，必须根据具体的环境选择适当的防护型式。电动机的常见防护型式有开启式、防护式和封闭式（适用于多尘、水土飞溅场合）和防爆式四种。

3. 类型选择

可根据生产机械的要求选择笼型电动机或绕线型电动机。

4. 电压选择

电动机电压的选择主要取决于电动机运行场地供电网的电压等级，还需考虑电动机类型和功率。由于一般车间的低压电网电压均为 380V，因此，中、小容量的 Y 系列电动机额定电压均为 380V，只有大功率异步电动机才采用 3kV 或 6kV 的高压电动机。

5. 转速选择

电动机额定转速是根据生产机械的要求选定的，还需考虑机械减速机构的传动比，通常电动机转速不低于 500r/min。

3.3 单相异步电动机

单相异步电动机由单相电源供电，广泛应用于家用电器和医疗器械，如电风扇、电冰箱、洗衣机、空调设备和医疗器械中都使用单相异步电动机作为原动机。

从结构上看，单相异步电动机与笼型三相异步电动机相似，其转子也为笼型，只是定子绕组为单相工作绕组。但通常为满足启动的需要，定子上除有工作绕组外，还有启动绕组，其作用是产生启动转矩，一般只在启动时接入，当转速达到 70%～85% 的同步转速时，离心开关将其从电源自动切除，正常工作时只有工作绕组在电源上运行。有些电容电动机或电阻电动机运行时将启动绕组接在电源上，其相当于一台两相电动机，但由于它接在单相电源上，因此仍称为单相异步电动机。下面介绍单相异步电动机的工作原理和主要类型。图 3-20 所示为单相异步电动机的结构。

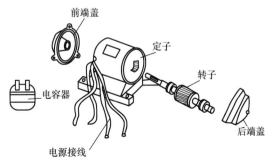

图 3-20 单相异步电动机的结构

3.3.1　单相异步电动机的工作原理

单相交流绕组通入单相交流电流而产生脉动磁动势，其可以分解为两个幅值相等、转速相等、转向相反的旋转磁动势 F^+ 和 F^-，从而在气隙中建立正转磁场 Φ^+ 和反转磁场 Φ^-。这两个旋转磁场切割转子导体，并分别在转子导体中产生感应电动势和感应电流。

该电流与磁场相互作用，产生正向电磁转矩 T_{em}^+ 和反向电磁转矩 T_{em}^-，如图 3-21 所示。T_{em}^+ 企图使转子正转，T_{em}^- 企图使转子反转。这两个电磁转矩叠加就是推动电动机转动的合成转矩 T_{em}。无论是 T_{em}^+ 还是 T_{em}^-，其值与转差率的关系都和三相异步电动机的情况相同。若电动机的转速为 n，则对正转磁场而言，转差率

$$s^+ = \frac{n_1 - n}{n_1} = s \qquad (3-25)$$

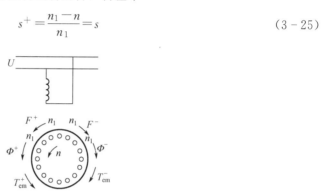

图 3-21　单相异步电动机的磁场和电磁转矩

对反转磁场而言，转差率

$$s^- = \frac{-n_1 - n}{n_1} = 2 - s \qquad (3-26)$$

当 $s^+ = 0$ 时，相当于 $s^- = 2$；当 $s^- = 0$ 时，相当于 $s^+ = 2$。

三相异步电机的 $s(n) = f(T_{em})$ 曲线如图 3-22 所示，当转子转速 $n = n_1$ 时，转差率 $s = 0$；当转子静止时，$s = 1$；当转子反向同步速运转时，$s = 2$。

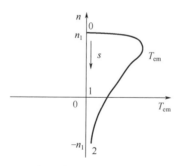

图 3-22　三相异步电动机的 $s(n) = f(T_{em})$ 曲线

s^+ 与 T_{em}^+ 的变化关系与三相异步电动机的 $s = f(T_{em})$ 曲线特性相似，如图 3-23 中 $s^+ = f(T_{em}^+)$ 曲线所示。s^- 与 T_{em}^- 的变化关系如图 3-23 中的 $s^- = f(T_{em}^-)$ 曲线所示。单相异步电动机的 $s = f(T_{em})$ 曲线是由 $s^+ = f(T_{em}^+)$ 与 $s^- = f(T_{em}^-)$ 两条特性曲线叠加而成的，如图 3-23 所示。

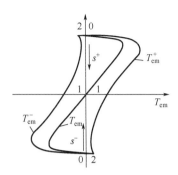

图 3 - 23 单相异步电动机的 $s = f(T_{em})$ 曲线

由图可见，单相异步电动机有以下几个主要特点。

（1）当转子静止时，正、反向旋转磁场均以 n_1 速度和相反方向切割转子绕组，在转子绕组中感应出大小相等、相序相反的电动势和电流，它们分别产生大小相等、方向相反的两个电磁转矩，使其合成的电磁转矩为零。即启动瞬间，$n = 0$，$s = 1$，$T_{em} = T_{em}^+ + T_{em}^- = 0$，说明单相异步电动机无启动转矩，若不采取其他措施，则电动机不能启动。由此可知，三相异步电动机电源断一相时，相当于一台单相异步电动机，不能启动。

（2）当 $s \neq 1$ 时，$T_{em} \neq 0$，且 T_{em} 无固定方向，取决于 s 的正负。当用外力使电动机运转，s^+ 或 s^- 不为 1 时，合成转矩不为零，若合成转矩大于负载转矩，则即使去掉外力，电动机也可以运转。虽然单相异步电动机无启动转矩，但一旦启动，就能以某稳定转速运转，而旋转方向取决于启动瞬间外力矩作用于转子的方向。

由此可知，三相异步电动机运转中断一相时仍能继续运转，但存在反向转矩，使合成转矩减小，当负载转矩 T_L 不变时，电动机转速下降，转差率增大，定子电流和转子电流增大，从而使得电动机温升增大。

（3）由于存在反向转矩，使合成转矩减小，因此单相异步电动机的过载能力较低。

3.3.2 单相异步电动机的主要类型

为了使单相异步电动机产生启动转矩，启动时需要在电动机内部形成一个旋转磁场。根据获得旋转磁场方式的不同，单相异步电动机可分为分相电动机和罩极电动机。

1. 分相电动机

分析交流绕组磁动势时曾得出一个结论，只要在空间不同相的绕组中通入不同相的电流，就能产生旋转磁场。分相电动机就是根据这一原理设计的。

分相电动机分为电容启动电动机、电容电动机和电阻启动电动机。

（1）电容启动电动机。

定子上有两个绕组，一个称为主绕组（或称工作绕组），用 1 表示；另一个称为辅助绕组（或称启动绕组），用 2 表示。两绕组在空间相差 90°。在启动绕组回路中串联启动电容 C 作电流分相用，并通过离心开关 S 与工作绕组并联在同一单相电源上，如图 3 - 24（a）所示。因工作绕组呈阻感性，故 $\dot{I}_1$ 滞后于 $\dot{U}$。若适当选择电容 C，使流过启动绕组的电流 $\dot{I}_{st}$ 超前 $\dot{I}_1$ 90°，如图 3 - 24（b）所示，则相当于在时间相位上互差 90° 的两相电流

流入在空间上相差90°的两相绕组中，在气隙中产生旋转磁场，并在该旋转磁场作用下产生电磁转矩，使电动机运转。

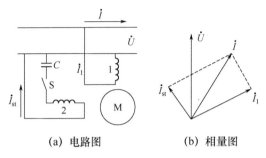

(a) 电路图　　　　(b) 相量图

1—主绕组（工作绕组）；2—辅助绕组（启动绕组）。

图 3-24　单相电容启动电动机

这种电动机的启动绕组是按短时工作设计的，当电动机转速为70%～85%的同步转速时，启动绕组和启动电容 C 在离心开关 S 的作用下自动退出工作，电动机在工作绕组的单独作用下运行。

要改变电容启动电动机的转向，只需将工作绕组或启动绕组的两个出线端对调，也就是改变启动时旋转磁场的旋转方向即可。

（2）电容电动机。

在启动绕组中串联电容 C 后，不仅能产生较大的启动转矩，而且运行时能改善电动机的功率因数和提高过载能力。为了改善单相异步电动机的运行性能，电动机启动后，可不切除串联电容器的启动绕组，这种电动机称为电容电动机，如图 3-25 所示。

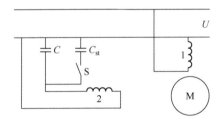

1—主绕组（工作绕组）；2—辅助绕组（启动绕组）。

图 3-25　电容电动机

由于电容电动机实际上是一台两相异步电动机，因此启动绕组应按长期工作方式设计。

由于电动机工作时比启动时所需的电容小，因此电动机启动后，必须利用离心开关 S 把启动电容 C_{st} 去除，电容 C 便与工作绕组及启动绕组一起运行。

使电容电动机反转的方法与电容启动电动机相同，即把工作绕组或启动绕组的两个出线端对调。

（3）电阻启动电动机。

电阻启动电动机启动绕组的电流不用串联电容而用串联电阻的方法分相，但由于 $\dot{I}_1$

与 $\dot{I}_{st}$ 之间的相位差较小，因此其启动转矩较小，只适用于空载启动或轻载启动的场合。

2. 罩极电动机

罩极电动机一般采用凸极式电子，工作绕组集中绕制并套在定子磁极上。在极靴表面的 1/4～1/3 处开一个小槽，并用短路铜环把这部分磁极罩起来，故称罩极电动机。短路铜环起到启动绕组的作用。罩极电动机的转子做成笼型，如图 3-26（a）所示。

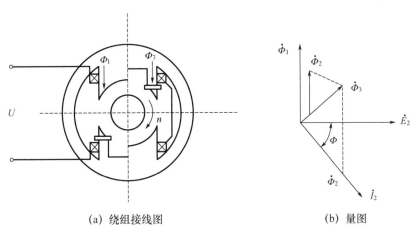

(a) 绕组接线图　　　　　　　　　(b) 量图

图 3-26　单相罩极电动机

工作绕组通入单相交流电流后，产生脉动磁通，其中一部分磁通 $\dot{\Phi}_1$ 不穿过短路铜环，另一部分磁通 $\dot{\Phi}_2$ 穿过短路铜环。由于 $\dot{\Phi}_1$ 与 $\dot{\Phi}_2$ 都是由工作绕组中的电流产生的，因此 $\dot{\Phi}_1$ 与 $\dot{\Phi}_2$ 同相位且 $\Phi_1 > \Phi_2$。脉动磁通 $\dot{\Phi}_2$ 在短路铜环中产生感应电动势 $\dot{E}_2$ 且滞后 $\dot{\Phi}_2$ 90°。由于短路铜环闭合，在短路铜环中有滞后于 $\dot{E}_2$ 角度为 φ 的电流 $\dot{I}_2$ 产生，其又产生与 $\dot{I}_2$ 同相的磁通 $\dot{\Phi}'_2$，它也穿链于短路铜环，因此罩极部分穿链的总磁通 $\dot{\Phi}_3 = \dot{\Phi}_2 + \dot{\Phi}'_2$，如图 3-26（b）所示。由此可见，未罩极部分磁通 $\dot{\Phi}_1$ 与被罩极部分磁通 $\dot{\Phi}_3$ 不仅在空间上有相位差，而且在时间上有相位差。因此，它们的合成磁场是一个由超前相转向滞后相的旋转磁场（由未罩极部分转向罩极部分），从而产生电磁转矩，其方向也为由未罩极部分转向罩极部分。

3.3.3　单相异步电动机的应用

单相异步电动机与三相异步电动机相比，其单位容量的体积大，且效率及功率因数均较低，过载能力也较差。因此，将单相异步电动机做成微型，其功率一般为几瓦至几百瓦。单相异步电动机由单相电源供电，广泛用于家用电器、医疗器械及轻工设备中。电容启动电动机和电容电动机的启动转矩较大，容量为几十瓦到几百瓦，常用于吊风扇、空气压缩机、电冰箱和空调设备中。罩极电动机结构简单、制造方便，但启动转矩小，多用于小型风扇、电动机模型中。

由于单相异步电动机有一系列优点，因此它的应用范围越来越广。限于篇幅，下面仅

介绍单相异步电动机应用于电风扇的情况。

电风扇是利用电动机带动风叶旋转来加速空气流动的电动器具。它由风叶、扇头、支撑结构和控制器四部分组成。在常用单相交流电风扇中，一般使用单相罩极电动机和单相电容电动机。由于电动机在电风扇中的基本作用是驱动风叶旋转，因此它的功率要求和主要尺寸都取决于风叶的功率消耗。由于一般风叶的功率消耗与其转速的三次方成比例关系，因此启动时功率要求较低，随着转速的增加，功率消耗迅速增加，而以上两种电动机较适用于此类负载。

3.4 伺服电动机

伺服电动机又称执行电动机，它是控制电动机的一种。伺服电动机可以把输入的电压信号转换成电动机轴上的角位移和角速度等机械信号。

按控制电压来分，伺服电动机可分为直流伺服电动机和交流伺服电动机两大类。直流伺服电动机的输出功率为 $1\sim600\mathrm{W}$，可用于功率较大的控制系统。交流伺服电动机的输出功率为 $0.1\sim100\mathrm{W}$，可用于功率较小的控制系统。

伺服电动机在控制系统中一般用作执行元件。

3.4.1 直流伺服电动机

1. 直流伺服电动机的结构

直流伺服电动机的控制电源为直流电压，根据功能可分为普通型直流伺服电动机、盘型电枢直流伺服电动机、空心杯直流伺服电动机和无槽直流伺服电动机等。

（1）普通型直流伺服电动机。

普通型直流伺服电动机的结构与他励直流电动机的结构相同，由定子和转子两大部分组成。根据励磁方式，普通型直流伺服电动机可分为电磁式和永磁式两种，电磁式直流伺服电动机的定子磁极上装有励磁绕组，励磁绕组接励磁控制电压而产生磁通；永磁式直流伺服电动机的磁极是永久磁铁，其磁通是不可控的。普通型直流伺服电动机的转子一般由硅钢片叠压而成，转子外缘有槽，槽内装有电枢绕组，电枢绕组通过换向器和电刷与外边电枢控制电路连接。为提高控制精度和响应速度，普通型直流伺服电动机的电枢铁芯长度与直径之比较大、气隙较小。

当定子中的励磁磁通和转子中的电流相互作用时产生电磁转矩，驱动电枢转动，恰当地控制转子中电枢电流的方向和大小，可以控制伺服电动机的转动方向和转动速度。当电枢电流为零时，伺服电动机停转。电磁式直流伺服电动机和永磁式直流伺服电动机性能接近，它们的惯性比其他伺服电动机大。

（2）盘型电枢直流伺服电动机。

盘型电枢直流伺服电动机的定子由永久磁铁和前、后铁轭组成，永久磁铁可以在圆盘电枢的一侧或两侧。盘型电枢直流伺服电动机的转子电枢由线圈沿转轴的径向圆周排列，并用环氧树脂浇注成圆盘型。盘型绕组中通过的电流是径向电流，而磁通为轴向磁通，径向电流与轴向磁通相互作用而产生电磁转矩，使电动机运转。图3-27所示为盘型电枢直流伺服电动机的结构。

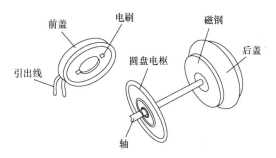

图 3-27　盘型电枢直流伺服电动机的结构

（3）空心杯电枢直流伺服电动机。

空心杯电枢直流伺服电动机有两个定子：一个由软磁材料制成的内定子和一个由永磁材料制成的外定子。内定子主要起导磁作用，外定子产生磁通。空心杯电枢直流伺服电动机的转子由单个成型线圈沿轴向排列成空心杯型，并用环氧树脂浇注成型。电枢直接装在转轴上，在内、外定子间的气隙中旋转。图3-28所示为空心杯电枢直流伺服电动机的结构。

（4）无槽直流伺服电动机。

无槽直流伺服电动机与普通型直流伺服电动机的区别是转子铁芯上不开元件槽，电枢绕组元件直接放置在铁芯的外表面，然后用环氧树脂浇注成型。图3-29所示为无槽直流伺服电动机的结构。

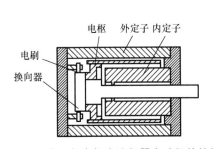

图 3-28　空心杯电枢直流伺服电动机的结构

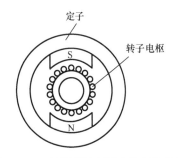

图 3-29　无槽直流伺服电动机的结构

由于后三种伺服电动机的转动惯量和电枢等效电感小，因此它们的动态特性较好，适用于快速系统。

2. 直流伺服电动机的运行特性

在忽略电枢反应的情况下，直流伺服电动机的电压平衡方程可表示为

$$U = E_a + R_a I_a \tag{3-27}$$

当磁通恒定时，电枢反电动势

$$E_a = C_e \Phi n = k_e n \tag{3-28}$$

式中，k_e 为电动势常数。

直流伺服电动机的电磁转矩

$$T_{em} = C_T \Phi I_a = k_T I_a \qquad (3-29)$$

式中，k_T 为转矩常数。

将式（3-27）至式（3-29）联立求解，可得直流伺服电动机的转速关系式

$$n = \frac{U}{k_e} - \frac{R_a}{k_e k_T} T_{em} \qquad (3-30)$$

根据式（3-30）得出直流伺服电动机的机械特性和调节特性。

（1）机械特性。

机械特性是指在控制电枢电压保持不变的情况下，直流伺服电动机的转速 n 随转矩变化的关系。当电枢电压为常值时，式（3-30）可写成

$$n = n_0 - k T_{em} \qquad (3-31)$$

式中，$n_0 = U/k_e$，$k = R_a/k_e k_T$。

对于式（3-31），应考虑如下两种特殊情况。

① 当转矩为零时，电动机的转速仅与电枢电压有关，此时转速为直流伺服电动机的理想空载转速，理想空载转速与电枢电压成正比，即

$$n = n_0 = \frac{U}{k_e} \qquad (3-32)$$

② 当转速为零时，电动机的转矩仅与电枢电压有关，此时转矩称为堵转转矩 T_D，堵转转矩与电枢电压成正比，即

$$T_D = \frac{U}{R_a} k_T \qquad (3-33)$$

图 3-30 所示为给定不同电枢电压得到的直流伺服电动机的机械特性曲线。从该机械特性曲线可以看出，不同电枢电压下的机械特性曲线为一组平行线，其斜率为 $-k$。当电压一定时，不同的负载转矩对应不同的转速。

（2）调节特性。

直流伺服电动机的调节特性是指负载转矩恒定时，电动机转速与电枢电压的关系。当转矩一定时，根据式（3-30）可知，转速与电压的关系（调节特性曲线）也为一组平行线，如图 3-31 所示，其斜率为 $1/k_e$。

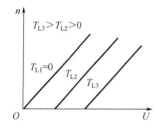

图 3-30　直流伺服电动机的机械特性曲线

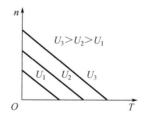

图 3-31　直流伺服电动机的调节特性曲线

当转速为零时，对应不同的负载转矩可得到不同的启动电压。当电枢电压小于启动电压时，直流伺服电动机不能启动。

交流伺服电动机

1. 交流伺服电动机的工作原理

一般交流伺服电动机是两相交流电动机，其由定子和转子两部分组成。交流伺服电动机的转子有笼型和杯型两种，无论是哪种转子，转子电阻都较大，以使转子转动时产生制动转矩，在控制绕组不加电压时能及时制动，防止自转。交流伺服电动机的定子为两相绕组，并在空间相差 90°电角度。两个定子绕组的结构完全相同，使用时，一个绕组作励磁用，另一个绕组作控制用。

图 3-32 所示为交流伺服电动机的工作原理，其中 $\dot{U}_f$ 为励磁电压，$\dot{U}_c$ 为控制电压，两者均为交流电压，相位相差 90°。当励磁绕组和控制绕组均加交流相差 90°的电压时，在空间形成圆形旋转磁场（控制电压和励磁电压的幅值相等）或椭圆形旋转磁场（控制电压和励磁电压的幅值不相等），转子在旋转磁场的作用下旋转。当控制电压和励磁电压的幅值相等时，控制二者的相位差也能产生旋转磁场。与普通两相异步电动机相比，伺服电动机有较大的调速范围；当励磁电压不为零、控制电压为零时，其转速也应为零；机械特性呈线性且动态特性较好。为达到上述要求，伺服电动机的转子电阻应当大，转动惯量应当小。

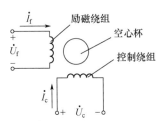

$\dot{U}_f$—励磁电压；$\dot{I}_f$—励磁电流；$\dot{U}_c$—控制电压；$\dot{I}_c$—控制电流。

图 3-32 交流伺服电动机的工作原理

由电机学原理可知，异步电动机的临界转差率 s_m 与转子电阻有关，增大转子电阻可使临界转差率 s_m 增大，当转子电阻增大到一定值时 $s_m \geq 1$，伺服电动机的机械特性曲线近似呈线性，使伺服电动机的调速范围大。增大转子电阻还可以防止自转现象的发生。当励磁电压不为零、控制电压为零时，伺服电动机相当于一台单相异步电动机，若转子电阻较小，则电动机按原来的运转方向转动，此时转矩仍为拖动性转矩，机械特性曲线如图 3-33（a）所示；当转子电阻增大时，如图 3-33（b）所示，拖动性转矩减小；当转子电阻增大到一定值时，如图 3-33（c）所示，转矩完全变成制动性转矩，可以避免自转现象的产生。

2. 交流伺服电动机的控制方式

交流伺服电动机的控制方式有三种：幅值控制、相位控制和幅相控制。

（1）幅值控制。

控制电压和励磁电压保持相位差 90°，只改变控制电压幅值，这种控制方法称为幅值控制。

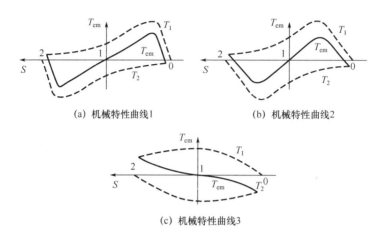

(a) 机械特性曲线1　　　　　(b) 机械特性曲线2

(c) 机械特性曲线3

T_{em}—电磁转矩；T_1，T_2—电磁转矩的两个分量。

图 3 - 33　转子电阻对交流伺服电机机械特性曲线的影响

当励磁电压为额定电压、控制电压为零时，伺服电动机转速为零，电动机不转；当励磁电压和控制电压都为额定电压时，伺服电动机转速最高，转矩最大；当励磁电压为额定电压、控制电压在额定电压与零电压之间变化时，伺服电动机的转速在最高转速至零转速之间变化。

（2）相位控制。

与幅值控制不同，相位控制时，控制电压和励磁电压均为额定电压，通过改变控制电压和励磁电压相位差控制伺服电动机。

设控制电压与励磁电压的相位差为 β（$\beta=0°\sim90°$），可根据 β 值得出气隙磁场的变化情况。当 $\beta=0°$ 时，控制电压与励磁电压同相位，磁动势为脉动磁动势，伺服电动机转速为零，电动机不运转；当 $\beta=90°$ 时，磁动势为圆形旋转磁动势，伺服电动机转速最高，转矩最大；当 $\beta=0°\sim90°$ 时，磁动势从脉动磁动势变为椭圆形旋转磁动势，最终变为圆形旋转磁动势，伺服电动机的转速由低向高变化。β 值越大，磁动势越接近圆形旋转磁动势。

相位控制接线图如图 3 - 32 所示。

（3）幅相控制。

幅相控制的原理是同时控制幅值和相位差，通过改变控制电压的幅值及控制电压与励磁电压的相位差控制伺服电动机的转速。图 3 - 34 所示为幅相控制接线图，当控制电压的幅值改变时，电动机的转速发生变化，此时励磁绕组中的电流随之发生变化，从而引起电

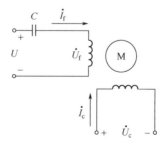

图 3 - 34　幅相控制接线图

容的端电压变化，使控制电压与励磁电压之间的相位角 β 改变。

幅相控制的机械特性和调节特性不如幅值控制和相位控制，但由于其电路简单、不需要移相器，因此在实际中应用较多。

3.4.3 伺服电动机的控制系统

伺服电动机常用的控制方式有三种，分别为转矩控制、位置控制和速度控制，不同的机械系统根据自身需求选择合适的控制方式。

当机械控制系统要求电动机输出恒定的转矩，而对运行速度和位置没有要求时，可以选用转矩控制方式。当机械控制系统对位置和速度有一定的精度要求，而对实时转矩要求不高时，选用位置控制或速度控制方式。如果系统本身要求不高或者基本没有实时性的要求，则选择位置控制方式。如果控制器有比较好的闭环控制功能，则采用速度控制方式较好。

1. 转矩控制

转矩控制的原理是通过外部模拟量的输入或直接的地址赋值来设定电动机轴的对外输出转矩。例如 10V 对应 5N·m，当外部模拟量设定为 5V 时，电动机轴的输出转矩为 2.5N·m，当电动机轴负载小于 2.5N·m 时，电动机正转；负载等于 2.5N·m 时，电动机不转；负载大于 2.5N·m 时，电动机反转（通常在有重力负载情况下产生）。可以通过及时改变模拟量的设定来改变转矩，也可以通过通信方式改变对应地址的数值改变转矩。

2. 位置控制

位置控制的原理是通过外部输入脉冲的频率确定转动速度，通过脉冲数确定转动角度，还可以通过通信方式直接对速度和位移赋值。由于位置控制可以严格控制速度和位置，因此一般应用于定位装置。

3. 速度控制

速度控制的原理是通过模拟量的输入或脉冲的频率控制转动速度，在有上位控制装置的外环 PD 控制时，也可以采用速度控制进行定位，但必须将电动机的位置信号或直接负载的位置信号作为上位机的反馈信号。位置控制也支持直接负载外环检测位置信号，此时电动机轴端的编码器只检测电动机转速，位置信号就由直接的最终负载端的检测装置提供，可以减小中间传动过程中的误差，提高了整个系统的定位精度。

3.5 步进电动机

步进电动机的结构与原理

步进电动机是控制电动机的一种，步进电动机使用电脉冲信号对生产过程或设备进行数字控制。步进电动机是过程控制中的一种常用功率执行器件。步进电动机一般采用开环控制。随着计算机应用技术的迅速发展，步进电动机常与计算机组成高精度的数字控制系统。

3.5.1 步进电动机的结构与工作原理

1. 步进电动机的结构

步进电动机是数字控制系统中的重要自动化执行元件。它与计算机数字系统结合，可以把脉冲数转换成角位移，并且用作电磁制动轮、电磁差分器、电磁减法器或角位移发生器等。步进电动机根据作用原理和结构可分为以下两类。

第一类为电磁型步进电动机。这种步进电动机是早期的步进电动机，它通常只有一个绕组，并且仅靠电磁作用还不能使电动机的转子作步进运行，只有加上相应的机械部件才能产生步进作用。这种步进电动机又分为螺线管型步进电动机和轮型步进电动机两种。

第二类为定子和转子间仅靠电磁作用就可以产生步进作用的步进电动机。这种步进电动机一般有多个绕组，在定子和转子之间没有机械联系，具有良好的可靠性及响应性，在工业应用中大量用作状态伺服元件、状态指示元件及功率伺服拖动元件，有时也作为位置控制元件、速度控制元件。

在计算机应用系统中采用第二类步进电动机。下面介绍的功率接口及其有关技术都是对第二类步进电动机而言的。

第二类步进电动机根据转子的结构形式分为永磁转子电动机和反应式转子电动机，它们分别简称永磁式步进电动机和反应式步进电动机。永磁式步进电动机的转子多由永久磁钢制成，也有的通过集电环由直流电源供电的励磁绕组制成，转子中产生励磁。与永磁式步进电动机不同，反应式步进电动机的转子由软磁材料制成齿状，其中没有励磁绕组。转子的齿也称显极。

反应式步进电动机有转矩和惯性比高、步进频率高、频率响应快、可双向旋转、结构简单和使用寿命长等特点。在计算机应用系统中，大多使用反应式步进电动机。

2. 反应式步进电动机的工作原理

反应式三相步进电动机的工作原理如图 3-35 所示。

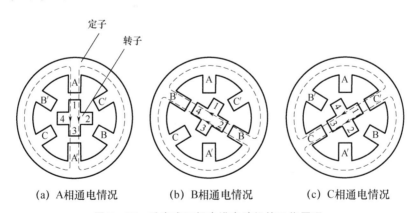

(a) A相通电情况　　　(b) B相通电情况　　　(c) C相通电情况

图 3-35　反应式三相步进电动机的工作原理

从图 3.35 中可以看出，反应式三相步进电动机由定子和转子两大部分组成。在定子上有三对磁极，磁极上装有励磁绕组。励磁绕组分为三相，分别为 A 相、B 相和 C 相。转

子由软磁材料制成，在转子上均匀分布四个凸极，其上没有绕组。转子的凸极一般称转
子齿。

当步进电动机的 A 相通电、B 相和 C 相不通电时，由于 A 相绕组产生的磁通要经过
磁阻最小的路径形成闭合磁路，因此转子齿1、3与定的 A 相对齐，如图 3-35（a）所
示。当 A 相断电、B 相通电时，与 A 相通电的情况一样，磁通也要经过磁阻最小的路径
形成闭合磁路，转子顺时针转过一定角度，使转子齿2、4与定的 B 相对齐，转子在空
间转过 30°，如图 3-35（b）所示。当改为 C 相通电时，同样可使转子在空间逆时针转过
30°，如图 3-35（c）所示。若按照 A—B—C—A 顺序通电，则步进电动机的转子按一定
速度沿逆时针方向旋转，步进电动机的转速取决于三相控制绕组的通、断电频率。若按照
A—C—B—A 顺序通电，则步进电动机的转动方向为顺时针。

在步进电动机控制过程中，定子绕组每改变一次通电方式称为一拍。采用上述通电控
制方式，每次只有一相控制绕组通电，称为三相单三拍控制方式。除此种控制方式外，还
有三相单六拍、三相双六拍和三相双三拍控制方式。在三相单六拍、三相双六拍控制方式
中，控制绕组的通电顺序为 A—AB—B—BC—C—CA—A（转子逆时针旋转）或 A—
AC—C—CB—B—BA—A（转子顺时针旋转）。在三相双三拍控制方式中，控制绕组的通
电顺序为 AB—BC—CA—AB 或 AC—CB—BA—AC。对于三相单六拍、三相双六拍和三
相双三拍控制时转子的转动情况，读者可以自己分析。

步进电动机每改变一次通电状态（一拍）转子转过的角度称为步距角。从图 3-35 中
可看出，三相单三拍控制方式的步距角为 30°，而三相单六拍、三拍双六拍控制方式的步
距角为 15°，三相双三拍控制方式的步距角为 30°。

以上讨论的是最简单的反应式步进电动机的工作原理，这种步进电动机的步距角较
大，不能满足生产实际的需要，实际使用的步进电动机定子和转子的齿都比较多、步距角
较小。图 3-36 所示为小步距角反应式三相步进电动机的工作原理。

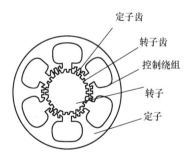

图 3-36 小步距角反应式三相步进电动机的工作原理

步距角 θ_{se} 可通过下式计算：

$$\theta_{se} = \frac{360°}{mZ_rC} \tag{3-34}$$

式中，m 为步进电动机的相数，对于三相步进电动机 $m=3$；C 为通电状态系数，对于单
拍或双拍控制方式 $C=1$，单双拍混合控制方式 $C=2$；Z_r 为转子齿数。

步进电动机的转速 n 可通过下式计算：

$$n = \frac{60f}{mZ_{r}C} \tag{3-35}$$

式中，f 为步进电动机每秒的拍数（或步数），称为通电脉冲频率。

3.5.2 反应式步进电动机的特性

1. 反应式步进电动机的静特性

步进电动机的静特性是指步进电动机的通电状态不变，电动机在稳定状态下表现的性质。步进电动机的静特性包括矩角特性和最大静转矩。

（1）矩角特性。

步进电动机在空载条件下，控制绕组通入直流电流，转子最后处于稳定的平衡位置称为步进电动机的初始平衡位置，由于不带负载，因此此时电磁转矩为零。步进电动机偏离初始平衡位置的电角度称为失调角。在反应式步进电动机中，转子的一个齿距所对应的电角度为 2π。

步进电动机的矩角特性是指在不改变通电状态的条件下，步进电动机的静转矩与失调角之间的关系。矩角特性用 $T = f(\theta)$ 表示，其正方向取失调角增大的方向。矩角特性可通过下式计算：

$$T = -kI^{2}\sin\theta \tag{3-36}$$

式中，k 为转矩常数；I 为控制绕组电流；θ 为失调角。

从式（3-36）可看出，步进电动机的静转矩 T 与控制绕组的电流 I 的平方成正比（忽略磁路饱和），因此控制绕组的电流即可控制步进电动机的静转矩。步进电动机的矩角特性曲线为正弦曲线，如图 3-37 所示。

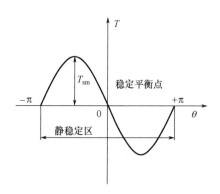

图 3-37 步进电动机的矩角特性曲线

由矩角特性可知，在静转矩作用下，转子有一个平衡位置。在空载条件下，转子的平衡位置可通过令 $T=0$ 求得，当 $\theta=0$ 时，$T=0$；当因某种原因使转子偏离 $\theta=0$ 的点时，电磁转矩都能使转子恢复到 $\theta=0$ 的点。因此，$\theta=0$ 的点为步进电动机的稳定平衡点。当 $\theta=\pm\pi$ 时也可使 $T=0$。但当 $\theta>\pi$ 或 $\theta<-\pi$ 时，转子因某种原因离开 $\theta=\pm\pi$ 时，电磁转矩却不能恢复到原平衡点，因此 $\theta=\pm\pi$ 为不稳定的平衡点。两个不稳定的平衡点之间为步进电动机的静稳定区（$-\pi<\theta<+\pi$）。

（2）最大静转矩。

在矩角特性中，静转矩的最大值称为最大静转矩。当 $\theta = \pm \pi/2$ 时有最大静转矩 T_{sm}，$T_{sm} = kI^2$。

2. 反应式步进电动机的动特性

步进电动机的动特性是指步进电动机从一种通电状态转换到另一种通电状态所表现出的性质。动特性包括动稳定区、启动转矩、启动频率及频率特性等。

（1）动稳定区。

步进电动机的动稳定区是指使步进电动机从一个稳定状态切换到另一个稳定状态而不失步的区域。如图 3-38 所示，设步进电动机的初始状态的矩角特性曲线为曲线 1，稳定点为 A 点，通电状态改变后的矩角特性曲线为曲线 2，稳定点 B 点。由矩角特性可知，起始位置只有在 a、b 点之间时才能到达新的稳定点 B，ab 区间称为步进电动机的动稳定区。用失调角表示的区间为 $-\pi + \theta_{se} < \theta < \pi + \theta_{se}$。稳定区的边界点 a 到初始稳定平衡点 A 的角度用 θ_r 表示，称为稳定裕量角。稳定裕量角与步距角 θ_{se} 的关系为

$$\theta_r = \pi - \theta_{se} = \frac{\pi}{mC}(mC - 2) \tag{3-37}$$

稳定裕量角越大，步进电动机运行越稳定。当稳定裕量角趋于零时，步进电动机不能稳定工作。步距角越大，稳定裕量角越小。

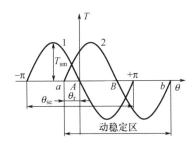

1—初始状态的矩角特性曲线；2—通电状态改变后的矩角特性曲线。

图 3-38 动稳定区

（2）启动转矩。

理论分析表明，反应式步进电动机的最大启动转矩与最大静转矩之间有如下关系：

$$T_{st} = T_{sm} \cos \frac{\pi}{mC} \tag{3-38}$$

式中，T_{st} 为最大启动转矩。

当负载转矩大于最大启动转矩时，步进电动机不能启动。

（3）启动频率。

步进电动机的启动频率是指在一定负载条件下，电动机不失步启动的脉冲最高频率。影响启动频率的因素有以下几个。

① 启动频率 f_{st} 与步进电动机的步距角 θ_{se} 有关，步距角越小，启动频率越高。

② 步进电动机的最大静转矩越大，启动频率越高。

③ 转子齿数多，步距角小，启动频率高。

④ 电路时间常数大，启动频率低。

要想增大启动频率，可增大启动电流或减小电路的时间常数。

(4) 频率特性。

步进电动机的主要性能指标是频率特性曲线，即启动速度力矩曲线。步进电动机的频率特性曲线反应了不同频率下步进电动机转矩的变化，纵坐标为转矩，用 T 表示，横坐标为频率，用 f 表示。步进电动机的频率特性曲线如图3-39所示。从图中可看出，步进电动机的转矩随频率的增大而减小。步进电动机的频率特性曲线与许多因素有关，包括步进电动机的转子直径、转子铁芯有效长度、齿数、齿形、齿槽比、步进电动机内部磁路、绕组的绕线方式、定转子间的气隙、控制线路的电压等。其中，有的因素是步进电动机出厂时确定的，使用者不能改变；但有些因素可以改变，如控制方式、绕组工作电压、线路时间常数等。

① 控制方式对频率特性的影响。对于同一台三相反应式步进电动机，单三拍控制方式的频率特性最差，六拍控制方式的频率特性最好，而双三拍介于二者之间。

② 线路时间常数对频率特性的影响。步进电动机的每相绕组供电都是由功率开关电路完成的。步进电动机一相驱动电路如图3-40所示。其中，L 为步进电机绕组电感；R_L 为绕组电阻；R_C 为晶体管 VT 的集电极电阻；VD 为续流二极管，它为绕组放电提供回路；晶体管 VT 是大功率开关管。R_C 为外接的功率电阻，它是一个消耗性负载。此时，线路的时间常数

$$T_j = \frac{L}{R_L + R_C} \tag{3-39}$$

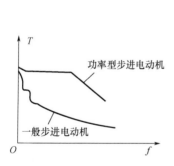

图 3-39　步进电动机的频率特性曲线

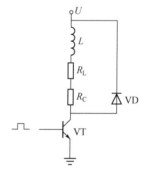

图 3-40　步进电动机一相驱动电路

线路时间常数小，步进电动机的频率特性好，还可使启动频率提高。因此，在实际使用时应尽量减小时间常数。为了减小时间常数，可增大电阻 R_C。为不使稳态电流减小，在增大电阻的同时，可采用提高供电电压的方法。在实际中，可根据客观情况选择适当的外部电阻 R_C，使步进电动机处于合适的工作状态。

③ 开关回路电压对频率特性的影响。步进电动机绕组的开关回路电压有时也称步进电动机的电压，这个电压是指控制绕组通电或断电的功率开关回路的供电电压，而不是指加在绕组两端的电压。开关回路电压如图3-40中的 U，而加到绕组两端的电压比 U 小得多，因为在大功率晶体管 VT 和外接电阻 R_C 上存在压降。在步进电动机上标称的电气参数（包括电压和电流）都与通常电动机的意义不同，它们不是额定电压、额定电流。步进

电动机的电压和电流是可以改变的，实际使用时作为参考，但实际电压、电流不应与步进电动机标称电压、电流相差太大。

当外接电阻 R_c 不变时，单纯提高开关回路电压必定会使步进电动机绕组的电流增大，步进电动机的力矩随之提高。同时，开关回路电压的提高会使电流的上升率提高，故步进电动机的工作频率也会提高。在改变外接电阻 R_c 的阻值时，无论开关回路的电压是否改变，步进电动机的电气参数和频率特性都随之改变。通常，在改变开关电压的同时改变外接电阻，即增大电阻的同时提高开关电压，使步进电动机的频率特性得到改善。

步进电动机的工作频率范围可分成低频区、共振区、高频区三个区间。这三个区间的转子情况不同，下面分析这三个区间转子的状态。

对于步进电动机来说，它的理想频率特性曲线应该是一条十分光滑的连续曲线，在低频区电磁力矩较大，在高频区转动力矩较小。如果在曲线上出现毛刺或下凹点，就表示电动机在该点产生振荡。因为毛刺和下凹点说明电动机此时的力矩下降，显然部分能量消耗于振荡之中。当步进电动机以很低的频率运行时，虽然在曲线上不出现下凹点，但因为处于单步运行状态，所以也会有明显的振荡。

另外，步进电动机的工作状态改变也会产生振荡。例如，当步进电动机正常步进旋转时突然制动，则无论其原来以什么换相频率工作都会产生振荡。再者，当改变电路时间常数，并增大回路电压提高工作频率时，也会产生分频振荡点。当步进电动机单步运行时，其必定处于低频区。在开始工作时，转子的磁场力指向平衡点，又形成反向过冲，受机械摩擦力矩及电磁力矩的作用，形成一个衰减振动过程。最后，转子停在稳定平衡点。

当步进电动机运行在主振区时，转子在每步转动中的振动可能不表现为衰减运动；当转子反冲过平衡点时，它的冲幅足够大，返回原来的平衡点并稳定下来，显然会引起失步。对于步进电动机的控制系统来说，振荡产生的最严重后果就是失步，而不是过冲。

当步进电动机运行在高频区时，由于换相周期很短，因此步进周期很短，绕组中的电流尚未达到稳定值，电动机吸收的能量不够大，且转子没有时间反向过冲，所以不会产生振荡。

步进电动机应工作于高频区。

3.5.3 驱动电源

步进电动机的驱动电源与步进电动机是一个相互联系的整体。由于步进电动机的性能是由电动机和驱动电源配合反映的，因此步进电动机的驱动电源在步进电动机中占有相当重要的位置。

1. 对驱动电源的基本要求

步进电动机的驱动电源应满足下述要求。

（1）驱动电源的相数、通电方式、电压和电流都应满足步进电动机的控制要求。

（2）驱动电源要满足启动频率和运行频率的要求，能在较大的频率范围内控制步进电动机。

（3）能抑制步进电动机的振荡。

（4）工作可靠，对工业现场的各种干扰有较强的抑制作用。

2. 步进电动机控制电源的组成

步进电动机的控制电源一般由脉冲信号发生电路、脉冲分配电路和功率放大电路等部分组成。脉冲信号发生电路产生基准频率信号并供给脉冲分配电路，脉冲分配电路完成步进电动机控制的各相脉冲信号，功率放大电路对脉冲分配回路输出的控制信号进行放大，驱动步进电动机的各相绕组，使步进电动机转动。脉冲分配器有多种形式，早期有环型分配器，现在逐步被单片计算机取代。功率放大电路对步进电动机的性能有较大影响。功率放大电路有单电压、双电压、斩波型、调频调压型和细分型等型式。近年来，出现了控制信号形成和功率放大电路集成一体的集成控制电源。

3.5.4 步进电动机的控制

步进电动机的驱动性能除了受本体影响，还受驱动控制方式的影响。因此，使用步进电动机时，需选用合适的控制方法，常用的控制方法有单电压控制、高低压控制和恒电流斩波控制。

1. 单电压控制

单电压控制是指在电动机绕组工作过程中，只用一个方向电压对绕组供电。如图 3－41 所示，L 为绕组，晶体管 VT 的基极接输入信号 I_n，集电极接电动机的一相绕组，绕组另一端直接与电源电压相连。当输入信号 I_n 为高电平时，提供足够大的基极电流使晶体管 VT 处于饱和状态，若忽略其饱和压降，则电源电压全部作用在绕组上。当 I_n 为低电平时，晶体管 VT 截止，绕组无电流通过。

为使通电时绕组电流迅速达到预设电流，串联电阻 R，防止关断晶体管 VT 时绕组电流变化太大，而产生很大的反向电动势将晶体管 VT 击穿，在绕组的两端并联一个二极管 VD 和电阻 R，可为绕组电流提供一个泄放回路，也称续流回路。

单电压控制的优点是电路结构简单、成本低、可靠性高。但是串联电阻后功耗增大，整个功率驱动电路的功率较低，仅适合驱动小功率步进电动机。

2. 高低压控制

为了使通电时绕组电流迅速到达设定电流，晶体管关断时绕组电流迅速减为零，同时具有较高的效率，出现了高低压控制方式。

如图 3－42 所示，VT_h 和 VT_l 分别为高压管和低压管，V_h 和 V_l 分别为高压电源和低

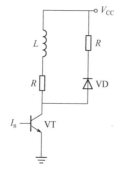

图 3－41　单电压控制

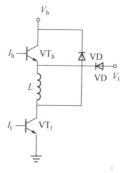

图 3－42　高低压控制

压电源，I_h 和 I_l 分别为高脉冲信号和低脉冲信号。在导通前沿用高电压来提高电流的前沿上升率，而在前沿过后用低电压来维持绕组电流。高低压控制可获得较好的高频特性，但是高压管的导通时间不变，在低频下绕组获得了过多能量，容易引起振荡。可改变高压管导通时间来解决低振问题，然而其控制电路比单电压控制电路复杂，可靠性降低，一旦高压管失控，就会因电流太大而损坏电动机。

3. 恒电流斩波控制

图 3-43 所示为恒电流斩波控制。其主回路由高压管、绕组、低压管串联而成。与高低压控制不同的是，低压管发射极串联一个小的电阻并接地，电动机绕组的电流经过这个电阻通地，小电阻的压降与电动机绕组电流成正比，所以这个电阻称为采样电阻。图 3-43 中的 IC_1 和 IC_2 分别为两个控制门，控制高压管 VT_h、低压管 VT_l 的导通和截止。来自环形分配器的绕组导通脉冲都传送到控制门 IC_1 和控制门 IC_2 中。将采样电阻的电压信号与给定电平进行比较，并将得到的比较电路送给控制门 IC_1。

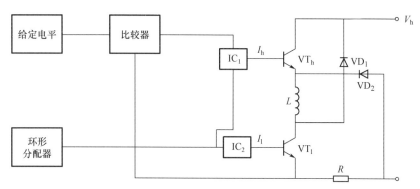

图 3-43　恒电流斩波控制

当环形分配器输出导通信号时，控制门 IC_1 和 IC_2 输出高电平来驱动高压管 VT_h、低压管 VT_l 导通，此时高电压 V_h 向电动机绕组供电，绕组中的电流急速上升，当超过设定值时，比较器输入的采样电压超过给定电压，从而输出低电平。因此，控制门 IC_1 输出低电平，关断高压管 VT_h。此时，绕组中的电流由低压管 VT_l、电阻、地、二极管 VD_2 构成续流回路，电流逐渐下降。当采样电阻得到的电压小于给定电压时，控制门 IC_1 输出高电平，电流继续上升。恒电流斩波控制输出波形如图 3-44 所示，输出电流形成锯齿状的斩波。

步进电动机使用恒电流斩波控制时，输出电流基本保持恒定值，从而保证电动机在很大频率范围内都能输出恒定转矩，同时减少共振现象，保证电动机平稳运行。

恒电流斩波控制	输出
环形分配器	
高压管 VT_h	
低压管 VT_l	
绕组电流	

图 3-44　恒电流斩波控制输出波形

3.6 自整角机

自整角机是一种对角位移或角速度的偏差自动整步的感应式控制电机。自整角机一般成对使用或多台组合使用，使机械上互不相连的两根或两根以上机械轴保持相同的转角变化或同步的旋转变化。自整角机广泛应用于随动控制系统。在随动控制系统中，多台自整角机协调工作，其中产生控制信号的主自整角机称为发送机，接收控制信号、执行控制命令与发送自整角机保持同步的自整角机称为接收机。

自整角机根据功能的不同分为力矩式自整角机和控制式自整角机两类。力矩式自整角机的输出力矩较大，可直接驱动接收机轴上的负载，主要用于指示系统或角传递系统。控制式自整角机的接收机不直接带负载，而是在接收机上输出与发送机、接收机转子之间的角位差有关的电压信号，因此其实际上是角位置失调检测电动机。

3.6.1 自整角机的结构与工作原理

1. 力矩式自整角机的结构与工作原理

为在整个圆周范围内准确定位，力矩式自整角机通常采用两极电动机，并且绝大部分采用凸极结构，只有在频率高、尺寸大的力矩电动机中才采用隐极结构。

力矩式自整角机的定子和转子铁芯均由高导磁率的薄硅钢片冲制成型，为减小铁损耗，薄硅钢片需经过涂漆处理，然后铆制成整体定子或整体转子。力矩式自整角机采用单相励磁，励磁绕组放置在凸极铁芯上，整步绕组为三相绕组并连接成星形放置在铁芯槽中。励磁绕组可放置在定子上，也可放置在转子上，当励磁绕组放置在凸极定子上时，整步绕组放置在转子铁芯上并通过集电环和电刷引出；当励磁绕组放置在凸极转子上时，通过两相集电环和电刷连接励磁绕组和外部励磁电路，整步绕组放置在定子铁芯上。

图 3-45 所示为力矩式自整角机的三种结构。转子凸极结构的转子质量小，电刷和集电环少，适用于小容量自整角机。定子凸极结构的转子上放置三相分布绕组，平衡性好，但转子质量大、电刷和集电环多，适用于较大容量自整角机。

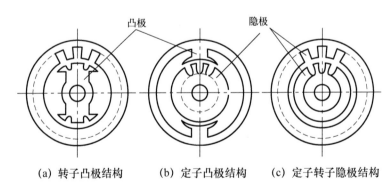

(a) 转子凸极结构   (b) 定子凸极结构   (c) 定子转子隐极结构

图 3-45 力矩式自整角机的三种结构

图 3-46 所示为力矩式自整角机的工作原理，其中，一台自整角机作为发送机，另一台自整角机作为接收机，两者的结构参数一致。在工作工程中，励磁绕组接在同一单相交流励磁电源上，两台自整角机的三相整步绕组彼此对应相连。为了分析方便，规定励磁绕组与整步绕组 a 相的夹角 θ 作为转子的位置角。

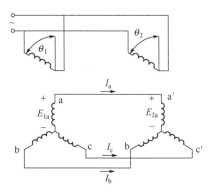

图 3-46 力矩式自整角机的工作原理

（1）力矩式自整角机整步绕组中的电动势与电流。

在图 3-46 中，发送机的转子位置角为 θ_1，接收机的转子位置角为 θ_2，失调角

$$\theta = \theta_1 - \theta_2 \tag{3-40}$$

励磁绕组为单相绕组，当励磁绕组中有励磁电流时，力矩式自整角机的气隙中产生脉动磁动势，脉动磁动势在各整步绕组中感应出变压器电动势，由于各绕组空间位置不同，整步绕组中的感应电动势相位相差 120°，因此其幅值相等且为

$$E = 4.44 f N k_{\mathrm{w1}} \Phi_{\mathrm{m}} \tag{3-41}$$

式中，f 为励磁电源的频率，即主磁通的脉动频率；N 为整步绕组每相匝数；k_{w1} 为整步绕组基波绕组系数；Φ_{m} 为每极磁通幅值。

发送机每相整步绕组的感应电动势为

$$E_{1a} = E\cos\theta_1$$
$$E_{1b} = E\cos(\theta_1 - 120°) \tag{3-42}$$
$$E_{1c} = E\cos(\theta_1 + 120°)$$

接收机每相整步绕组的感应电动势为

$$E_{2a} = E\cos\theta_2$$
$$E_{2b} = E\cos(\theta_2 - 120°) \tag{3-43}$$
$$E_{2c} = E\cos(\theta_2 + 120°)$$

各相绕组的总电动势为

$$E_a = E_{2a} - E_{1a} = 2E\sin\frac{\theta_1 + \theta_2}{2}\sin\frac{\theta}{2}$$

$$E_b = 2E\sin\left(\frac{\theta_1 + \theta_2}{2} - 120°\right)\sin\frac{\theta}{2} \tag{3-44}$$

$$E_c = 2E\sin\left(\frac{\theta_1 + \theta_2}{2} + 120°\right)\sin\frac{\theta}{2}$$

各相绕组的电流为

$$I_a = \frac{E_a}{2Z_a} I \sin\frac{\theta_1+\theta_2}{2} \sin\frac{\theta}{2}$$

$$I_b = \frac{E_a}{2Z_a} I \sin\left(\frac{\theta_1+\theta_2}{2}-120°\right)\sin\frac{\theta}{2} \qquad (3-45)$$

$$I_c = \frac{E_a}{2Z_a} I \sin\left(\frac{\theta_1+\theta_2}{2}+120°\right)\sin\frac{\theta}{2}$$

式中，Z_a 为力矩式自整角机的整步绕组等效阻抗。

由式（3-45）可知，只有失调角 $\theta=0°$ 时，整步绕组的各相电流才为零。

（2）力矩式自整角机整步绕组的磁动势。

当整步绕组中有电流流过时产生磁动势，虽然整步绕组为三相绕组，但各相流过的电流同相位，因此整步绕组电流产生合成的磁动势仍为脉动磁动势。每极脉动磁动势为

$$F_{1a} = \frac{4}{\pi}\frac{\sqrt{2}}{2}\frac{INk_{w1}}{p}\sin\frac{\theta_1+\theta_2}{2}\sin\frac{\theta}{2} = F\sin\frac{\theta_1+\theta_2}{2}\sin\frac{\theta}{2}$$

$$F_{1b} = F\sin\left(\frac{\theta_1+\theta_2}{2}-120°\right)\sin\frac{\theta}{2} \qquad (3-46)$$

$$F_{1c} = F\sin\left(\frac{\theta_1+\theta_2}{2}+120°\right)\sin\frac{\theta}{2}$$

若将脉动磁动势分解为两个相互垂直的直轴磁动势 F_d 和交轴磁动势 F_q，则合成磁动势 F 为直轴磁动势和交轴磁动势的矢量和。

发送机的交轴磁动势分量

$$\begin{aligned} F_q &= F_{qa}+F_{qb}+F_{qc} \\ &= -F_{1a}\sin\theta_1 - F_{1b}\sin(\theta_1-120°)-F_{1c}\sin(\theta_1+120°) \qquad (3-47) \\ &= -\frac{3}{4}F\sin\theta \end{aligned}$$

发送机的直轴磁动势分量

$$\begin{aligned} F_d &= F_{da}+F_{db}+F_{dc} \\ &= F_{1a}\cos\theta_1 + F_{1b}\cos(\theta_1-120°)+F_{1c}\cos(\theta_1+120°) \qquad (3-48) \\ &= -\frac{3}{4}F(1-\cos\theta) \end{aligned}$$

合成磁动势的幅值

$$F_1 = \sqrt{F_q^2+F_d^2} = \frac{3}{2}F\sin\frac{\theta}{2} \qquad (3-49)$$

若将合成磁动势的相位角 α_1 定义为合成磁动势与交轴磁动势的夹角，则

$$\tan\alpha_1 = \frac{F_d}{F_q} = \frac{1-\cos\theta}{\sin\theta} \qquad (3-50)$$

求得 $\alpha_1 = \frac{\theta}{2}$。

同理，求得接收机的整步磁动势

$$F_2 = \frac{3}{2}F\sin\frac{\theta}{2} \qquad (3-51)$$

$$\alpha_2 = \frac{\theta}{2}$$

（3）力矩式自整角机的转矩。

力矩式自整角机的电磁转矩由励磁磁通与整步绕组磁动势相互作用产生，当失调角较小时，可以认为直轴磁动势 $F_d=0$，转矩主要由直轴磁通与交轴磁动势相互作用产生。整步转矩可通过式（3-52）计算。

$$T = k_1 F_q \Phi_d \cos\varphi \tag{3-52}$$

式中，k_1 为转矩系数；φ 为直轴磁通与交轴磁动势的夹角。力矩式自整角机接收机就是在此整步转矩的作用下转动的。当失调角 $\theta\neq0$ 时，交轴磁动势不为零，整步转矩一直存在，直到失调角 $\theta=0$。

2. 控制式自整角机的结构与工作原理

控制式自整角机与力矩式自整角机的结构基本相同，所不同的是接收机的励磁绕组不再与发送机的励磁绕组连接在同一励磁电源上，而是开路作为信号输出端。控制式自整角机的工作原理如图 3-47 所示。

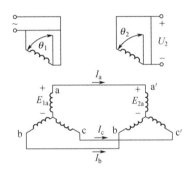

图 3-47　控制式自整角机的工作原理

接收机整步绕组在输出绕组中感应的变压器电动势

$$E_2 = E_{2m}\cos\theta \tag{3-53}$$

式中，E_{2m} 为 $\theta=0°$ 时的输出绕组最大感应变压器电动势。当接收机空载时，变压器感应电动势为输出电压，即 $U_2=E_2$。

3.6.2　自整角机的误差分析与选用

1. 自整角机的误差分析

（1）力矩或自整角机的误差。

力矩式自整角机的误差主要有零位误差和静态误差。

在力矩式自整角机中，当发送机加励磁电压后，通过旋转整步绕组使一组整步绕组的线电动势为零，该位置为基准电气零位。从基准电气零位开始，转子每转过 60°，在理论上都应当有一组整步绕组的线电动势为零。但受设计及加工工艺等因素的影响，实际上，电气零位和理论电气零位有差异，实际电气零位与理论电气零位的差为发送机的零位误差。

在力矩式自整角机中，当接收机与发送机处于静态协调时，接收机与发送机转子转角之差称为力矩式自整角机的静态误差。它是衡量接收机跟随发送机的静态准确程度的指

机电传动控制

标。若静态误差小，则接收机跟随发送机的能力强。力矩式自整角机的静态误差主要取决于比整步转矩（失调角 $\theta = 1°$ 时产生的整步转矩称为比整步转矩）和摩擦力矩。

（2）控制式自整角机的误差。

控制式自整角机的误差主要有电气误差和零位电压误差。

2. 自整角机的选用

力矩式自整角机和控制式自整角机各具特点，应该根据实际需要合理选用。力矩式自整角机常应用于精度较低的指示系统，如液面的高度，闸门的开启度，液压电磁阀的开闭，船舶的舵角、方位和船体倾斜的指示，核反应堆控制棒位置的指示，等等。控制式自整角机适用于精度较高、负载较大的伺服系统，如雷达高低角自动显示系统等。

选用自整角机时应注意以下几个问题。

（1）自整角机的励磁电压和频率必须与使用的电源符合，当可任意选择电源时，应选用电压较高（一般为 400V）的自整角机，其性能较好、体积较小。

（2）相互连接使用的自整角机，其对应绕组的额定电压和频率必须相等。

（3）在电源容量允许的情况下，应选用输入阻抗较低的发送机，以获得较强的负载能力。

（4）选用自整角变压器时，应选用输入阻抗较高的产品，以减小发送机的负载。

本章小结

电动机种类繁多，掌握一些基本电动机的结构、工作原理及特性对其他相关知识的理解有很大帮助。

本章首先介绍了直流电动机，直流电动机是将直流电能转换成机械能的电动机。直流电动机主要由定子、转子和机座三部分组成。虽然直流电动机结构较复杂、维护较不便，但它的调速性能较好、启动转矩较大。直流电动机的工作原理是利用电枢由原动机驱动在磁场中旋转，电枢线圈的两根有效边切割磁力线，感应出电动势，两个有效边受到电磁力的作用而使电枢转动。直流电动机主要分为他励直流电动机、并励直流电动机、串励直流电动机和复励直流电动机。直流电动机的工作特性是指供给电动机额定电压、额定励磁电流时，转速与负载电流之间的关系、转矩与负载电流之间的关系及效率与负载电流之间的关系，分别称为电动机的转速特性、转矩特性及效率特性。

然后介绍了三相异步电动机，其结构与直流电动机相似，重点介绍了三相异步电动机的运行特性，即三相异步电动机运行工作时的机械特性，简单描述了三相异步电动机稳定运行的问题、铭牌数据和选择。

接着介绍了单相异步电动机。单相异步电动机无启动转矩，为获得启动转矩，通常采用在定子上安装启动绕组的方法。单相异步电动机分为分相电动机和罩极电动机。还介绍了伺服电动机，它是控制电动机的一种。伺服电动机可以把输入的电压信号转换成为电动机轴上的角位移和角速度等机械信号。按控制电压来分，伺服电动机可分为直流伺服电动机和交流伺服电动机两大类。伺服电动机在控制系统中一般用作执行元件。

随后介绍了步进电动机，步进电动机是控制电机的一种。步进电动机采用电脉冲信号对生产过程或设备进行数字控制。步进电动机一般采用开环控制。最后介绍了自整角机，自整角机是一种对角位移或角速度的偏差自动整步的感应式控制电动机。自整角机广泛应用于随动控制系统。自整角机根据功能分为力矩式自整角机和控制式自整角机两类。

习　　题

3-1　直流电动机是如何转动起来的？

3-2　一台直流电动机磁路饱和，为电动机加负载后，电刷逆电枢旋转方向移动一个角度。试分析在此种情况下电枢磁动势对气隙磁场的影响。

3-3　试分析在下列情况下，直流电动机的电枢电流和转速有什么变化（假设电动机不饱和）。

（1）电枢端电压减半，励磁电流和负载转矩不变；

（2）电枢端电压减半，励磁电流和输出功率不变；

（3）励磁电流加倍，电枢端电压和负载转矩不变；

（4）励磁电流和电枢端电压减半，输出功率不变；

（5）电枢端电压减半，励磁电流不变，负载转矩随转速的平方变化。

3-4　单相异步电动机主要分为哪几种类型？简述罩极电动机的工作原理。

3-5　三相异步电动机启动时，如果电源一相断线，电动机能否启动？如果绕组一相断线，电动机能否启动？Ｙ形联结和△形联结情况是否相同？如果运行中电源或绕组一相断线，能否继续旋转？有什么不良后果？

3-6　试比较单相异步电动机和三相异步电动机的 $T_{em} - s$ 曲线，着重就以下各点进行比较：

（1）当 $s=0$ 时的转矩；

（2）当 $s=1$ 时的转矩；

（3）最大转矩；

（4）当转矩相等时的转差率；

（5）当 $1 < s < 2$ 时的转矩。

3-7　什么是自转现象？两相伺服电动机如何防止自转？

3-8　直流伺服电动机的励磁电压下降对电动机的机械特性和调节特性有什么影响？

3-9　直流伺服电动机带恒转矩负载，测得启动电压为 4V，当电枢电压为 50V 时，转速为 1500r/min，若要求转速为 3000r/min，则电枢电压应为多大？

3-10　简要说明力矩式自整角机中发送机和接收机整步绕组中合成磁动势的性质。

3-11　在力矩式自整角机运行过程中，若整步绕组一相断开，则系统是否有整步特性？

3-12　如何计算反应式步进电动机的步距角？

3-13　简要说明步进电动机稳定区的概念。

3-14　影响步进电动机性能的因素有哪些？应如何改善步进电动机的频率特性？

第4章

机电控制系统中的传感器技术

本章教学目的及要求

（1）掌握传感器的组成及分类。

（2）熟悉传感器的一般特性。

（3）熟悉位移传感器、速度传感器、物位传感器、压力传感器等的工作原理及应用。

检测环节是机电控制系统中的一个非常重要的组成部分，其功能是利用传感器检测机电控制系统的参数和外界环境参数，并将其转换成系统可识别的电信号传递给控制装置，控制装置根据这些信息确定系统要执行的动作。检测环节的功能越强，机电控制系统的自动化程度越高。如果没有检测环节，机电控制系统就无法接收信息，从而无法实现闭环控制。

人通过五官接收外界信息，经过大脑（信息处理）做出相应的动作。若用计算机控制的自动化装置代替人的劳动，则电子计算机相当于人的大脑（俗称"电脑"），而传感器相当于人的五官（"电五官"）。

传感器是一种以一定的精确度把被测量转换为与之有确定对应关系、便于应用的某种物理量的测量装置。传感器是机电控制系统中直接作用于被测量的器件，其将被测量转换成与之有确定对应关系的电量。传感技术涉及的知识非常广泛，渗透到多个学科领域，但它们的共性是利用物理定律和物质的物理特性将非电量转换成电量。

高精度传感器是具有高精度、高灵敏性、高稳定性和高可靠性的测量传感器。高精度传感器是现代工业发展的重要基础，在政策鼓励下，其战略地位不断提升。

4.1 传感器的组成及分类

4.1.1 传感器的组成

在机电控制系统中，通常需要检测和控制各种参数，如力、压力、温度、流量、物位、转速、位移与振动等非电量。检测中，首先感受被测量并将它转换成与之有确定对应关系的电量的器件称为传感器。

传感器一般由敏感元件和传感元件两个基本部分组成，有时还有辅助电源。传感器的组成框图如图4-1所示。传感器可以很简单，也可以很复杂。

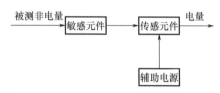

传感器的组成、分类及特性

图4-1 传感器的组成框图

传感器中直接感受被测量（一般为非电量），并输出与被测量有确定对应关系的其他量（包括电量）的元件称为敏感元件。其中，部分敏感元件（如膜片和波纹管，把被测压力转换成位移量等）先把不能用现有技术直接转换成电量的被测量转换成易被转换成电量的非电量，再经传感元件转换成电量。

感受由敏感元件输出的与被测量有确定对应关系的另一种非电量，并输出电量的元件称为传感元件。例如，在差动式压力传感器中，传感元件不直接感受压力，而感受由敏感元件传来的与被测压力有确定对应关系的衔铁位移，然后输出电量。有的敏感元件直接输出电量，敏感元件和传感元件合二为一，如加热电偶和热敏电阻等传感器。

在敏感元件中，机械弹性敏感元件（简称弹性元件）应用很广。如果它的输入量是集中的力、力矩、流体压力和温度等非电量，输出量是弹性元件本身的变形量（应变、位移或转角），这种变形（或经机械放大后）就成为机械式仪表指针的偏转，或者搭配传感元件将变形量转换成电量并经放大、显示或处理。

4.1.2 传感器的分类

传感器的分类方法很多。

（1）按被测物理量分类。

传感器按被测物理量分为位移传感器（又分为线位移传感器和角位移传感器，用于长度、厚度、应变、振动、偏转角等参数的测量）、速度传感器（又分为线速度传感器和角速度传感器，用于线速度、振动、流量、动量、转速、角速度、角动量等参数的测量）、加速度传感器（又分线加速度传感器和角加速度传感器，用于线加速度、振动、冲击、质量、角加速度、角振动、力矩等参数的测量）、压力传感器（用于压力、重力、力矩、应力等参数的测量）。

（2）按工作原理分类。

传感器按工作原理分为电阻式传感器［利用移动电位器触点改变电阻值或改变电阻丝（或电阻片）的几何尺寸的原理制成，主要用于位移、压力、应变、力矩、气流流速和液体流量等参数的测量］、电感式传感器（利用改变磁路几何尺寸、磁体位置来改变电感和互感的电感量或压磁效应原理制成，主要用于位移、压力、力、振动、加速度等参数的测量）、电容式传感器（利用改变电容的几何尺寸或改变电容介质的性质和含量来改变电容量的原理制成，用于位移、压力、厚度、含水量等参数的测量）、谐振式传感器（利用改变机械或电的固有参数来改变谐振频率的原理制成，主要用于测量压力）。

本章将主要介绍在机电控制系统中应用较多的位移传感器、速度传感器、物位传感器、压力传感器。

4.2 传感器的一般特性

传感器的基本特性是指输入信号与输出信号的关系。传感器完成测量任务主要取决于其本身特性。当输入信号不随时间变化时，输入与输出的关系称为传感器的静态特性；当输入信号随时间变化时，输入与输出的关系称为传感器的动态特性。

4.2.1 传感器的静态特性

在静态测量中，输入信号不随时间变化。传感器静态特性的主要参数有线性度、灵敏度、滞后量和重复性。

1. 线性度

标定曲线与拟合直线的接近程度称为线性度，通常用线性度误差表示。

标定曲线是在静态测量中由静态标定实测得到的输入/输出特性曲线。在理想情况下，输入/输出特性曲线为直线；在线性工况下，输出量乘以一个常数可以得到相应的被测输入量的数值。若输入/输出特性曲线不是直线，则必须根据标定曲线进行修正。

拟合直线是与标定曲线进行比较的参考直线。确定拟合直线的方法较多，常用平均法和最小二乘法：用平均法确定拟合直线，使偏离该直线的正负偏差的绝对值相等，如图 4 - 2 （a）所示；用最小二乘法确定拟合直线，使偏离该直线的偏差的平方和最小，如图 4 - 2 （b）所示。

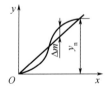　　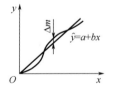

（a）用平均法确定拟合直线　　（b）用最小二乘法确定拟合直线

Δm—最大偏差；y_m—满量程；x—物理量的实际值；y—传感器的输出值；a，b—系数。

图 4 - 2　线性度与拟合直线

拟合直线通常表示为

$$\hat{y} = a + bx \tag{4-1}$$

线性度误差 e 是指任意标定值偏离拟合直线的最大偏差 Δm 与满量程 y_n 的百分比，即

$$e = \frac{\Delta m}{y_n} \times 100\% \tag{4-2}$$

式中，e 为偏离拟合直线的最大偏差；y_n 为满量程。

若线性度误差小，则线性度好；若线性度误差大，则线性度差。

2. 灵敏度

输入信号变化 Δx，输出信号稳定后相应变化 Δy，输出变化量与输入变化量的比值称为灵敏度，用 S 表示，即

$$S = \frac{\Delta y}{\Delta x} = b \tag{4-3}$$

式中，b 为拟合直线斜率。

例如，若差动变压器式位移传感器的输入位移信号变化量为 1mm，输出电压信号的变化量为 2mV，则其灵敏度 $S = 2\text{mV/mm}$。

当输入、输出信号量纲相同时，灵敏度相当于放大倍数。例如，千分表刻度线间隔为 1mm，实测最小输入值为 0.01mm，其灵敏度 $S = 1\text{mm}/0.01\text{mm} = 100$ 倍。

3. 滞后量

当输入信号逐渐增大后又逐渐减小时，对应同一信号值会出现不同的输出信号。在全量程范围内，对应同一输入信号的前、后两个输出信号的最大输出差值为 H。如图 4-3（a）所示，滞后量可用最大输出差值 H 与满量程 y_n 的百分比表示，即

$$h = \frac{H}{y_n} \times 100\% \tag{4-4}$$

式中，h 为滞后量；H 为对应同一输入信号的前、后两个输出信号的最大输出差值；y_n 为满量程。

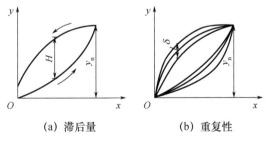

(a) 滞后量　　　　　(b) 重复性

图 4-3　滞后量与重复性

4. 重复性

重复性表示输入量按同一方向变化（增大或减小）时，在全量程内重复测试时得到的各特性曲线的重复程度，如图 4-3（b）所示。一般用输出最大不重复误差 δ 与满量程 y_n 的百分比表示重复性指标，即

$$\eta=\frac{\delta}{y_n}\times100\%\qquad\qquad(4-5)$$

式中，η 为重复性；δ 为最大不重复误差；y_n 为满量程。

4.2.2　传感器的动态特性

　　传感器测量静态信号时，由于被测量不随时间变化，因此测量和记录的过程不受时间限制。实际中，大量被测量是随时间变化的动态信号，传感器的输出不仅要精确地显示被测量的大小，还要显示被测量随时间变化的规律（被测量的波形）。传感器测量动态信号的能力用动态特性表示。动态特性是指传感器测量动态信号时，输出对输入的响应特性。

　　动态特性好的传感器，其输出随时间的变化规律将再现输入量随时间的变化规律，即它们具有同一个时间函数；但是，除理想情况外，实际上传感器的输出信号与输入信号不会具有相同的时间函数，从而产生动态误差。

4.3　常用传感器

　　在机电控制系统中，常用位移传感器、长度传感器对工件的加工尺寸、表面粗糙度、形状公差和位置公差进行测量及检测；用速度传感器、压力传感器、温度传感器对机械加工过程中的切削速度、切削力、切削转矩、进给速度、温度等进行测量及检测；用加速度传感器、振动传感器研究机床加工情况下的动态稳定性、自激现象、加工精度等；用温度传感器、湿度传感器对电力、化工工业生产中的温度、压力、流量等进行监控及检测。

4.3.1　位移传感器

常用传感器的工作原理及应用场合

　　位移传感器按照位移的特征可分为线位移传感器和角位移传感器。由于线位移是指机构沿着某条直线移动的距离，因此线位移测量又称长度测量，常使用电阻式传感器、电感式传感器、差动变压器式传感器及感应同步器、磁尺、光栅、激光位移计等。由于角位移是指机构沿着某定点转动的角度，因此角位移测量又称角度测量，常使用旋转变压器、码盘、编码器、圆形感应同步器等。

　　下面重点介绍感应同步器和旋转变压器。感应同步器和旋转变压器均属于电磁式传感器，其输出电压随被测直线位移或角位移的变化而变化，从测量方式来讲属于模拟式测量。感应同步器的特点及使用范围与光栅相似，但抗干扰性较强、对环境要求低、机械结构简单、量程大时接长方便、成本较低，虽然精度不如光栅，但在数控机床检测中应用广泛。旋转变压器的工作原理与感应同步器相似，主要用于测量角位移。

1. 感应同步器

（1）感应同步器的结构。

　　感应同步器是一种电磁式传感器，按结构分为直线式感应同步器和旋转式感应同步器两种，前者用于直线测量，后者用于角度测量。下面着重介绍直线式感应同步器。

直线式感应同步器用于测量直线位移，其结构相当于一个展开的多极旋转变压器，主要包括定尺和滑尺。定尺安装在固定部件（如机床床身等）上，滑尺安装在移动部件上（随工作台一起移动），两者平行放置，保持 0.2～0.3mm 间隙，如图 4-4 所示。标准的感应同步器定尺长度为 250mm，定尺上有单向的、均匀的、连续的感应绕组。滑尺长度为 100mm，滑尺上有两组励磁绕组，一组为正弦励磁绕组，另一组为余弦励磁绕组。滑尺绕组的节距与定尺绕组的节距相同，均为 2mm，用 τ 表示。当正弦励磁绕组与定尺绕组对齐时，余弦励磁绕组与定尺绕组相差 $\tau/4$。由于定尺绕组是均匀的，因此滑尺上的两个绕组在空间位置上相差 $\tau/4$，即 $\pi/2$ 相位角。

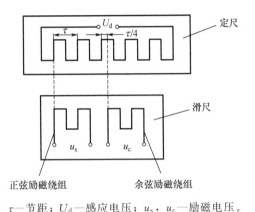

τ—节距；U_d—感应电压；u_s，u_c—励磁电压。

图 4-4 感应同步器的结构

定尺和滑尺的基板采用与固定部件材料的热膨胀系数相近的材料，上面有用光学腐蚀方法制成的铜箔锯齿形印制电路绕组，铜箔与基板之间有一层极薄的绝缘层。在定尺的铜绕组上涂一层耐腐蚀的绝缘层，可以保护尺面。在滑尺的绕组上用绝缘的胶黏剂黏接一层铝箔，可以防静电感应。

（2）感应同步器的工作原理。

感应同步器的励磁绕组与感应绕组产生相对位移时，受电磁耦合变化的影响，感应绕组中的感应电压随位移的变化而变化，感应同步器和旋转变压器就是利用这个特点进行测量的。所不同的是，旋转变压器测量的是定子和转子间的旋转位移，而感应同步器测量的是滑尺和定尺间的直线位移。

图 4-5 所示的感应同步器的工作原理说明了定尺感应电压与定尺绕组、滑尺绕组的相对位置的关系。若为滑尺上的正弦绕组通以交流励磁电压，则在绕组中产生励磁电流，绕组周围产生旋转磁场。此时，如果滑尺处于图中 A 点位置，即滑尺绕组与定尺绕组完全重合，则定尺上的感应电压最大。随着滑尺相对定尺平行移动，感应电压逐渐减小。当滑尺移动至图中 B 点位置，与定尺绕组刚好错开 $\tau/4$ 时，定尺上的感应电压为零。当滑

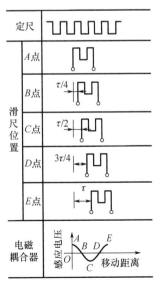

图 4-5 感应同步器的工作原理

尺继续移动至 $\tau/2$ 处（图中 C 点位置）时，定尺上的负值电压最大（感应电压的幅值与 A 点处相同但极性相反）。当滑尺移动至 $3\tau/4$ 处（图中 D 点位置）时，定尺上的感应电压又为零。当滑尺继续移动一个节距（至图中 E 点）时又恢复初始状态，即与 A 点处情况相同。显然，在定尺和滑尺的相对位移中，感应电压呈周期性变化，其波形为余弦函数。在滑尺移动一个节距的过程中，感应电压变化了一个余弦周期。同样，若在滑尺的余弦绕组中通以交流励磁电压，则能得出定尺绕组中感应电压与定尺、滑尺相对位移的关系曲线，它们之间呈正弦函数关系。

（3）感应同步器的工作方式。

根据励磁绕组中励磁供电方式的不同，感应同步器有鉴相工作方式和鉴幅工作方式。

① 鉴相工作方式。为滑尺的正弦绕组及余弦绕组分别通以频率和幅值相同但时间相位差 $\pi/2$ 的交流励磁电压，即

$$u_s = U_m \sin\omega t$$

$$u_c = U_m \sin(\omega t + \pi/2) = U_m \cos\omega t$$

式中，u_s 和 u_c 为励磁电压；U_m 为励磁电压幅值；ω 为励磁电压角频率。

若起始时正弦绕组与定尺的感应绕组对应重合，当滑尺移动时，滑尺与定尺的绕组不重合，则定尺绕组中产生的感应电压

$$u_{d1} = ku_s \cos\theta = kU_m \sin\omega t \cos\theta = kU_m \cos\theta \sin\omega t$$

式中，k 为耦合系数；θ 为滑尺绕组相对于定尺绕组的空间相位角；ω 为励磁电源的角频率。

$\theta = 2\pi x/\tau$，若滑尺移动距离 x，则对应的感应电压以余弦函数或正弦函数变化 θ 角度。

同理，由于余弦绕组与定尺绕组相差 $1/4\tau$，因此定尺绕组中的感应电压

$$u_{d2} = ku_c \cos(\theta + \pi/2) = -kU_m \cos\omega t \sin\theta$$

应用叠加原理，定尺上的感应电压

$$u_d = u_{d1} + u_{d2}$$

$$kU_m \sin\omega t \cos\theta = kU_m \cos\theta \sin\omega t \tag{4-6}$$

从式（4-6）可以看出，在鉴相工作方式中，由于耦合系数 k、励磁电压幅值 U_m 及频率 ωt 均是常数，因此定尺的感应电压 u_d 只随空间相位角 θ 的变化而变化。可以说明定尺的感应电压与滑尺的位移有严格的对应关系，鉴别定尺感应电压的相位，可以测得滑尺和定尺间的相对位移。

② 鉴幅工作方式。为滑尺的正弦绕组及余弦绕组分别通以相位和频率相同但幅值不同的交流励磁电压，即

$$u_s = u_{sm} \sin\omega t$$

$$u_c = u_{cm} \sin\omega t$$

其中，两励磁电压的幅值分别为

$$u_{sm} = U_m \sin\theta_1$$

$$u_{cm} = U_m \cos\theta_1$$

则定尺上的感应电压为

$$u_d = ku_{sm} \sin\omega t \cos\theta - ku_{cm} \sin\omega t \sin\theta$$

$$= k\sin\omega t (u_{sm} \cos\theta - u_{cm} \sin\theta)$$

$$= k\sin\omega t (U_m \sin\theta_1 \cos\theta - U_m \cos\theta_1 \sin\theta)$$

$$= kU_\mathrm{m}\sin\omega t\sin(\theta_1-\theta)$$

若 $\theta=0$，则 $u_\mathrm{d}=0$。

在滑尺移动中，在一个节距内的 $u_\mathrm{d}=0$，$\theta_1=0$ 点称为节距零点。若改变滑尺位置，$\theta_1\neq0$，则在定尺上出现的感应电压为

$$u_\mathrm{d}=kU_\mathrm{m}\sin\omega t\sin(\theta_1-\theta)=kU_\mathrm{m}\sin\omega t\sin\Delta\theta$$

令 $\theta_1=\theta+\Delta\theta$，则当 $\Delta\theta$ 很小时，定尺上的感应电压可近似表示为

$$u_\mathrm{d}=kU_\mathrm{m}\Delta\theta\sin\omega t \qquad (4-7)$$

又因为

$$\Delta\theta=\frac{2\pi}{\tau}\Delta x$$

所以

$$u_\mathrm{d}=kU_\mathrm{m}\frac{2\pi}{\tau}\Delta x\sin\omega t$$

从式（4-7）可以看出，定尺上的感应电压 u_d 实际上是误差电压，当位移增量 Δx 很小时，误差电压的幅值与 Δx 成正比，可以通过测量 u_d 的幅值来测定位移增量 Δx。

在鉴相工作方式中，改变位移增量 Δx 都有误差电压 u_d，当 u_d 超过某个预先设定的门槛电平时产生脉冲信号，并以此修正励磁信号 u_s 和 u_c，使误差信号重新降低到门槛电平以下，从而把位移量转换为数字量，实现位移测量。

2. 旋转变压器

（1）旋转变压器的工作原理。

旋转变压器是一种测量角位移的小型交流电动机，由定子和转子组成。其中，定子绕组作为变压器的一次侧绕组，接收励磁电压，励磁频率通常为 400Hz、500Hz、3000Hz、5000Hz；转子绕组作为变压器的二次侧绕组，通过电子耦合得到感应电压。旋转变压器的工作原理与普通变压器相似，区别在于普通变压器的一次侧绕组、二次侧绕组是相对固定的，所以输出电压与输入电压之比是常数；而旋转变压器的一次侧绕组、二次侧绕组随转子的角位移发生相对位移的改变，所以输出电压随之变化。旋转变压器分为单极旋转变压器和多极旋转变压器。下面讨论单极旋转变压器的工作原理，如图 4-6 所示。

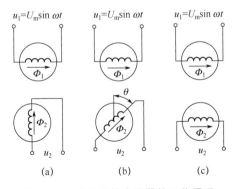

图 4-6 单极旋转变压器的工作原理

单极旋转变压器的定子和转子各有一对磁极，假设加到定子绕组的励磁电压为 $u_1=U_\mathrm{m}\sin\omega t$，则转子通过电磁耦合产生感应电压 u_2。当转子转到使其绕组磁轴和定子绕组磁轴垂直时，转子绕组感应电压 $u_2=0$。当转子绕组的磁轴从垂直位置转过一定角度 θ 时，

转子绕组中产生的感应电压

$$u_2 = ku_1 \sin\theta = kU_m \sin\omega t \ \sin\theta$$

式中，k 为旋转变压器的电磁耦合系数（$k = W_1/W_2$，W_1 和 W_2 分别为定子绕组和转子绕组的匝数）；U_m 为最大瞬时电压；θ 为两绕组轴线夹角；ω 为励磁电源的角频率。

当转子转过 $\pi/2$ 时，两磁轴平行，转子绕组中的感应电压最大，即

$$u_2 = kU_m \sin\omega t \qquad (4-8)$$

正余弦旋转变压器使用较多，其定子、转子各有相互垂直的两个绕组。如图 4-7 所示，若将定子中的一个绕组短接，而另一个绕组通以单相交流电压 u_1，则在转子的两个绕组中得到的输出电压分别为

$$u_{2s} = ku_1 \sin\theta = kU_m \sin\omega t \sin\theta$$

$$u_{2c} = ku_1 \cos\theta = kU_m \sin\omega t \cos\theta$$

由于两个绕组中的感应电压恰恰是关于转子转角 θ 的正弦函数和余弦函数，因此称该旋转变压器为正余弦旋转变压器。

（2）旋转变压器的工作方式。

下面以正余弦旋转变压器为例介绍旋转变压器的工作方式。如图 4-8 所示，若把转子的一个绕组短接，定子的两个绕组分别通以励磁电压，则应用叠加原理得到鉴相工作方式和鉴幅工作方式。

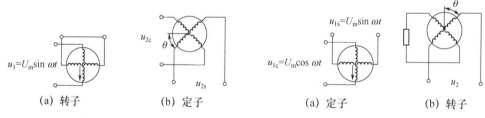

| (a) 转子 | (b) 定子 | (a) 定子 | (b) 转子 |

图 4-7　正余弦旋转变压器的工作原理　　　图 4-8　一个转子绕组短接的旋转变压器

① 鉴相工作方式。为定子的两个绕组分别通以幅值和频率相同但相位差 $\pi/2$ 的交流励磁电压，即

$$u_{1s} = U_m \sin\omega t$$

$$u_{1c} = U_m \cos\omega t = U_m \sin(\omega t + \pi/2)$$

由于这两个励磁电压在转子绕组中都产生感应电压并叠加，因此转子中的感应电压为这两个电压的代数和。

$$\begin{aligned} u_2 &= ku_{1s} \sin\theta + ku_{1c} \cos\theta \\ &= kU_m \sin\omega t \sin\theta + kU_m \cos\omega t \cos\theta \\ &= kU_m \cos(\omega t - \theta) \end{aligned} \qquad (4-9)$$

同理，如果转子逆向转动，则得

$$u_2 = kU_m \cos(\omega t + \theta) \qquad (4-10)$$

由式（4-9）和式（4-10）可以看出，转子输出电压的相位角与转子的偏转角有严格的对应关系，只要检测出转子输出电压的相位角，就可知道转子的偏转角。由于旋转变压器的转子与被测轴连接，因此可以得到被测轴的角位移。

② 鉴幅工作方式。为定子的两个绕组分别通以频率和相位相同但幅值不同的交流励磁电压，即

$$u_{1s} = U_{sm}\sin\omega t$$
$$u_{1c} = U_{cm}\sin\omega t$$

其中，幅值分别为正弦函数、余弦函数

$$U_{sm} = U_m\sin\alpha$$
$$U_{cm} = U_m\cos\alpha$$

式中，α 为电气解。

则转子上的叠加感应电压

$$\begin{aligned}u_2 &= ku_{1s}\sin\theta + ku_{1c}\cos\theta\\&= kU_m\sin\alpha\sin\theta\sin\omega t + kU_m\cos\alpha\cos\theta\sin\omega t\\&= kU_m\cos(\alpha-\theta)\sin\omega t\end{aligned} \tag{4-11}$$

同理，如果转子逆向运动，则得

$$u_2 = kU_m\cos(\alpha+\theta)\sin\omega t \tag{4-12}$$

由式（4-11）和式（4-12）可以看出，转子感应电压的幅值随转子的偏转角 θ 变化，只需测量出幅值即可求得偏转角 θ，从而得到角位移。

在实际应用中，应根据转子误差电压不断修正励磁信号中的 α 角（励磁幅值），使其跟踪转子偏转角 θ 的变化。

常用位移传感器的性能比较见表 4-1。

表 4-1 常用位移传感器的性能比较

类型	示值范围	示值误差	对环境的要求	特点	应用场合
电位器	2.5～250mm	直线性 0.1%	对振动较敏感，一般有密封结构	操作简便，结构简单	线位移和角位移
应变片	250mm 以下	直线性 0.3%	基本不受温度、湿度、冲击的影响	可检测应变，电路复杂，可进行动态测量和静态测量	位移、应力、应变、振动、速度、加速度
自感式/互感式位移传感器	±(0.003～1)mm	0.1mm 以下 ±（0.05～0.5）μm	抗干扰性强，一般有密封结构	使用方便，可以对信号进行运算处理	一般自动检测
霍尔式位移传感器	0～2mm	直线性 0.1%	易受温度影响和外界磁场干扰	响应速度高，可达 30kHz	位移、速度、转速、磁场
涡流位移传感器	1.5～25mm	直线性 0.3%～1%	—	非接触式，响应速度最高可达 100kHz	一般自动测量

类型	示值范围	示值误差	对环境的要求	特点	应用场合
核辐射位移传感器	0.005~300mm	$\pm(1\mu m+1\times10^{-2}L)$	受温度影响，要求特殊防护	非接触检测	轧制版、带及镀层厚度的启动测量
激光位移传感器	大位移	$\pm(0.1\mu m+2\times10^{-6}L)$	环境温度、湿度、气流对稳定性有影响	易数字化，精度高，成本高	精度要求高，测量条件好
光栅	大位移	$\pm(0.2\mu m+2\times10^{-6}L)$	油污、灰尘会影响工作可靠性，应有防护罩	易数字化，精度高	大位移，静态测量、动态测量，数字机床
磁栅	大位移	$\pm(2\mu m+5\times10^{-6}L)$	易受外界磁场影响，要求磁屏蔽	易数字化，结构简单，录磁方便，成本低	大位移，静态测量、动态测量，数字机床
感应同步器	大位移	$\pm2.5\mu m$	对环境要求低	易数字化，结构简单，接长方便	大位移，静态测量、动态测量，数字机床

注：L——被测长度。

4.3.2 速度传感器

由于物体的速度有线速度和角速度两种，因此用来测量物体速度的传感器也有线速度传感器和角速度传感器（转速计）两种。转速计根据工作原理又可分为计数式转速计、模拟式转速计和同步式转速计三大类。计数式转速计的测量方法是用某种方法数出一定时间内的总转数；模拟式转速计的测量方法是测出由瞬时转速引起的某种物理量（如离心力、发电机的输出电压）的变化；同步式转速计的测量方法是利用已知频率的闪光与旋转体的旋转同步测出转速。转速测量方法见表 4-2。

表 4-2 转速测量方法

类型		测量方法	适用范围	特点	备注
计数式转速计	机械式	通过齿轮转动数字齿	中、低速	结构简单、价廉	与秒表搭配使用，也可在机构中加入计时仪
	光电式	利用被测旋转体上的光线，使光电管产生电脉冲	中、高速，最高转速达25000r/min	没有转矩损失、结构简单	数字式转速计
	电磁式	利用磁电转换器将转速转换成电脉冲	中、高速	结构简单	数字式转速计

续表

类型		测量方法	适用范围	特点	备注
模拟式 转速计	机械式	利用离心力与转速平方 成正比的关系	中、低速	结构简单	陀螺测速仪
	发电式	利用发电机直流电压或 交流电压与转速成正比的 关系	中、高速， 最高转速达 10000r/min	可长距离指示	测速发电机
	电容式	利用电容充放电回路产 生与转速成正比的电流	中、高速	结构简单、可 长距离指示	
同步式 转速计	机械式	转动带槽的圆盘，并测 与旋转体同步的频率	中速	没有转矩损失	
	闪光式	利用已知频率闪光测出 与旋转体同步的频率	中、高速	没有转矩损失	

下面着重介绍光电式转速计和磁电式转速计。

1. 光电式转速计

光电式转速计将转速的变化转换成光通量的变化，再通过光电转换元件将光通量的变化转换成电量的变化。光电转换元件主要利用光电效应。光电效应是指物体吸收光子而产生电的效应。光电效应可分为外光电效应、内光电效应、光生伏特效应三类。

（1）外光电效应。

外光电效应是指物体在光的照射下发生电子逸出的现象。利用此效应的有光电管、光电倍增管等。

（2）内光电效应。

内光电效应是指物体在光的照射下电阻率发生变化的现象。利用此效应的有光敏电阻、光导管等。

（3）光生伏特效应。

光生伏特效应是指物体在光的照射下内部产生一定电动势的现象。利用此效应的有光敏二极管、光敏三极管、光电池等。

光电式转速计主要利用光电管将光脉冲转换成电脉冲。

图 4-9 （a）所示为光电管的典型结构。在一个真空管内装入两个电极——光电阴极与光电阳极。阴极涂料涂在玻璃泡内壁上，阳极为一根金属丝或一只金属环，它置于圆柱面中心轴上。光电阴极受到适当的光线照射后逸出电子，这些电子被具有一定电位的阳极吸收，因而光电管内有电子流动，外电路 ［图 4-9 （b）］产生电流，其值与光通量 Φ 成正比，电流在电阻 R 上产生的电压与光照强度呈函数关系。

光电管的特性主要取决于光电阴极的材料。不同材料对同一波长的光有不同的灵敏度，同一种材料对不同波长的光的灵敏度也不同，该特性称为光电管的光谱特性，其曲线如图 4-10 所示。因此，对不同颜色的光，应选用不同材料的光电管。

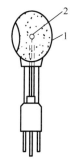 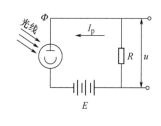

(a) 光电管的典型结构　　　　(b) 外电路

1—光电阴极；2—光电阳极；

Φ—光通量；I_P—电流；R—电阻；u—电压；E—电源电压。

图 4-9　光电管的典型结构和外电路

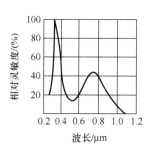 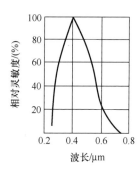

(a) 银-氧-铯光电阴极材料的光谱特性曲线　　(b) 锑-铯光电阴极材料的光谱特性曲线

图 4-10　光电管的光谱特性曲线

当入射光强度极小时，光电管产生的光电流很小，往往要采用光电倍增管。光电倍增管的结构如图 4-11 所示。

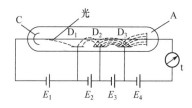

A—光电阳极；C—光电阴极；D_1，D_2，D_3—光电倍增极；t—电流表。

图 4-11　光电倍增管的结构

在一个玻璃泡内装有光电阴极、光电阳极及若干光电倍增极，在光电倍增极上涂抹可在电子轰击下发射更多电子的材料，并在每个光电倍增极上均匀地依次加越来越大的正电压。当光电阴极在入射光的作用下发射一个电子时，该电子将被第一光电倍增极正电压加速而轰击第二光电倍增极，并使其发射多个电子。经过多极倍增的大量电子被阳极收集，阴极与阳极之间便产生电流。

光电式转速计分为反射型光电转速计和直线型光电转速计两种。

反射型光电转速计的工作原理如图4-12所示。金属箔或反射纸带沿被测轴7的圆周方向按均匀间隔贴成黑白间隔反射面，传感器对准此反射面。光源1发射的光线经过透镜5成为均匀的平行光，并照射在半透明膜片4上。部分光线透过半透明膜片；部分光线被反射，经聚光透镜6聚成一点，照射在被测轴黑白间隔反射面上。当被测轴转动时，贴有金属箔的间隔将光线反射，无金属箔的间隔不能反射。反射光经聚光透镜照射在半透明膜片上，透过半透明膜片并经聚焦透镜3聚焦照射在光电管2的光电阴极上，使光电阳极产生光电流。由于被测轴上有黑白间隔，因此转动时获得与转速及黑白间隔数有关的光脉冲，使光电管产生相应的电脉冲。当黑白间隔数一定时，该电脉冲与转速成正比。将电脉冲送至数字测量电路，即可计数和显示。

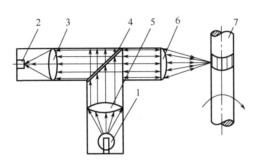

1—光源；2—光电管；3—聚焦透镜；4—半透明膜片；5—透镜；

6—聚光透镜；7—被测轴。

图4-12 反射型光电转速计的工作原理

直线型光电转速计的工作原理如图4-13所示。转轴4上装有带孔的圆盘2，在圆盘的一边设置光源1，另一边设置光电管3。圆盘随转轴转动，当光线通过小孔时，光电管产生一个电脉冲。转轴连续转动，光电管输出一列与转速及圆盘孔数成正比的电脉冲。当圆盘孔数一定时，该列电脉冲与转速成正比。为使同一转的电脉冲增加，可将圆盘上的孔改为槽。为了获得线光源，可在光源与圆盘之间放置开有相同窄槽的光栅。将电脉冲送入数字测量电路进行放大和整形，再送入频率计显示；也可专门设计一个计数器进行计数和显示。

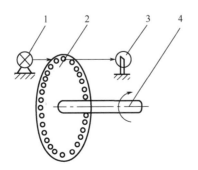

1—光源；2—圆盘；3—光电管；4—转轴。

图4-13 直射型光电转速计的工作原理

2. 磁电式转速计

磁电式传感器又称感应式传感器或电动式传感器。它利用电磁感应原理,将被测机械量转换成线圈中的感应电动势输出。磁电式传感器主要用来测量直线速度和转速。

根据电磁感应原理,当线圈与磁场有相对运动时,线圈切割磁力线并产生感应电动势 e,此时

$$e = -W \frac{\mathrm{d}\Phi}{\mathrm{d}t} \qquad (4-13)$$

式中,W 为线圈匝数;$\mathrm{d}\Phi/\mathrm{d}t$ 为线圈耦合的磁通对时间的变化率。

磁电式传感器(变磁阻式)的结构原理如图 4-14 所示。当可动铁芯转动时,磁路的磁阻也发生周期性变化,其变化频率 f 为可动铁芯转速 n(单位为 r/min)的 2 倍,即 $f=2n$。磁路的磁通以相同频率 f 变化。线圈感应电动势 e 正比于可动铁芯转速 n,变化频率也为 f,只要测得 f 就可知可动铁芯转速。磁电式转速计就是变磁阻式传感器。

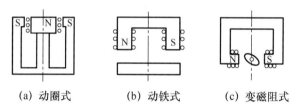

(a) 动圈式　　　　(b) 动铁式　　　　(c) 变磁阻式

图 4-14　磁电式传感器(变磁阻式)的结构原理

磁电式转速计分为开式磁电转速计和闭式磁电转速计两种。图 4-15(a)所示为开式磁电转速计的结构,被测轴上装有齿轮 6,心轴 3 对准齿轮安装。被测轴转动时,心轴与齿轮之间的间隙改变,磁路中的磁阻也改变,因而通过线圈 2 的磁通改变,在线圈中产生感应电动势。当铁磁金属接近心轴时,磁阻减小,通过心轴的磁通增大,线圈感应电动势也增大;当铁磁金属离开心轴时,碰阻增大,通过心轴的磁通减小,线圈感应电动势也减小。若将铁磁金属制成圆柱齿轮形状,则输出电压如图 4-15(b)所示,其为比较理想的正弦波,输出电压随被测轴与传感器间隙的增大而减小。

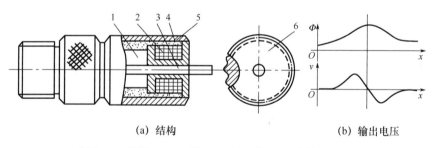

(a) 结构　　　　　　　　　　　(b) 输出电压

1—磁钢;2—线圈;3—心轴;4—导磁体;5—壳体;6—齿轮。

图 4-15　开式磁电转速计的结构及输出电压

通常在被测轴上装一个直齿圆柱齿轮(一般为 60 个齿),传感器的心轴与之相对应,当齿轮随轴一起转动时,心轴与齿轮的间隙发生周期性变化,传感器线圈感应的电动势也发生相应变化。若测出传感器的输出脉冲频率,则可求出轴的转速。图 4-16 所示为闭式

磁电转速计的结构，磁钢 8 形成的磁回路通过导磁体 7、内齿圈 3、线圈 9 和齿轮 2。磁回路的磁阻主要取决于内、外齿圈的间隙。心轴 1 转动时，内、外齿圈的间隙随轮齿变化而变化，因而磁通也发生变化，在线圈中产生感应电动势。

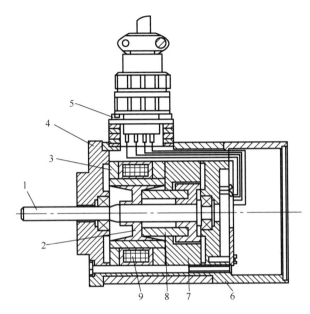

1—心轴；2—齿轮；3—内齿圈；4—端盖；5—接线座；6—壳体；

7—导磁体；8—磁钢；9—线圈。

图 4-16 闭式磁电转速计的结构

上述两种转速计线圈产生的感应电动势频率

$$f = \frac{nz}{60} \tag{4-14}$$

式中，f 为感应电动势频率；z 为齿轮的齿数；n 为被测轴的转速。

由此得

$$n = \frac{60f}{z} \tag{4-15}$$

测出感应电动势频率，即可算得轴的转速。对感应电动势进行放大和整形，然后送入数字电路进行计数和显示。

感应电动势的幅值也与转速有关，可以通过测定感应电动势来测定轴的转速，但很少应用。

除变磁阻转速传感器外，用于测量轴转速的磁电式传感器还有直流测速发电机、同步器等，它们在工程中也有比较广泛的应用。

3. 磁电式振动速度传感器

磁电式振动速度传感器是一种动圈式磁电传感器。如图 4-14（a）所示，在磁场内装有线圈，当线圈以速度 dx/dt 在垂直于磁场方向的平面内运动时，线圈与磁铁的相对位置发生变化，此时线圈的感应电动势

$$e = WBL \frac{dx}{dt} = WLBv \qquad\qquad (4-16)$$

式中，e 为线圈的感应电动势；B 为磁场的磁感应强度；W 为线圈匝数；L 为单匝线圈的有效长度；v 为线圈与磁场的相对运动速度（$v = dx/dt$）。

由式（4-16）可以看出，当磁场、线圈等参数一定时，线圈的感应电动势和线圈与磁场的相对运动速度成正比。

图 4-17 所示为磁电式振动速度传感器的结构。磁钢 2 用铝架 4 固定在外壳 6 内，外壳由软铁制成，它既可与磁钢构成磁路又可起屏蔽作用。外壳内有两个空气间隙，一个放置线圈 7，它通过弹簧 1 和弹簧 8 与外壳相连；另一个放置起阻尼作用的阻尼环 3，线圈和阻尼环通过一根心杆连接。使用时，把传感器和被测物体紧紧连在一起，传感器输出的感应电动势通过引出线传输到被测电路。

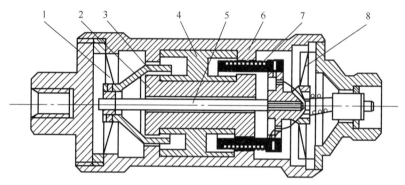

1，8—弹簧；2—磁钢；3—阻尼环；4—铝架；5—心轴；6—壳体；7—线圈。

图 4-17 磁电式振动速度传感器的结构

磁电式振动速度传感器的灵敏度与线圈匝数成正比，其值较高。例如电阻约为 200Ω 的典型速度传感器，其灵敏度可达 100mV/(mm/s)。可见，任何具有一定频率的电压表或记录仪器都可用来显示或记录输出信号。

4. 差动变压器测速

（1）工作原理。

差动变压器的工作原理如图 4-18 所示。因差动变压器的一次侧线圈励磁电流由交流电源和直流电源同时供给，故励磁电流

$$i(t) = I_0 + I_A \sin\omega t \qquad\qquad (4-17)$$

式中，I_0 为直流电流；I_A 为交流电流的幅值；ω 为励磁的高频角频率；t 为时间。

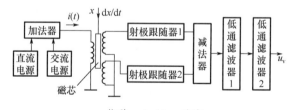

x—位移；dx/dt—速度。

图 4-18 差动变压器的工作原理

若差动变压器磁芯以一定速度 $\mathrm{d}x/\mathrm{d}t$ 移动，则差动变压器二次侧线圈的感应电动势

$$E = -\frac{M(x)i(t)}{\mathrm{d}t} \tag{4-18}$$

式中，$M(x)$ 为一次侧线圈和二次侧线圈的互感系数。两个二次侧线圈和一次侧线圈的互感系数分别为

$$M_1(x) = M_0 - \Delta M(x) \tag{4-19}$$
$$M_2(x) = M_0 + \Delta M(x)$$

式中，M_0 为 $x=0$（磁芯处于差动变压器中间位置）时的互感系数；$\Delta M(x)$ 为互感系数增量，其随磁心位移量 x 的变化而变化，因此

$$\Delta M(x) = kx \tag{4-20}$$

式中，k 为互感系数。

将式（4-20）代入式（4-19），得

$$M_1(x) = M_0 - kx \tag{4-21}$$
$$M_2(x) = M_0 + kx$$

若将式（4-17）和式（4-21）中的 $M_1(x)$、$M_2(x)$ 分别代入式（4-18），则可分别得到二次侧两个线圈的感应电动势

$$E_1 = kI_0 \frac{\mathrm{d}x}{\mathrm{d}t} + kI_A \frac{\mathrm{d}x}{\mathrm{d}t}\sin\omega t - (M_0 - kx)I_A\omega\cos\omega t \tag{4-22}$$

$$E_2 = -kI_0 \frac{\mathrm{d}x}{\mathrm{d}t} - kI_A \frac{\mathrm{d}x}{\mathrm{d}t}\sin\omega t - (M_0 + kx)I_A\omega\cos\omega t \tag{4-23}$$

用式（4-22）减去式（4-23），得

$$\Delta E = 2kI_0 \frac{\mathrm{d}x}{\mathrm{d}t} + 2kI_A \frac{\mathrm{d}x}{\mathrm{d}t}\sin\omega t + 2\omega kI_A x\cos\omega t \tag{4-24}$$

若用低通滤波器滤除 ω，则可得到相应速度的电压幅值

$$E_v = 2kI_0 \frac{\mathrm{d}x}{\mathrm{d}t} \tag{4-25}$$

式（4-25）说明，E_v 与速度 $v\left(\dfrac{\mathrm{d}x}{\mathrm{d}x}\right)$ 成正比，只需测出 E_v 即可确定速度 v。

（2）电路。

在图 4-18 中，差动变压器的二次侧由射极跟随器得到电流值后，用减法器获得 ΔE，然后用低通滤波器滤除 ω，从而得到 E_v。将 E_v 放大后，得到 u_v。

在差动变压器的一次侧线圈中，励磁交流频率为 5～10kHz。为了有较好的线性度，交流电源应稳频稳幅。

（3）性能。

差动变压器测速仪的主要性能如下。

检测范围：10～200mm/s（可调）。

输出电压：max±10V。

输出电流：max±10mA。

频带宽度：≥500Hz。

4.3.3 物位传感器

在机电控制过程中，常遇到容器、储仓中物料的测量问题，这类测量称为物位测量。物位测量的目的如下：正确测量容器中储存物质的体积或质量；监测或控制容器内的物料位置，使其保持在工艺要求的规定高度；检测或控制容器中流入物料与流出物料的平衡等。

物位测量仪表有很多种，按工作原理可分为直读式、浮力式、压力式、电学式、光学式、核辐射式等。这些物位测量仪表大多借助传感器，利用介质与空气的密度、导电性能、介质性能、传声性能、透光性能、吸收和辐射性能等不同进行测量。物位测量可分为接触式测量和非接触式测量。下面介绍电容式物位传感器和射线式物位计。

1. 电容式物位传感器

电容式物位传感器是一种将被测量（如位移、压力等）变化转换成电容量变化的传感器，其具有零漂小、结构简单、动态响应快、易实现非接触式测量等优点，广泛用于位移、压力、振动及液位等测量。

（1）工作原理。

电容式物位传感器实际上是一个可变参数的电容器。由物理学可知，如果不考虑边缘效应，两平行极板组成的电容器的电容量

$$C = \frac{A\varepsilon}{\delta} \qquad\qquad (4-26)$$

式中，C 为平板电容器的电容量；A 为极板相互覆盖面积；δ 为极板间的距离（又称极距）；ε 为极板间介质的介电常数，真空的介电常数 $\varepsilon = 8.85 \times 10^{-12}\,\text{F/m}$。

由式（4-26）可以看出，若 δ、A 或 ε 发生变化，则电容量 C 也发生变化。在交流电路中，电容量 C 的变化改变了容抗 X_C，从而使输出电流或电压发生变化。

（2）应用。

电容式物位计主要由电容式物位传感器和测量电路组成。一般利用改变介电常数 ε 的原理制作电容式物位传感器。图 4-19（a）所示为电容式物位传感器示意图。在待测溶液中设置一个圆柱形电容器，在极板间的距离 δ 和极板相互覆盖面积 A 固定的情况下，电容

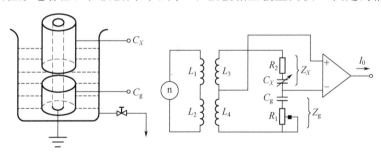

(a) 电容式物位传感器示意图　　　　(b) 电容测量电路原理

n—转速表；$L_1 \sim L_4$—电感系数；C_X—可变电容器；C_g—固定电容器；Z_X，Z_g—等效阻抗；I_0—电流。

图 4-19　电容式物位传感器原理图

量 C_X 将随极板间介质的介电常数 ε 变化。设液体的介电常数为 ε_1，气体的介电常数为 ε_2，一般 $\varepsilon_1 > \varepsilon_2$。当液位上升时，总的介电常数 ε 增大，电容量 C_X 随之增大；反之，当液位下降时，ε 减小，C_X 随之减小。图 4-19（b）所示为电容测量电路原理，C_g 构成一个参比臂。

2. 射线式物位计

放射性同位素的射线（β射线、γ射线）能够穿透介质层，其强度随介质的厚度变化。射线穿透介质层时部分被吸收，其变化规律为

$$I = I_0 e^{-\mu H} \tag{4-27}$$

式中，I_0 和 I 分别为射入介质前和射透介质后的射线强度；μ 为介质对射线的吸收系数；H 为介质的厚度；e 为常数，e≈2.7183。

从式（4-27）可知，测出射透介质后的射线强度 I，便可求出介质的厚度 H，从而利用射线式物位计来测量物位。

应用射线式物位计测量物位的原理如图 4-20 所示。

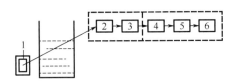

1—放射源；2—探测器；3—前置放大器 4—整形器；5—计数器；6—显示器。

图 4-20 应用射线式物位计测量物位的原理

放射源放射出的射线穿透设备和被测介质后由探测器接收，同时探测器把射线强度转换成电信号，电信号经放大器放大、整形器整形后送入显示器显示。常用的放射源为 Co^{60}（钴）和 Cs^{137}（铯）。

由于射线具有极强的穿透能力，因此能够完全实现非接触式测量。射线式物位计可以测量高温容器的物位，也可以测量具有剧毒、腐蚀性、黏滞性介质的物位，还可以在工作环境特别恶劣的场合（如高炉或化铁炉炉顶）测量炉顶的物位。射线式物位计体积小、质量轻、可以长时间连续使用，若整个仪表密封性好，则能在防爆防火场合下使用。

除上述介绍的物位测量传感器外，还有光学式、声学式、微波式等非接触式物位传感器。它们的主要原理是利用光波、声波或微波的穿透、反射、吸收特性测量物位。

4.3.4 压力传感器

在机电控制系统中，常需要检测压力，因而压力传感器成为机电一体化系统中广泛使用的一种传感器。

压力传感器由弹性元件和传感元件组成，弹性元件是压力传感器的核心，其将压力转换成位移或应变；传感元件将位移或应变转换成电量，直接起到测量的作用。压力传感器与传统的压力表相比具有许多优点，如动态特性好、测量灵敏度高、体积小、质量轻、可以制成特殊用途的压力计（如心压计、脑压计及脉象仪等医用压力传感器）。因为压力传感器将压力转换成电量，所以适用于长距离自动检测。压力传感器主要利用压阻效应、压

电效应或其他物理特性，并采用集成电路和数字技术，直接将压力转换成数字信号输出。

压力传感器的主要类型有电阻应变式、电位器式、电容式、振频式、压阻式及压电式，测量范围可以达50MPa；信号输出有电阻、电压、电流、频率等；常见的信号测量装置有电流表、电压表、应变仪及计算机等。下面介绍三种常用的压力传感器。

1. 电阻应变式压力传感器

电阻应变式压力传感器是利用金属的电阻应变效应将被测机械量转换成电参量构件的受力情况和机械变形等。

电阻应变式压力传感器通常可分为两部分：弹性元件和应变片。弹性元件在被测机械量的作用下，产生一个与它成正比的应变，然后用应变片作为转换元件，将应变转换为电阻变化。弹性元件的形式多种多样，变换力的常用柱形、环形、梁形、轮辐形等，变换压力的有弹簧管、膜片、膜盒、波纹膜片、波纹管、薄壁圆筒等，波纹膜片和波纹管可用于变换力或压力，根据被测力大小及性质选择弹性元件。例如，弹簧管灵敏度低一些，常与其他弹性元件组合成弹性敏感元件，用于测量较大的压力；波纹管灵敏度高，多用于小压力和差压测量；圆形膜片易加工、固有振动频率高、灵敏度高，应用较广。

下面详细介绍应变片的结构及工作原理、类型、特性与主要参数、测量电路。

（1）应变片的结构及工作原理。

应变片由基片、敏感栅、引出线和覆盖层等组成。如图4-21所示，l为应变片的基长，b为应变片的基宽，$b \times l$为应变片的工作面积。应变片的规格一般用工作面积和电阻值表示，如5mm×3mm，120Ω。

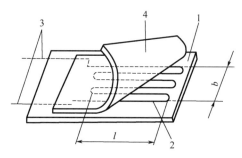

1—基片；2—敏感栅；3—引出线；4—覆盖层。

图4-21 应变片的结构

将直径约为0.01~0.05mm的高电阻率细丝弯曲成栅状便形成敏感栅，它实际上是一个电阻元件，也是应变片感受构件应变的敏感部分。用黏结剂将敏感栅黏结在基片上，测量时基底和被测构件应黏结牢固以保证将构件上的应变准确地传递到敏感栅上，故基片必须很薄，一般厚度为0.03~0.06mm。同时，它还应有良好的绝缘性能、抗潮性和耐热性。基底材料有胶膜、纸等。引出线是敏感栅输出端的引线，用于连接应变片（的敏感栅）与测量电路，一般由直径为0.1~0.2mm的低阻镀锡铜丝制成。覆盖层起保护作用。

测量时，用黏结剂将应变片牢固地黏结在被测构件的表面，随着构件的受力变形，应变片的敏感栅也变形，电阻随之发生变化，因此电阻变化是与构件应变成比例的。因此，通过电阻应变仪测出这种电阻变化，再用记录仪器记录下来，就可测出试件应变量。

应变片的工作原理是基于金属的电阻应变效应，即金属导体的电阻随机械变形（伸长或缩短）量发生变化的现象。下面求导体的电阻变化与变形量的关系。

单根金属丝的电阻

$$R = \rho \frac{l}{A} \tag{4-28}$$

式中，l 为金属丝的长度；A 为金属丝的截面面积；ρ 为金属丝的电阻率。

当单根金属丝受轴向外力作用时，其长度 l 变化量为 Δl，半径 r 变化量为 Δr，电阻率 ρ 变化量为 $\Delta\rho$，使得电阻 R 变化量为 ΔR。对式（4-28）进行微分，得

$$\frac{\mathrm{d}R}{R} = \frac{\mathrm{d}l}{l} - \frac{\mathrm{d}A}{A} + \frac{\mathrm{d}\rho}{\rho} \tag{4-29}$$

式中，$\mathrm{d}A/A$ 为横截面面积相对变化量，其中 $A = \pi r^2/4$；$\mathrm{d}l/l$ 为径向相对伸长量，即径向应变；$\mathrm{d}\rho/\rho$ 为电阻率相对变化量；$\mathrm{d}R/R$ 为电阻相对变化量。

由材料力学可得

$$\frac{\mathrm{d}r/r}{\mathrm{d}l/l} = \frac{\mathrm{d}r/r}{\varepsilon} = -\mu \tag{4-30}$$

式中，μ 为泊松比，即横向收缩量与纵向伸长量之比，负号表示两者变化方向相反；r 为金属丝截面半径。

又因截面面积 $A = \pi r^2$，将式（4-30）代入（4-29），可得

$$\frac{\mathrm{d}R}{R} = \left(1 + 2\mu + \frac{\mathrm{d}\rho/\rho}{\mathrm{d}l/l}\right)\frac{\mathrm{d}l}{l} = K_0 \frac{\mathrm{d}l}{l} = K_0 \varepsilon \tag{4-31}$$

式中，K_0 为导电材料的应变灵敏系数，其物理意义是单位应变引起的电阻相对变化率，即

$$K_0 = \frac{\mathrm{d}R/R}{\mathrm{d}l/l} = 1 + 2\mu + \frac{\mathrm{d}l/l}{\mathrm{d}l/l} \tag{4-32}$$

式（4-31）称为应变效应表达式。

式（4-32）表明：单根金属丝的灵敏系数 K_0 是由两个因素引起的，一是金属丝几何尺寸改变，即 $(1+2\mu)$；二是导体受力后，金属丝的电阻率 ρ 发生的变化，即 $\dfrac{\mathrm{d}\rho/\rho}{\varepsilon}$。

大量试验证明，在金属丝拉伸的比例极限内，电阻相对变化量与应变成正比，即 K_0 为常数。

灵敏系数 K_0 由试验测定，对各种金属及合金材料进行测量发现，它们在弹性极限内有不同的灵敏系数。

对于半导体材料，如果仅承受简单的轴向拉伸或压缩，则其电阻率相对变化量与作用应力 σ（或应变 $\varepsilon = \mathrm{d}l/l$）的关系为

$$\frac{\mathrm{d}\rho}{\rho} = \pi_{\mathrm{f}}\sigma = \pi_{\mathrm{f}}E\varepsilon \tag{4-33}$$

式中，π_{f} 为半导体材料的纵向压敏系数；E 为半导体材料的弹性模量。

将式（4-33）代入式（4-32），有

$$K_0 = 1 + 2\mu + \pi_{\mathrm{f}}E \tag{4-34}$$

由于式（4-34）中等号右边的第三项数值为前两项之和的几十到几百倍，因此式（4-34）

可改写为

$$K_0 = \frac{\mathrm{d}\rho/\rho}{\varepsilon} = \pi_{\mathrm{f}} E \tag{4-35}$$

用半导体材料做敏感栅的应变片称为半导体应变片。半导体应变片的突出优点是灵敏系数比金属丝应变片高。但是，由于半导体应变片存在电阻温度系数大、灵敏系数随温度变化大、电阻-应变曲线的非线性大等缺点，因此未得到广泛应用。

（2）应变片的类型。

按敏感栅的材料，应变片分为金属应变片和半导体应变片两大类。常用的金属应变片有丝式和箔式两种，丝式结构又分丝绕式和短接丝式。

① 金属丝式应变片的敏感栅是丝栅状的，由康铜等高阻值的金属丝制成。这种应变片的制造技术和设备都较简单，价格低廉，多用纸做基底，黏结方便，在一般测试中广泛采用，其端部弧形段会产生横向效应。

短接丝式应变片的结构如图 4-22（a）所示，敏感栅也是由康铜等高阻值的金属丝制成的，但各线段间的横接线采用截面面积较大的铜导线，其电阻很小，可减小横向效应。但是由于敏感栅上焊点较多，因此抗疲劳性能差，不适用于长期的动应力测量。

② 金属箔式应变片的结构如图 4-22（b）所示，它的敏感栅是由很薄的康铜、镍铬合金等箔片通过光刻腐蚀制成的，采用胶膜基底。由于金属箔式应变片横向效应较小、敏感栅容易制成不同的形状、散热条件好、受交变载荷时疲劳寿命长、长时间测量时蠕变小，因此应用特别广泛。

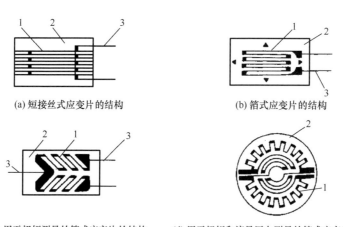

(a) 短接丝式应变片的结构   (b) 箔式应变片的结构

(c) 用于扭矩测量的箔式应变片的结构   (d) 用于扭矩和流量压力测量的箔式应变片的结构

1—敏感栅；2—基底；3—引出线。

图 4-22　金属应变片的类型

图 4-22（c）和图 4-22（d）所示金属箔式应变片分别用于测量扭矩和流体压力，其优点是敏感栅的形状与弹性元件上的应力分布相适应。

测量现场环境温度改变（偏离应变片的标定温度）带来的附加误差为应变片的温度误差，又称应变片的热输出。

应变片产生温度误差的主要原因是存在金属丝温度系数，当温度改变时，附加应变改变，应变片产生附加电阻。

电阻应变片的温度补偿方法有线路补偿法和应变片自补偿法两大类。

（3）应变片的特性与主要参数。

① 应变片的灵敏系数。应变片黏结在构件表面，使应变片的轴线方向与构件的轴线方向一致，当构件轴线上受一维应力作用时，应变片的电阻变化率 dR/R 与构件主应力方向的应变 ε_x 之比称为应变片的灵敏系数 K，即

$$K = \frac{dR/R}{\varepsilon_x} \tag{4-36}$$

应变片的灵敏系数有以下特点。

a. 应变片的灵敏系数 K 是按一维应力定义的，但实际上试验是在二维应变场中进行的，所以必须规定构件的泊松比 μ，以固定横向应变的影响。一般选取 $\mu=0.285$ 的钢构件来确定 K 值。

b. 由于应变片黏结到构件上就不能取下再用，因此不能标定每个应变片，只能在每批产品中提取一定量（如 5%）的样品进行标定，然后取其平均值作为这批产品的灵敏系数，在工程上称为标称灵敏系数。

c. 试验证明，金属丝的灵敏系数 K_0 与将它制成应变片后的灵敏系数 K 都保持常数但不相等，$K \leqslant K_0$，这是由应变片的横向效应和构件与应变片之间的黏结剂传送变形失真造成的。

② 应变片的横向效应。将应变片贴在单项拉延构件上，其表面变形为轴向拉伸、横向缩短。因而应变片弯曲部分的横向缩短作用所引起的电阻值的减小量对轴向伸长作用引起的电阻值的增大量起抵消作用，即使得电阻变化率 dR/R 减小，从而降低应变片的灵敏系数，这种现象称为横向效应，它会给测量带来误差。弯曲半径越大，横向效应越大。

③ 应变片的主要参数。

a. 几何尺寸。应变片的几何尺寸有敏感栅的基长 l 和基宽 b 及应变片的基底长和基底宽。$l \times b$ 反映应变片的工作面积；应变片的基底长和基底宽即基片的长度和宽度，由应变片产品的技术规格给出。

b. 电阻值。应变片的电阻值（名义阻值）趋于标准化，有 60Ω、120Ω、350Ω、600Ω、1000Ω 等，其中 120Ω 较常用。因为实际使用的应变片的电阻值相对于名义电阻值可能存在一些偏差，所以使用前要进行测量分选。

c. 允许电流。将应变片接入测量电路后，在敏感栅中流过一定的电流，应变片温度上升，从而影响测量精度。因此，需要规定允许通过敏感栅而不影响其工作特性的最大电流。通常，在静态测量时规定允许电流为 25mA，动态测量时规定的允许电流可以大一点。

（4）应变片的测量电路。

应变片的测量电路多采用电桥，我们把这种电桥称为电阻应变片桥路。根据所用电源的不同，电桥可分为直流电桥和交流电桥。当四个桥臂均为纯电阻时，用直流电桥精确度高；当有桥臂为阻抗时，必须用交流电桥。根据读数方法的不同，电桥可分为平衡电桥与不平衡电桥。平衡电桥仅适用于测量静态参数，而不平衡电桥可测量静态参数和动态参数。

应变片桥路大多采用交流电桥。应变电桥输出极弱，须加放大器，而直流放大器容易产生零点漂移，故多采用交流放大器。由于应变片与桥路采用电缆连接，当不能忽略引线

分布电容的影响时，也需要采用交流电桥。交流电桥与直流电桥的原理相似，下面以直流不平衡电桥为例进行讨论。

不平衡电桥是利用电桥输出电流或电压与电桥各参数间的关系工作的。图 4-23 所示为输出端接放大器、有直流电压供电的直流不平衡电桥。第一桥臂接应变片，其他三个桥臂接固定电阻。当应变片未承受应变时，由于 $\Delta R=0$，因此第一桥臂电阻等于 R_1，调节其他桥臂电阻，使电桥处于平衡状态，即输出电压

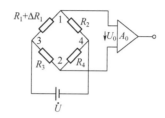

图 4-23 直流不平衡电桥

$$U_0 = U_{24} - U_{14}$$

$$= \frac{R_4}{R_3 + R_4}U - \frac{R_2}{R_1 + \Delta R_1 + R_2}U$$

$$= \frac{\Delta R_1 R_4}{(R_1 + \Delta R_1 + R_2)(R_3 + R_4)}U \qquad (4-37)$$

$$= \frac{\dfrac{\Delta R_1}{R_1}\dfrac{R_4}{R_3}}{\left(1 + \dfrac{\Delta R_1}{R_1} + \dfrac{R_2}{R_1}\right)\left(1 + \dfrac{R_4}{R_3}\right)}U$$

假如 $n = R_2/R_1$，考虑电桥初始平衡条件 $\dfrac{R_2}{R_1} = \dfrac{R_4}{R_3}$，以及略去分母中的"微小项" $\Delta R_1/R_1$，则式 (4-37) 可改写成

$$U_0 \approx U \frac{n}{(1+n)^2} \frac{\Delta R_1}{R_1} \qquad (4-38)$$

若把电桥电压 U_0 和应变电阻的相对变化量 $\Delta R_1/R_1$ 之比定义为电桥的电压灵敏度，用 S_v 表示，则

$$S_v = \frac{U_0}{\Delta R_1/R_1} \approx U \frac{n}{(1+n)^2} \qquad (4-39)$$

实际上，应变电桥后面都连接电压放大器，而且电压放大器的输入阻抗比电桥内阻高很多，故在求电桥输出电压时，可以把电桥输出端视为开路，即电桥输出电压与负载无关。由式 (4-39) 可知，当 $\Delta R_1/R_1$ 一定时，$U_0 \propto S_v$，必须要求电桥具有尽可能高的电压灵敏度。

分析式 (4-39) 可以发现：①电桥的电压灵敏度正比于电桥电源电压，电源电压越高，电压灵敏度越高。但是供桥电压的提高受两方面限制，一是应变片的允许温升，二是应变电桥电阻的温度误差。所以，一般供桥电压为 1~3V。②电桥的电压灵敏度是桥臂电阻比值 n 的函数，当 U 一定时，由 $dS_v/dn=0$ 可得 $n=1$ 时电压灵敏度 S_v 最大。此时，$R_1 = R_2$，$R_3 = R_4$，电桥对称，这正是进行温度补偿所需的电路，在非电量的测量电路中

得到广泛应用。

考虑到 $n=1$，即 $R_1=R_2$，$R_3=R_4$ 等条件，由式（4-37）至式（4-39）可以求得电桥电压及灵敏度公式

$$U_0 = \frac{1}{4}\frac{\Delta R}{R}\frac{1}{\left(1+\frac{1}{2}\frac{\Delta R_1}{R_1}\right)}U$$

$$U_0 \approx \frac{1}{4}U\frac{\Delta R_1}{R_1} \qquad\qquad (4-40)$$

$$S_v \approx \frac{1}{4}U \qquad\qquad (4-41)$$

电阻应变式压力传感器主要用于液体、气体和静态压力的测量。这类传感器一般采用平膜式弹性元件［图4-24（a）］、筒式弹性元件、组合式弹性元件［图4-24（b）］。

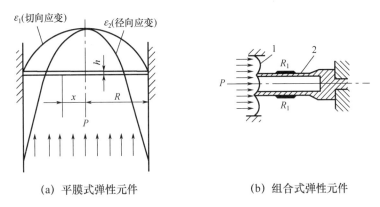

（a）平膜式弹性元件　　　　　　　　（b）组合式弹性元件

1—波纹膜片；2—筒式弹性元件。

图 4-24　应变式压力传感器

2. 压阻式压力传感器

固体受到压力后，它的电阻率会发生一定的变化。所有固体材料都有这个特点，其中以半导体材料最为显著。当半导体材料在某方向上承受应力时，它的电阻率发生显著变化，这种现象称为半导体压阻效应。根据这种效应制成的电阻称为固态压敏电阻，用压敏电阻制成的传感器称为半导体压阻式压力传感器。

用压敏电阻制成的器件有两种：一种是利用半导体材料制成粘贴式应变片；另一种是在半导体材料的基片上，用集成电路的工艺制成扩散型压敏电阻。用它做传感器元件制成的传感器，称为固态压阻式压力传感器，也称扩散型压阻式压力传感器。本节只讨论扩散型压敏电阻传感器。

（1）半导体压阻效应。

由前面所讲应变片的工作原理知道，金属材料的电阻率基本与应力无关。金属电阻受应力后，电阻的变化主要是由几何尺寸的变化引起的；而半导体电阻受应力后，电阻的变化主要是由电阻率发生变化引起的。

半导体受应力后，载流子数目和平均迁移率发生变化，引起电阻率的变化。可以证明，半导体电阻率与载流子平均迁移率的乘积成反比。电阻率变化的大小和符号（增或

减）取决于半导体的类型、载流子浓度及应力相对于半导体晶体晶向的方向。

对于简单的拉伸和压缩来说，当应力 σ 的方向与电流方向一致时，半导体电阻率的相对变化量与应力 σ 成正比，即

$$\frac{\Delta\rho}{\rho}\approx\pi_\varepsilon\rho=\pi_\varepsilon E\varepsilon \tag{4-42}$$

式中，π_ε 为半导体纵向压阻系数；E 为半导体材料的弹性模量；ε 为电阻长度方向的应变。

当忽略由半导体几何尺寸变化引起的电阻变化时，可得

$$\frac{\Delta R}{R}=\frac{\Delta\rho}{\rho}=\pi E\varepsilon=K\varepsilon \tag{4-43}$$

半导体材料的 π_ε 值与其晶体的晶向有关。例如硅晶体，有些晶向的 π_ε 值几乎为零，有些晶向的 π_ε 值可达 $10^9\,\mathrm{m/N}$。硅的弹性模量 $E\approx1.7\times10^{11}\,\mathrm{N/m}$，硅半导体电阻的灵敏系数大于 100，比金属的灵敏系数高两个数量级。

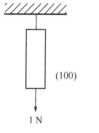

图 4-25 N 型硅电阻条受力

（2）扩散硅压阻器件。

虽然半导体压敏电阻的灵敏系数比金属高很多，但还不够高。例如，图 4-25 所示为沿晶向（100）的 N 型硅电阻条，当截面面积 $1\mathrm{mm^2}$ 承受纵向 1N 的拉力时，该电阻条的阻值变化 1%。相当于在 100 个标准大气压的压力下，电阻率变化了 1%。为了增大灵敏度，常将压敏电阻安装在薄的硅膜上。压力的作用先引起硅膜的形变，使压敏电阻承受应力，该应力比压力直接作用在压敏电阻上产生的应力大得多，好像硅膜起了放大作用。

当承受压力的硅膜比较薄（厚度为数十微米）时，可以略去沿厚度方向的应力，只剩下纵向应力和横向应力，三维问题就简化成二维问题。此时，在应力作用下，任一硅膜片上电阻的变化都可写成

$$\frac{\Delta R}{R}\pi_e\sigma_e+\pi_t\sigma_t \tag{4-44}$$

式中，σ_e 为作用在压敏电阻上的纵向应力；σ_t 为作用在压敏电阻上的横向应力；π_e 为应力作用方向与压敏电阻中电流方向一致时的压阻系数，其值与晶向有关；π_t 为应力作用方向与压敏电阻中电流方向垂直时的压阻系数，其值与晶向有关。

制作压敏电阻时，先选定基底（硅膜片），例如用 N 型硅膜片作基底，该硅膜片表面就是某晶向的晶面，如（100）晶面。在此晶面上任选两个相互垂直的晶向作为 x 轴和 y 轴，在硅膜片某一特定区域沿 x 轴或 y 轴方向，采用集成电路工艺的扩散技术制成 P 型扩散电阻（压敏电阻），如图 4-26 所示。其中 P 型扩散电阻与基片间由 PN 结作绝缘隔离，A、B 是 P 型电阻的两条引出线。实际上硅膜片和扩散电阻的尺寸都很小，例如硅膜片的直径为 2mm，厚度为 $20\mu m$；扩散电阻条宽为 $5\sim10\mu m$，扩散电阻厚度为 $1\sim3\mu m$，端部引线方孔尺寸为 $15\mu m\times15\mu m$，阻值为 $500\sim4000\Omega$。

扩散硅压阻器件有两种结构：一种是圆形硅膜片，它的围边用硅杯支撑固定，实际上硅杯支撑与膜

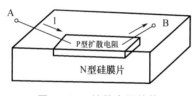

图 4-26 扩散电阻结构

片合为一体，称为圆形硅杯膜片结构，如图 4-27 所示；另一种也是支撑的硅杯与膜片合为一体，但硅膜片的形状为正方形或矩形，称为正方形或矩形硅杯膜片结构，在膜片上适当位置扩散出四个电阻值相等的压阻后，将它们连接成图 4-28 所示直流电桥，就构成了扩散硅压阻器件。

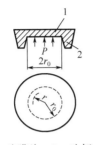

1—硅膜片；2—硅杯环。

图 4-27　圆形硅杯膜片结构

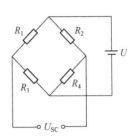

图 4-28　直流电桥

　　理想电桥应该是相邻两臂电阻（R_1 或 R_4 与 R_2 或 R_3）的压敏效应大小相等、符号相反，且四个桥臂电阻的温度系数相同。因此，四个压敏电阻必须在硅膜片上按要求排列。图 4-29 给出了几种硅膜片上压敏电阻的排列。

　　图 4-29（a）所示为在晶面（100）圆形硅膜片边缘附近扩散四个压敏电阻，虽然它们是平行的，但对硅膜片的半径来讲，R_1 和 R_4 是沿径向放置的，R_2 和 R_3 是沿切向放置的。当圆形硅膜片受均匀压力 p 作用时，R_1 和 R_4 主要受径向应力，R_2 和 R_3 主要受切向应力；适当选择它们所在位置的晶面，就会得到符合理想电桥条件的四个电阻。图 4-29（b）所示也是一个圆形硅膜片，当其受均匀压力，在 $r<0.635r_0$ 处，径向应力是拉应力，在 $r>0.635r_0$ 处，径向应力是压应力。所以在力作用时，该膜片所选晶向（110）的直径上，应力在 $r=0.635r_0$ 处的两边分别扩散到两个电阻 R_1 和 R_2、R_3 和 R_4 上，这四个电阻也符合理想电桥的条件。在图 4-29（c）和图 4-29（d）所示的正方形硅膜片和矩形硅膜片中，四个压敏电阻的排列方式和设计思路与上述两个圆形硅膜片相同。它们受力后的应力分布，除四个直角区附近外，基本与圆形硅膜片相似。之所以用正方形硅膜片或矩形硅膜片，是因为采用各向异性腐蚀方法容易加工出精度高、厚度小且均匀的方形硅膜片或矩形硅膜片。

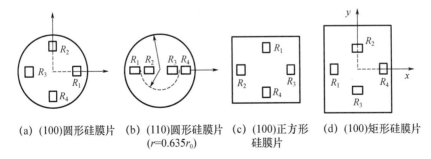

(a) (100)圆形硅膜片　(b) (110)圆形硅膜片　(c) (100)正方形　　(d) (100)矩形硅膜片
　　　　　　　　　　　($r=0.635r_0$)　　　　　硅膜片

图 4-29　几种硅膜片上压敏电阻的排列

　　（3）压阻式压力传感器的应用。
　　利用扩散压阻器件可制成各种小型压力传感器和加速度传感器。这种传感器中的敏感

元件和弹性元件合为一体，无须黏结，使用更可靠。压力传感器采用硅杯膜片结构，加速度传感器采用硅梁结构。

固态压阻式压力传感器主要由外壳、硅膜片和引线组成，如图 4 - 30 所示。硅膜片两边是两个压力腔，一边是与被测压力（压强）相通的高压腔，另一边是通常与大气相通的低压腔。硅膜片上有接成电桥的四个压敏电阻。当硅膜片两边存在压力差时，其上各点存在应力，使四个压敏电阻值发生变化。

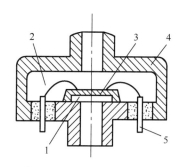

1—高压腔；2—低压腔；3—硅膜片；4—外壳；5—引出线。

图 4 - 30　固态压阻式压力传感器

设四个压敏电阻的起始值均为 R，在应力作用下，R_1 和 R_4 的增大量为 ΔR，R_2 和 R_3 的减少量也为 ΔR。另外，考虑温度的变化，每个压敏电阻变化 ΔR_T。若电桥用恒压源供电，则电桥电路变成图 4 - 31 所示的电路。当该电桥输出端开路时，其输出电压经计算得

$$U_{BD} = U_{BC} - U_{DC}$$

$$= \frac{R + \Delta R + \Delta R_T}{R - \Delta R + \Delta R_T + R + \Delta R + \Delta R_T} U - \frac{R - \Delta R + \Delta R_T}{R - \Delta R + \Delta R_T + R + \Delta R + \Delta R} U$$

$$= \frac{\Delta R}{R + \Delta R_T} U \tag{4-45}$$

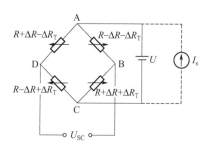

图 4 - 31　恒压源或恒流源供电的直流电桥

当采用一些措施使温度变化对电桥的输出电压无影响（$\Delta R_T = 0$）时，式（4 - 45）可改写成

$$U_{BD} = \frac{\Delta R}{R} U \tag{4-46}$$

由式（4 - 46）看出，电桥的输出电压与电阻的变化量成正比，即与检测压力差成正比，又与恒压源电压成正比，表明电桥的输出电压与恒压源电压和稳压精度有关。由式（4 - 45）看出，电桥输出电压与温度有关，而且呈非线性关系。因为实际中不可能使

ΔR_T 为零，所以用恒压源供电时，不能完全消除温度的影响。

若改为恒流源供电，则输出电压

$$U_{SC}=U_{BC}-U_{DC}=\frac{1}{2}I_S(R+\Delta R+\Delta R_T)-\frac{1}{2}I_S(R-\Delta R+\Delta R_T)$$
$$=I_S\Delta R \qquad\qquad (4-47)$$

式（4-47）表明，电桥的输出电压与被测量成正比，也与恒流源电流成正比，即输出电压与恒流源电流和精度有关，但与温度（ΔR_T）无关。恒流源供电的一个特点是最好一个传感器配备一个恒流源。

由集成电路工艺制成的固态压阻式压力传感器的突出优点是几何尺寸小；固有频率高，适用于测量频率很高的气体或液体的脉动压力；分辨率高，测量压力时可以感知微压。

3. 压电式压力传感器

压电式压力传感器利用某些电介质材料的压电效应工作，它是典型的有源传感器。

在电介质材料中石英晶体（SiO_2）电介质是常用的压电材料，还有一类人工合成的多晶体陶瓷电介质（如钛酸钡、锗钛酸铅等）也作为压电材料。

当某些单晶体或多晶体陶瓷在一定方向上受到外力作用时，在某两个对应的晶面上会产生符号相反的电荷，外力取消后，电荷也消失。作用力改变方向（相反）时，两个对应晶面上的电荷符号改变，该现象称为正压电效应；反之，某些晶体在一定方向上受到电场（加电压）作用时，在一定的晶轴方向上产生机械变形，外加电场消失，变形也消失，该现象称为逆压电效应。下面主要介绍石英晶体和压电陶瓷的压电效应。

（1）石英晶体的压电效应。

一块完整的单晶体，无论是天然的还是人工的，在外形上都构成一个凸多面体，围成这个凸多面体的面称为晶面。晶体在外形上的基本特征是它的晶面配置有规则，从而使晶体的外形具有一定的对称性。石英晶体正是这样的单晶体。

图4-32（a）表示了天然结构石英晶体的理想外形，中间是一个六棱柱，以 m 表示它的6个柱晶面；两端是六棱锥，以 R 表示它的大棱晶面；大棱晶面之间的部分交界处夹有6个小棱晶面，用 r 表示。此外，在 m 面、R 面和 r 面交界处还有6个 S 晶面和6个 X 晶面，共有30个晶面。石英晶体与其他晶体一样，大部分物理性能都是各向异性的。为了准确地表征石英晶体的物理性能，在结晶学中，常用右手直角坐标系来表示其方向性。

石英晶体的三个直角坐标轴如图4-32（a）、图4-32（b）所示。图4-32（b）所示为单晶体中间棱柱横断后的下半部分，其断面呈正六边形。图中 z 轴是下六边形的对称轴，光线沿其通过晶体不产生双折射现象，故把它作为基准轴，称为光轴（中性轴），在该轴方向上没有压电效应。x 轴称为电轴，它穿过下六棱柱相对的两根棱线。显然，正六棱柱有三根这种轴，可任取一根，垂直于该轴晶面上的压电效应最显著。y 轴称为机械轴，显然也有三根。在电场作用下，沿此轴方向的机械变形最显著。

从图4-32（b）所示的晶体上切下一个平行六面体（矩形片），使其三对平行面分别平行于 x 轴、y 轴、z 轴，得到一种石英压电晶体（切片），如图4-32（c）所示。若沿该面的 x 轴施加压力 F_x，则在加压的两表面上分别出现正、负电荷，如图4-33（a）所示；

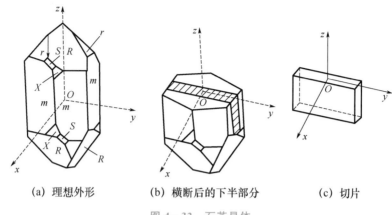

(a) 理想外形　　　(b) 横断后的下半部分　　　(c) 切片

图 4 - 32　石英晶体

若沿该晶片的 y 轴施加压力，则在加压的表面上不出现电荷，电荷仍然出现在沿 x 轴加压的表面上，只是电荷符号相反，如图 4 - 33（c）所示。沿 x 轴压力产生的压电效应称为纵向压电效应。沿 y 轴压力产生的压电效应称为横向压电效应。若将 x、y 方向施加的压力改为拉力，则产生的电荷位置与施加压力时相同，但电荷方向相反，分别如图 4 - 33（b）、图 4 - 33（d）所示。

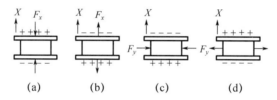

(a)　　　　(b)　　　　(c)　　　　(d)

图 4 - 33　晶片上电荷极性与作用力方向的关系

此外，在切向应力作用下也会产生电荷。

压电式压力传感器主要利用纵向压电效应

$$Q_{11} = d_{11} F_x \qquad (4 - 48)$$

式中，F_x 为沿 x 轴施加的压力；Q_{11} 为在 F_x 作用面上产生的电荷量；d_{11} 为压电应变常数，通常称为压电常数。

将式（4 - 48）两边除以承受力平面的面积 A 得

$$\frac{Q_{11}}{A} = d_{11} \frac{F_x}{A} \qquad (4 - 49)$$

式（4 - 49）等号左边是电荷密度，等号右边是物理学中的压强，在工程检测中习惯称为压力。由式（4 - 49）看出，晶体表面产生的电荷密度与作用在晶面上的压力（压强）成正比，而与晶体厚度、面积无关。

同一晶片上横向压电效应

$$Q_{12} = -d_{11} \frac{1}{\delta} F_y \qquad (4 - 50)$$

式中，δ 为晶片厚度。

由式（4 - 50）可以看出，横向压电效应产生的电荷量与晶片厚度有关。

　　传感器中使用的石英晶体是水晶。石英晶体具有各向异性，在直角坐标系中，沿着不同方位切割，得到不同的几何切片。每种切片都以一定的几何切型为依据，表现出力电转换类型、转换效率、压电系数、弹性系数、介电常数、温度特性和谐振频率的差异。

　　（2）压电陶瓷的压电效应。

　　压电陶瓷是一种人工制造的多晶压电材料。它由无数个细微的单晶组成，每个单晶都有自发形成的极化方向，即单晶体中分子的电偶极矩整齐地指向同一方向，但许多单晶集合在一起时，这些极化方向杂乱无章地排列，它们对外界的极化效应相互抵消，如图 4-34（a）所示，因而原始的压电陶瓷材料整体对外不显极化方向，具有各向同性，不具有压电特性。因这些自发极化的单晶类似于铁磁体中的磁畴，故称其为电畴，称这种压电陶瓷为铁电体。

　　若让原始的压电陶瓷材料具有压电特件，则需要在一定温度下对这些材料进行极化处理，其过程与铁磁材料的磁化处理相似。将这些材料置于外电场作用下，电畴发生转动，使其极化方向与外电场方向趋于一致。外电场越强，就有越多电畴更完全地转向外电场方向，如图 4-34（b）所示。当外电场强度大到使材料极化达到饱和的程度，即所有电畴极化方向都整齐地与外电场方向一致时，去掉外电场，电畴的极化方向基本不变，如图 4-34（c）所示，即剩余极化强度很大，此时材料具有压电特性。

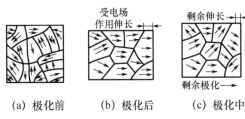

（a）极化前　　　（b）极化后　　　（c）极化中

图 4-34　压电陶瓷的极化过程

　　极化处理后的压电陶瓷具有良好的压电特性。当它受到沿极化方向的作用力时，由于陶瓷变形使电畴的界限发生变化，电畴偏转，使其剩余极化强度随之变化，因而在垂直于极化方向的平面上极化电荷变化。其变化量与压电陶瓷的压电系数和作用力成正比。因为压电陶瓷的压电特性在极化方向上最显著，所以取极化方向作为压电陶瓷的 z 轴，垂直于 z 轴平面上的直线都可以作为 x 轴或 y 轴，即在 x-y 平面具有各向同性。

　　因为压电陶瓷的压电系数比石英晶体的大得多，所以采用压电陶瓷制作的压电式压力传感器的灵敏度较高。压电陶瓷的压电系数还与受力方向和变形方式有关。

　　极化处理后的压电陶瓷材料的剩余极化强度和特性与湿度有关，它的参数也随时间变化，即发生老化，从而使其压电系数减小。

　　最早使用的压电陶瓷材料是钛酸钡（$BaTiO_3$），它是由碳酸钡和二氧化钛按一定比例混合烧结而成的。它的压电系数约为石英的 50 倍，但使用温度较低，最高只有 70℃，且温度稳定性和机械强度都不如石英。目前使用较多的压电材料是锆钛酸铅（PZT 系列），它具有较高的压电系数和较高的工作温度（可达到 200℃），压电性能和温度稳定性都优于钛酸钡。铌镁酸铅是 20 世纪 60 年代发展起来的压电陶瓷，它具有极高的压电系数和较高的工作温度，且耐较高的压力。

压电陶瓷可以按照受力和变形的不同形式制成各种形状的压电元件，常见的有片状压电元件和管状压电元件，如图4-35所示。压缩式压电传感器常用片状压电元件，而剪切式压电传感器大多用管状压电元件。管状压电元件的极化方向可以是轴向的，也可以是圆环的径向。

（3）压电元件的等效电路和电荷放大器。

① 压电元件的等效电路。压电传感器中的压电元件是石英晶体的切片或压电陶瓷，受力作用后，在相应的两块电极板表面出现导电性电荷 Q，两电极板间有电位差，即电压 U_0；因压电材料是电介质（绝缘材料），故压电元件上两电极板间相当于一个电容 C_a。此外，两电极板间有绝缘电阻 R_a，Q、C_a、R_a 并联。压电元件的等值电路如图4-36（a）所示。通常可以忽略 R_a，简化后的等值电路如图4-36（b）所示。

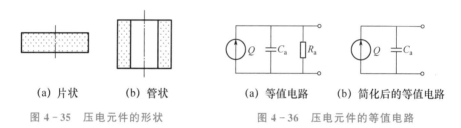

(a) 片状 　　 (b) 管状	(a) 等值电路 　 (b) 简化后的等值电路
图4-35　压电元件的形状	图4-36　压电元件的等值电路

当压电元件的两电极板为平行板时，电容

$$C_a = \frac{\varepsilon_r \varepsilon_0 A}{d} \qquad (4-51)$$

式中，C_a 为压电元件的内部电容；A 为平行极板面积；ε_r 为压电材料的相对介电系数；ε_0 为真空介电系数；d 为压电片的厚度。

② 电荷放大器。利用压电传感器进行测量时，压电元件输出的信号是电荷量的变化量，配上适当的电容后，它的输入电压可高达几十伏甚至几百伏，但信号功率很小，即信号源电阻很大，要求与其配接的测量电路具有较大的输入电阻。为此，在压电元件输出与输入之间配接一个放大器（常用电荷放大器）。要求该放大器具有高输入阻抗、低输出阻抗的特点，起着阻抗变换的作用。

电荷放大器是一种利用电容进行负反馈的高倍数运算放大器。考虑到压电元件输出与电荷放大器之间的连接电缆具有分布电容 C_0 及电荷放大器的输入电容 C_i；忽略放大器较大的输入电阻后，其等效电路如图4-37所示。图中，K 为运算放大器开环差模放大倍数，C_f 为反馈电容。经计算，电荷放大器的输出电压

$$U_{SC} = \frac{-QK}{C_a + C_0 + C_1 + (1+K)C_f} \qquad (4-52)$$

由于 K 值很大，因此 $(1+K)C_f \gg C_a + C_0 + C_1$，则式（4-52）可简化为

$$U_{SC} \approx \frac{-QK}{(1+K)C_f} \approx -\frac{Q}{C_f} \qquad (4-53)$$

由式（4-53）可以看出，电荷放大器的输出电压只与压电元件产生的电荷和反馈电容有关，而与配接电缆的分布电容 C_0 无关，从而使配接长度不受限制。这是电荷放大器的一个突出优点，它为长距离测量提供了极大的方便，但是测量精度主要取决于配接电缆的分布电容 C_0；在推导式（4-53）的过程中忽略了 $C_a + C_0 + C_1$ 项，其中 C_0 最大，C_1 和

C_a 都比较小。例如，当 $C_f=1000\text{pF}$，$K=10^4$，$C_a=100\text{pF}$ 时，电线分布电容按 100F/m 计算，要求测量精度为 1% 时允许电缆长度 1009m，当测量精度提高到 0.1% 时允许电缆长度 100m。显然，适当地增大 K 值和 C_f 值均可提高测量精度。

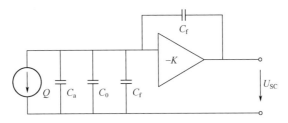

图 4-37 压电元件接电荷放大器的等效电路

在电荷放大器的实用电路中，考虑到测量的量程不同，将反馈电容 C_f 制成可调节形式的，以备使用大量程时，后级放大器不致因输入信号太大而引起饱和。另外，由于电荷放大器采用的电容负反馈对直流工作点相当于开路，因此放大器的零漂比较大，通常在反馈电容上并联一个 $10^8 \sim 10^{10}\,\Omega$ 的电阻 R_f，以提供直流反馈。

（4）应用。

压电式压力传感器中，为了提高灵敏度，常常把几片相同型号的压电元件叠在一起。下面以两片单晶的纵向压电效应为例来说明压电元件的这种组合方法。从作用力来看，压电元件是串联的，因而受到的作用力相等，产生的变形量和电荷数量都与单片时相同。图 4-38（a）所示为两个压电片的负极黏在一起，中间插入的金属电极成为两压电片的负极，正电极在两边电极上。从电路上看，这是并联接法，类似于两个电容并联。所以，在外力作用下，正、负电极上的电荷量增加一倍，输出电压与单片时相同。图 4-38（b）所示为两个压电片的不同极性黏在一起，从电路上看，是串联接法。上、下极板的电荷量与单片时相同，总电容量是单片时的一半，输入电压增大一倍。

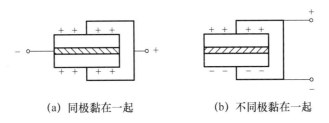

(a) 同极黏在一起   (b) 不同极黏在一起

图 4-38 压电元件的连接方式

在实际应用的传感器中，需要压电片叠起来使用时，由于每个压电片产生的电荷量小，最多可叠压 8 个压电片，因此，为了减小传感器的体积，将每个压电片都磨得很薄。

压电式压力传感器中压电元件的变形方式大致有厚度变形、长度变形、体积变形、面切变形和剪切变形，如图 4-39 所示。相应地，有不同结构的传感器。

从实际测量中得知，一般压电传感器在低压力作用下时，线性度不好，主要由传感器受力系统中力传递系数为非线性的所致，即低压力下的力传递损失较大。为此，在力传递系统中加入附加力，称为预载。几乎使用所有压电式力传感器时都预加载荷，除可消除低压力使用中的非线性外，还可消除传感器内外接触表面的间隙、提高刚度等。只有加预载

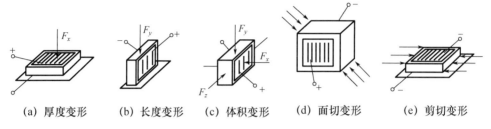

(a) 厚度变形　　(b) 长度变形　　(c) 体积变形　　(d) 面切变形　　(e) 剪切变形

图 4 – 39　压电元件的变形方式

才能用压电式传感器测拉交变力、压交变力、剪切力和扭矩。压电式传感器具有体积小、质量轻、结构简单、工作可靠、测量频率范围大等优点，它是应用较广的力传感器，但不能测量频率太低的被测量，特别是不能测量静态量，目前多用于测量加速度和动态的力或压力。

图 4 – 40 所示为测量均布压力的压电式压力传感器结构。拉紧的薄壁管对晶片叠堆提供预载力。感受外部压力的是很薄的膜片，它由挠性材料制成。

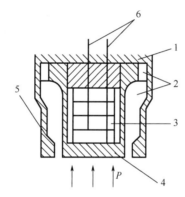

1—外壳；2—冷却腔；3—晶片；4—薄臂管；5—膜片；6—引出线。

图 4 – 40　测量均布压力的压电式压力传感器结构

本章小结

本章主要介绍了传感器的组成、分类，分析了传感器的静态特性、动态特性和技术指标，着重介绍了位移传感器、速度传感器、物位传感器、压力传感器的工作原理及应用。

传感器是将机电系统中被检测对象的物理变化量转换为电信号的变换器。它主要用于检测机电传动控制系统自身与作业对象、作业环境的状态，为有效地控制机电传动控制系统的动作提供信息。

传感器的发展趋势是高精度、智能化、微型化、多功率化和集成化，高精度传感器应用广泛，在很多领域具有不可替代的作用。

为了实现机电控制系统的整体最佳，选用或研制传感器时，要考虑传感器与其他要素之间的协调与匹配。

习　题

4-1　传感器由哪两部分组成？其定义分别是什么？

4-2　传感器静态特性的技术指标及其定义是什么？

4-3　试述感应同步器的工作原理及分类。

4-4　试述旋转变压器的工作方式。

4-5　试述光电管的结构和工作原理。

4-6　试述磁电式转速计的工作原理及类型。

4-7　试述物位测量仪表的类型。

4-8　电容式传感器可分为哪几类？

4-9　试述应变片的工作原理。

4-10　压电片叠在一起的特点及连接方式分别是什么？

4-11　旋转变压器的正弦输出绕组和余弦输出绕组与励磁绕组在什么相对位置时是旋转变压器的基准电气零位？

4-12　为什么旋转变压器带负载时要采取补偿措施？补偿方式有哪几种？

4-13　直线式感应同步器的空载输出电压与位移量有什么关系？

4-14　鉴幅型工作方式、鉴相型工作方式的特点分别是什么？

4-15　热电偶的冷端延长线的作用是什么？使用冷端延长线应满足什么条件？

4-16　当为差动变压式位移传感器输入被测位移±25mm时，其二次侧线圈输出电压为±5V。求：

（1）当铁芯偏离中心－19mm时，输出电压为多少？

（2）绘出铁芯从＋19mm连续移动到10mm时，输出电压与被测位移的关系曲线（直线特性）。

（3）当输出电压为－3V时，被测位移为多少？

第5章
继电接触控制系统设计

本章教学目的及要求

（1）熟悉常用低压电器的基本知识。

（2）熟悉电气控制系统图的类型及规定画法。

（3）掌握异步电动机的启动控制电路、正反转控制电路、调速控制电路、制动控制电路。

（4）熟悉电液控制。

继电接触控制技术是近代电气控制的起源，可编程控制器应用普遍，其控制方法和原理基本一致。本章将从应用方面介绍常用低压电器的工作原理、基本结构、用途、主要技术参数和选用方法，并介绍由这些器件组成的电气控制电路的组成与工作原理。在此基础上，举例说明电气控制线路的阅读和分析方法。本章内容是正确选择、合理使用电器与培养电气控制线路分析和设计能力的基础。

5.1 常用低压电器

5.1.1 电器的定义及分类

1. 电器的定义

自动或手动接通和断开电路，以及实现对电路或非电对象切换、控制、保护、检测、变换和调节目的电气元件统称电器。

2. 电器的分类

电器用途广泛、功能多样、种类繁多、构造各异，其分类方法如下。

（1）按工作电压等级分类。

① 低压电器：工作电压在交流 1200V、直流 1500V 及其以下的电器，如接触器、继电器、刀开关、按钮等。

常用低压电器的基本知识

② 高压电器：工作电压在交流 1200V、直流 1500V 以上的电器，如高压熔断器、高压隔离开关、高压断路器等。

（2）按用途分类。

① 控制电器：控制电路和控制系统的电器，如接触器、继电器、启动器等。

② 主令电器：自动控制系统中发送控制指令的电器，如控制按钮、主令开关、行程开关等。

③ 保护电器：保护电路及电气设备的电器，如熔断器、热继电器、断路器、避雷器等。

④ 配电电器：输送和分配电能的电器，如刀开关、断路器等。

⑤ 执行电器：完成某种动作或传动功能的电器，如电磁铁、电磁阀、电磁离合器等。

（3）按工作原理分类。

① 电磁式电器：依据电磁感应原理工作的电器，如交/直流接触器、电磁式继电器、电磁阀等。

② 非电量控制电器：靠外力或某种非电物理量的变化动作的电器，如行程开关、控制按钮、压力继电器、温度继电器等。

（4）按动作原理分类。

① 手动电器：用手或依靠机械力工作的电器，如手动开关、控制按钮、行程开关等。

② 自动电器：借助电磁力或某个物理量的变化自动工作的电器，如接触器、继电器、电磁阀等。

5.1.2 电磁式电器的工作原理与结构特点

电磁式电器在电气自动化控制电路中应用较多，有很多类型，其工作原理和构造基本相同。电磁式电器大多由电磁机构和触点系统两部分组成。

1. 电磁机构

电磁机构的主要作用是将电磁能量转换为机械能量，即将电磁机构中吸引线圈的电流转换为电磁力，带动触头动作，完成对电路通断的控制。

电磁机构由吸引线圈、铁芯（静铁芯）、衔铁（动铁芯）等组成。

（1）常用的磁路结构。

常用的磁路结构如图 5-1 所示。

① 拍合式铁芯。衔铁沿棱角转动的铁芯如图 5-1（a）所示，这种形式广泛应用于直流电器中。衔铁沿轴转动的铁芯如图 5-1（b）所示，这种形式多用于触头容量较大的交流电器中。拍合式铁芯的形状有 E 形和 U 形两种。

② 双 E 形直动式铁芯 [图 5-1（c）]。衔铁做直线运动，这种形式多用于交流接触器、继电器中。

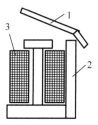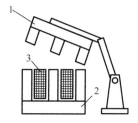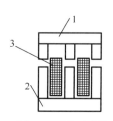

(a) 衔铁沿棱角转动的铁芯　　(b) 衔铁沿轴转动的铁芯　　(c) 双E形直动式铁芯

1—衔铁；2—铁芯；3—吸引线圈。

图 5-1　常用的磁路结构

（2）吸引线圈。

吸引线圈的作用是将电能转换成磁场能量。吸引线圈按通入电流种类分为直流线圈和交流线圈。

对于直流电磁铁，因为其铁芯不发热，只有线圈发热，所以将其吸引线圈做成高且薄的瘦长形，不设线圈骨架，线圈直接与铁芯接触，易散热。

对于交流电磁铁，由于其铁芯存在磁滞和涡流损耗，线圈和铁芯都发热，因此交流电磁铁的吸引线圈有骨架，铁芯与线圈隔离，并将线圈制成短且厚的矮胖形，利于铁芯和线圈散热。

相同功率的电磁线圈，交流线圈的直流电阻远远小于直流线圈。因此，若在使用过程中误将交流电器的线圈接入相同电压的直流电源，则其易被烧坏；若误将直流电器的线圈接入相同电压的交流电源，则由于直流线圈电抗和电阻的叠加总是大于直流电阻，因此不会损坏元件。

2. 触头系统

触头是电器的执行部分，起接通和断开电路的作用。一般要求触头的导电性、导热性良好。触头由铜质材料制成，但铜的表面容易氧化而生成氧化铜，增大触头的接触电阻，使触头的损耗增大、温度上升。所以，有些电器（如继电器和小容量的电器等）的触头常由银质材料制成，其导电性和导热性均优于铜质触头，且氧化膜的电阻率与纯银相似（氧化铜的电阻率可达纯铜的 10 倍以上），只有在较高的温度下才会形成，因此银质触头具有较小且稳定的接触电阻。大、中容量低压电器的触头采用滚动接触，可去掉氧化膜，其也常由铜质材料制成。

触头主要有桥式触头和指形触头两种结构形式。

（1）桥式触头。

图 5-2（a）所示为两个点接触的桥式触头，图 5-2（b）所示为两个面接触的桥式触头。两个触头串联在一条电路中，电路的接通与断开由两个触头共同完成。两个点接触的桥式触头适用于电流不大且触头压力小的场合；两个面接触的桥式触头适用于电流大的场合。

（2）指形触头。

图 5-2（c）所示为指形触头，其接触面为直线，触头接通或断开时产生滚动摩擦，

以利于去掉氧化膜。指形触头适用于通电次数多、电流大的场合。

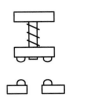 

(a) 两个点接触的桥式触头　　(b) 两个面接触的桥式触头　　(c) 指形触头

图 5-2　触头的结构形式

为了使触头接触得更加紧密以减小接触电阻，并消除开始接触时产生的振动，在触头上安装接触弹簧，在刚接触时产生初压力，并且随着触头闭合触头压力增大。

5.1.3　电弧

1. 电弧的产生

在大气中断开电路时，如果该电路的电流超过某数值，断开后加在触头间隙两端的电压超过某数值（12～20V），在触头间隙中就会产生电弧。电弧实际上是触头间气体在强电场作用下产生的电离放电现象。

产生电弧游离的过程如下。

（1）热电发射。

触头分断电流时，阳极表面大电流收缩集中，出现炽热光斑，温度很高，触头表面的电子吸收热能并发射到触头间隙，形成自由电子。

（2）高电场发射。

触头断开初期，电场强度大，触头表面的电子被强行拉出。

（3）碰撞游离。

高速电子碰撞中性质点，使中性质点变成正离子和自由电子，当离子浓度足够大时，介质击穿而产生电弧。

（4）热游离。

电弧中心温度高达 10000℃，电弧中的中性质点游离为正离子和自由电子。

2. 电弧放电的主要特征

（1）电弧由三部分组成，包括阴极区、阳极区和弧柱区。

（2）电弧温度很高。电弧中心温度可达 10000℃，电弧表面温度为 3000～4000℃。

（3）电弧是一种自持放电现象。极间的带电质点不断产生和消失，处于动平衡状态。

（4）电弧是一束游离的气体，其可在外力作用下迅速移动、伸长、弯曲和变形。

3. 电弧的危害

（1）电弧延长了电器断开故障电路的时间。

（2）电弧产生的高温使触头表面熔化和蒸发，烧坏绝缘材料。

（3）电弧在电动力、热力作用下移动，易造成飞弧和伤人。

机电传动控制

4. 灭弧方法

实际上，当游离作用大于去游离作用时，电弧电流增大，电弧更加炽热燃烧；当两作用持平时，电弧维持稳定燃烧；当去游离作用大于游离作用时，电弧电流减小，直至电弧熄灭。常用的灭弧方法有电动力灭弧、磁吹灭弧、窄缝灭弧、栅片灭弧等。

（1）电动力灭弧（图5-3）。采用一种桥式结构双断口触头，当触头打开时，在断口中产生电弧。电弧在电动力作用下向外运动并拉长，加快冷却后熄灭。电动力灭弧一般用于交流接触器中。

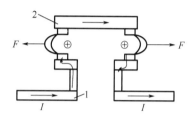

1—静触头；2—动触头。

图 5-3　电动力灭弧

（2）磁吹灭弧（图5-4）。在触头电路中串联一个磁吹线圈，负载电流产生的磁场方向如图5-4所示。触头开断产生电弧后，电弧在电动力作用下拉长并被吹入灭弧罩中冷却熄灭。

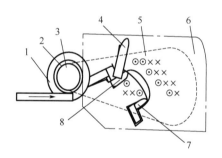

1—磁吹线圈；2—绝缘套；3—铁芯；4—引弧角；5—导磁夹板；

6—灭弧罩；7—动触头；8—静触头。

图 5-4　磁吹灭弧

磁吹灭弧的方法是利用电流灭弧，电流越大，磁吹灭弧能力越强。磁吹灭弧广泛用于直流接触器中。

（3）窄缝灭弧（图5-5）。窄缝灭弧是利用灭弧罩的窄缝实现的。灭弧罩内只有一个窄缝，其下部宽、上部窄。当触头断开时，电弧在电动力作用下进入窄缝，窄缝可将电弧弧柱直径压缩，使电弧与缝壁紧密接触，起加强冷却和消电离作用，电弧迅速熄灭。窄缝灭弧常用于交流接触器和直流接触器中。

（4）栅片灭弧（图5-6）。灭弧栅片由多片镀铜薄钢片（称为栅片）组成，将其安装在电器触头上方的灭弧栅内并相互绝缘。电弧在电动力作用下被拉入灭弧栅片而分割成数段串联的短弧，加强消电离作用，电弧迅速冷却至熄灭。栅片灭弧常用于电流大的刀开关与大容量交流接触器中。

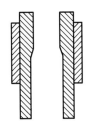

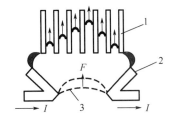

1—灭弧栅片；2—触头；3—电弧。

图 5 - 5　窄缝灭弧

图 5 - 6　栅片灭弧

5.1.4　电器的基本特性

1. 电磁吸力与吸力特性

电磁铁的电磁吸力可由式（5-1）求得：

$$F_{\text{at}} = \frac{10^7}{8\pi} B^2 S \tag{5-1}$$

式中，F_{at} 为电磁吸力；B 为气隙中的磁感应强度；S 为磁极的截面面积。

当铁芯与衔铁之间的气隙 δ 及外加电压 U 一定时，对于直流电磁铁，电磁吸力是一个恒定值；对于交流电磁铁，外加正弦交流电压使气隙的磁感应强度呈正弦规律变化，即

$$B = B_{\text{m}} \sin\omega t \tag{5-2}$$

将式（5-2）代入式（5-1）并整理得

$$F_{\text{at}} = \frac{F_{\text{atm}}}{2} - \frac{F_{\text{atm}}}{2} \cos2\omega t = F_0 - F_0 \cos2\omega t$$

式中，F_{atm} 为电磁吸力的最大值，$F_{\text{at}} = \frac{10^7}{8\pi} B_{\text{m}}^2 S$；$F_0$ 为电磁吸力的平均值，$F_0 = \frac{F_{\text{atm}}}{2}$。

因此，交流电磁铁的电磁吸力是随时间变化的。

由于交/直流电磁铁在吸动或释放过程中的气隙 δ 是变化的，因此电磁吸力随 δ 值变化。通常交流电磁铁的吸力是指平均吸力。不同的电磁机构有不同的吸力特性。图 5-7 所示为一般电磁铁的吸力特性曲线。

直流电磁铁的励磁电流与气隙无关，在动作过程中为恒磁通工作，其吸力随气隙的减小而增大，所以其吸力特性曲线比较陡峭，如图 5-7 中的曲线 1 所示。交流电磁铁的励磁电流与气隙成正比，在动作过程中为近似恒磁通工作，其吸力随气隙的减小略增大，所以其吸力特性曲线比较平坦，如图 5-7 中的曲线 2 所示。

2. 反力特性和返回系数

反力特性是指吸动过程中反作用力 F_{r} 与气隙 δ 的关系曲线，如图 5-7 中的曲线 3 所示。

只有吸力特性与反力特性必须配合得当，电磁机构才能正常工作。衔铁在吸合过程中的吸力特性曲线必须始终处于反力特性曲线上方，即吸力要大于反力。衔铁在释放过程中的吸力特性曲线必须位于反力特性曲线下方，即反力要大于吸力。

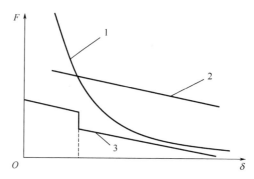

1—直流电磁铁的吸力特性曲线；2—交流电磁铁的吸力特性曲线；3—反力特性曲线。

图 5-7　一般电磁铁的吸力特性曲线

返回系数是指释放电压 U_{re}（或电流 I_{re}）与吸合电压 U_{at}（或电流 I_{at}）的比值，用 β 表示，即

$$\beta_U = \frac{U_{re}}{U_{at}} \text{ 或 } \beta_I = \frac{I_{re}}{I_{at}}$$

返回系数是反映电磁式电器动作灵敏度的参数，对电器工作的控制要求、保护特性和可靠性有一定影响。

3. 交流电磁机构上短路环的作用

根据交流电磁铁的吸力公式可知，交流电磁机构的电磁吸力是一个两倍电源频率的周期性变量。它有两个分量：一个是恒定分量 F_0，其值为电磁吸力最大值的一半；另一个是交变分量 $F_\sim$，$F_\sim = F_0\cos2\omega t$，其幅值为电磁吸力最大值的一半，并以两倍电源频率变化。总的电磁吸力 F_{at} 在 $0\sim F_{atm}$ 内变化。交流电磁机构的吸力特性曲线如图 5-8 所示。

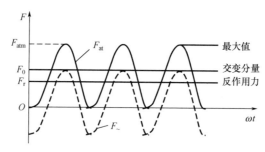

F_{atm}—最大电磁吸力；F_0—恒定分量；F_r—反作用力；F_{at}—电磁吸力；$F_\sim$—交变分量。

图 5-8　交流电磁机构的吸力特性曲线

在交流电磁机构的工作过程中，衔铁始终受到反作用弹簧、触头弹簧等反作用力 F_r 的作用。尽管电磁吸力的平均值 F_0 大于 F_r，但在某些时候 F_{at} 仍小于 F_r（如图 5-8 中画有斜线部分所示）。当 $F_{at}<F_r$ 时，衔铁释放；当 $F_{at}>F_r$ 时，衔铁吸合。如此周而复始，衔铁产生振动而发出噪声，必须采取有效措施以消除振动和噪声。例如在铁芯端部开一个槽，并在槽内嵌入铜环（称为短路环或称阻尼环），如图 5-9 所示。

短路环把铁芯中的磁通分为两部分，即不穿过短路环的磁通 Φ_1 和穿过短路环的磁通 Φ_2，且 Φ_2 滞后于 Φ_1，使合成吸力始终大于反作用力，从而消除振动和噪声。短路环通常

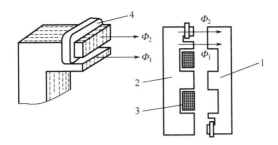

Φ_1—不穿过短路环的磁通；Φ_2—穿过短路环的磁通；

1—衔铁；2—铁芯；3—线圈；4—短路环。

图 5 - 9　交流电磁铁的短路环

包围 2/3 的铁芯截面，一般由铜、康铜或镍铬合金等制成。

5.1.5　常用低压电器的类型

常用低压电器有熔断器、开关电器、主令电器、接触器和继电器等。

1. 熔断器

（1）熔断器的结构及工作原理。

熔断器主要由熔体、熔管、填料、盖板、接线端、指示器和底座等组成。熔体由铝、锡、锌、银、铜及其合金等易熔金属材料制成，通常呈丝状或片状。熔管是安装熔体的外壳，当熔体熔断时兼具灭弧作用。图 5 - 10 所示为熔断器的结构及外形。

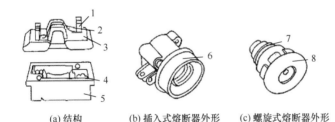

(a) 结构　　(b) 插入式熔断器外形　　(c) 螺旋式熔断器外形

1—动触头；2—熔体；3—瓷插件；4—静触头；5—瓷底座；

6—底座；7—熔断体；8—瓷帽。

图 5 - 10　熔断器的结构及外形

将熔断器串联在电路中，当电路正常工作时，熔断器允许通过一定的电流，其熔体不熔化；当主电路发生短路或严重过载时，熔体中流过很大的电流，当电流产生的热量达到熔体的熔点时，熔体熔化，切断电路，从而达到保护电路的目的。

由于电流通过熔体时产生的热量与电流的平方和电流通过的时间成正比，因此，电流越大，熔体熔断的时间越短。这一特性称为熔断器的保护特性或安-秒特性。熔断器的安-秒特性曲线如图 5 - 11 所示。

图 5 - 11 中的 I_{min} 为最小熔化电流，即通过熔断器的电流小于 I_{min} 时，熔断器不熔断。所以选择的熔体额定电流 I_N 应小于 I_{min}。I_{min}/I_N 称为熔化系数，它反映过载时的保护特性，$I_{min}/I_N = 1.5 \sim 2.0$。熔断器的安-秒特性数值关系见表 5 - 1。

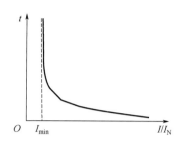

I_{min}—最小熔化电流；I/I_N—熔化系数。

图 5-11　熔断器的安-秒特性曲线

表 5-1　熔断器的安-秒特性数值关系

熔断电流	$(1.25\sim1.30)I_N$	$1.6I_N$	$2I_N$	$2.5I_N$	$3I_N$	$4I_N$
熔断时间	∞	1h	40s	8s	4.5s	2.5s

（2）熔断器的类型及常用系列产品。

① 插入式熔断器。常用插入式熔断器有 RC1A 系列，主要用于电压等级 380V 及以下的线路末端，起短路保护作用。由于插入式熔断器的分断能力较低，因此一般用于民用和工业照明电路中。

② 螺旋式熔断器。常用螺旋式熔断器有 RL6、RL7、RLS2 等系列，其熔管内装有石英砂，用于熄灭电弧。螺旋式熔断器具有较高的分断能力，可用于电压等级 500V 及以下、电流等级 200A 以下的电路中，起短路保护用。其中 RL6、RL7 系列螺旋式熔断器多用于机床电器控制设备中；RLS2 系列为快速熔断器，主要用于保护硅整流元件和晶闸管等半导体元件。

③ 封闭管式熔断器。封闭管式熔断器分为无填料熔断器、有填料熔断器和快速熔断器三种。RM10 系列为无填料熔断器，其熔体装入密闭式圆筒，分断能力稍低，用于电压等级 500V 以下、电流等级 600A 以下的电力网或配电设备中。其特点是可拆卸，熔体熔断后，用户可按要求自行拆开，重新装入新的熔体。RT12、RT14、RT15 系列为有填料熔断器，其技术参数符合国际电工委员会制定的低压熔断器标准，与国外同类产品的外形、安装尺寸相同，具有较高的分断能力，一般在方形瓷管内装入石英砂及熔体，主要用于电压等级 500V 以下、电流等级 1kA 以下的电路中，还可以用于熔断器式隔离器、开关熔断器等开关电器中。RS3 系列为快速熔断器，主要用于保护半导体元件。

④ 新型熔断器。

a. 自复式熔断器。自复式熔断器是一种新型熔断器，它利用金属钠作熔体，在常温下，钠的电阻很小，允许通过正常工作电流。当电路发生短路时，短路电流产生高温而使钠迅速气化，气态钠的电阻增大，从而限制了短路电流。消除故障后，温度下降，钠重新固化，恢复其良好的导电性。自复式熔断器的优点是能重复使用，不必更换熔体；但在线路中只能限制故障电流，而不能切断故障电路，一般与断路器配合使用，常用产品有 RZ1 系列。

b. 高分断能力熔断器。随着电网供电容量的不断增大，对熔断器的性能指标提出了更高要求。例如，根据德国 AEG 公司制造技术标准生产的 NT 型熔断器为低压高分断能力熔断器，其额定电压为660V、额定电流为1000A、分断能力为120kA，适用于工业电气装置、配电设备的过载保护和短路保护。NT型熔断器符合国际电工委员会制定标准和我国制定的低压熔断器标准，并且与国外同类产品具有通用性和互换性。NT型熔断器规格齐全，具有功率损耗低、保护特性稳定、限流性好、体积小等特点，还可用于导线的过载保护和短路保护。

（3）熔断器的选择。

选择熔断器时，主要考虑以下几方面因素。

① 熔断器的类型。应根据线路要求、使用场合、安装条件和适用范围选择熔断器。

② 熔断器的额定电压。熔断器的额定电压应大于或等于线路的工作电压。

③ 熔体的额定电流。熔体的额定电流与负载的大小及性质有关，其选择方法如下。

a. 对于阻性负载的短路电流保护，应使熔断器的熔体电流略大于或等于电路的工作电流。

b. 对于电动机负载，应考虑冲击电流的影响，并按式（5-3）或式（5-4）计算。

单台电动机：

$$I_{fu} \geq (1.5 \sim 2.5) I_N \tag{5-3}$$

式中，I_N 为电动机的额定电流。

多台电动机：

$$I_{fu} \geq (1.5 \sim 2.5) I_{Nmax} + \Sigma I_N \tag{5-4}$$

式中，I_{Nmax} 为容量最大的一台电动机的额定电流；ΣI_N 为其他电动机额定电流的总和。

c. 在电容器设备中，由于电容器的电流经常变化，因此熔断器只用于短路保护。一般熔体的额定电流大于电容器额定电流的1.6倍。

④ 额定分断能力。熔断器的额定分断能力必须大于电路中可能出现的最大故障电流。

⑤选择性保护特性。在电路系统中，电器之间的选择性保护特性非常重要，可把故障产生的影响限制在最小范围，即要求电路中某支路发生短路或过载故障时，只有距离故障点最近的熔断器动作，而主回路的熔断器或断路器不动作，称为选择性配合。根据系统的具体条件，选择性配合可分为熔断器之间上一级和下一级的选择性配合以及断路器与熔断器的选择性配合等。

熔断器的图形符号及文字符号如图5-12所示。

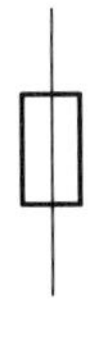

图5-12 熔断器的图形符号及文字符号

（4）熔断器的用途。

熔断器是电路中保证电路安全运行的电气元件。当电路发生故障或异常时，电流不断增大，电路中的某些重要器件或贵重器件可能损坏，甚至烧毁电路、造成火灾。若在电路中正确安装熔断器，则熔断器会在电流异常增大到一定值时熔断而切断电流，起到保护电路的作用。由于熔断器结构简单、体积小、使用和维护方便、具有较高的分断能力和良好

的限流性能等，因此获得广泛应用。

2. 开关电器

开关电器的作用是分合电路、开断电流。常用的开关电器有刀开关、转换开关、断路器等。

（1）刀开关。

刀开关是结构最简单、应用最广泛的一种手动电器。在低压电路中，刀开关用于不频繁接通和分断电路或隔离电路与电源。

刀开关由操作手柄、触刀、静插座和绝缘底板等组成，如图 5 - 13 所示。手动将触刀插入插座或脱离插座，完成电路接通与分断控制。刀开关有有载运行操作、无载运行操作、选择性运行操作之分；又有正面操作、侧面操作、背面操作之分；还有不带灭弧装置和带灭弧装置之分。刀口接触有面接触和线接触两种，其中采用线接触形式时触刀容易插入，接触电阻小，制造方便。

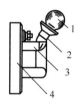

1—操作手柄；2—触刀；3—静插座；4—绝缘底板。

图 5 - 13　刀开关的组成

刀开关的主要技术参数有额定电压、额定电流、分断能力、动稳定电流、热稳定电流等。

刀开关的主要类型有大电流隔离开关、负荷开关、熔断器式刀开关。常用刀开关有 HD14、HD17、HS13 系列刀开关，其中 HD17 系列刀开关为新型换代产品；HK2、HD13BX 系列刀开关为开启式负荷开关，其中 HD13BX 系列刀开关较先进，其操作方式为旋转式；HH4 系列刀开关为封闭式负荷开关；HR3、HR5 系列刀开关为熔断器式刀开关，其中 HR5 系列刀开关中的熔断器采用 NT 型熔断器，结构紧凑，分断能力高达 100kA。

刀开关的型号含义如图 5 - 14 所示。

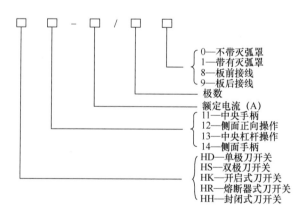

图 5 - 14　刀开关的型号含义

刀开关的图形符号与文字符号如图 5-15 所示。

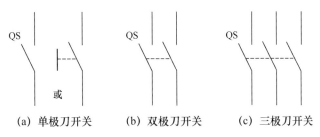

(a) 单极刀开关   (b) 双极刀开关   (c) 三极刀开关

图 5-15　刀开关的图形符号与文字符号

使用刀开关时应注意：安装时应使操作手柄向上，不得倒装或平装，避免受重力作用自动下落引起误动作合闸；接线时，应将电源线接在上端，负载线接在下端，拉闸后触刀与电源隔离，可防止意外事故。

（2）转换开关。

转换开关又称组合开关，一般用于电气设备中不频繁地通断电路、换接电源和负载、测量三相电压以及直接控制小容量感应电动机的运行状态。

转换开关由动触头（动触片）、静触头（静触片）、转轴、手柄、定位机构及外壳等组成，其中动触头、静触头分别叠装于数层绝缘壳内。转换开关的结构如图 5-16 所示。当转动手柄时，每层动触头都随方形转轴转动。

常用转换开关有 HZ5、HZ10 和 HZ15 系列。HZ5 系列转换开关是类似于万能转换开关的产品，其结构与一般转换开关不同；HZ10 系列转换开关为早期全国统一设计产品；HZ15 系列转换开关为全国统一设计的更新换代产品。转换开关有单极、双极和多极之分。普通转换开关的各极同时通断，特殊转换开关的各极交替通断（在一个操作位置部分触头接通，部分触头断开），以满足不同的控制要求。

转换开关的图形符号与文字符号如图 5-17 所示。

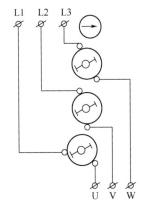

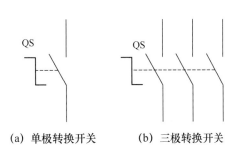

(a) 单极转换开关   (b) 三极转换开关

图 5-16　转换开关的结构   图 5-17　转换开关的图形符号与文字符号

选用刀开关与转换开关时，主要考虑以下几方面。

① 根据使用场合选择合适的产品型号和操作方式。

② 应使其额定电压大于或等于电路的额定电压，额定电流应大于或等于电路的额定电流。

③ 考虑安装方式、外形尺寸与定位尺寸。

（3）断路器。

断路器俗称自动开关，用于低压配电电路不频繁的通断控制。断路器在电路发生短路、过载或欠电压等故障时自动分断故障电路。它是低压配电线路中应用广泛的一种保护电器。

断路器种类繁多，按用途和结构特点可分为框架式断路器、塑料外壳式断路器、直流快速断路器和限流式断路器等。我国框架式断路器有 DW15、DW16、DW17、DW45 等系列，塑料外壳式断路器有 DZ20、CM1、TM30 等系列。框架式断路器主要用作配电网络的保护开关；塑料外壳式断路器除可用作配电网络的保护开关，还可用作电动机、照明电路及电热电路的控制开关。

下面以塑料外壳式断路器为例，简单介绍断路器的结构、工作原理、主要技术参数、系列产品及选用方法。

① 断路器的结构和工作原理。断路器主要由触头、灭弧系统和脱扣器〔包括过电流脱扣器、失压（欠电压）脱扣器、热脱扣器、分励脱扣器和自由脱扣器〕三个基本部分组成。

图 5-18 所示为断路器的工作原理。开关是靠操作机构手动或电动合闸的，触头闭合后，自由脱扣器将触头锁在合闸位置。当电路发生上述故障时，各自脱扣器使自由脱扣器动作，自动跳闸而实现保护作用。分励脱扣器作为长距离控制分断电路，它是一种用电压源激励的脱扣器，其电压可与主电路电压无关。分励脱扣器是一种长距离操纵分闸的附件。当电源电压等于额定电压的 70%～110% 时，分励脱扣器能可靠分断断路器。分励脱扣器采用短时工作制，线圈通电时间一般不超过 1s，否则线圈会被烧毁。为防止塑料外壳式断路器的线圈烧毁，在分励脱扣器线圈上串联一个微动开关，当分励脱扣器通过衔铁吸合时，微动开关从常闭状态转换成常开状态。由于分励脱扣器电源的控制线路被切断，因此，即使人为地按住按钮，分励脱扣器线圈也始终不再通电，避免出现线圈烧损现象。断路器再扣合闸后，微动开关重新处于常闭状态。欠电压脱扣器是在端电压降至某规定范围时，使断路器有延时或无延时断开的一种脱扣器。当电源电压下降（甚至缓慢下降）到额

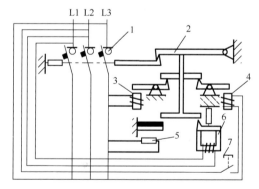

1—主触头；2—自由脱扣器；3—过电流脱扣器；4—分励脱扣器；

5—热脱扣器；6—欠电压脱扣器；7—按钮。

图 5-18　断路器的工作原理

定工作电压的 35％～70％时，欠电压脱扣器动作；当电源电压等于欠电压脱扣器额定工作电压的 35％时，欠电压脱扣器应能防止断路器闭合；当电源电压大于或等于 85％欠电压脱扣器的额定工作电压时，在热态条件下应能保证断路器可靠闭合。因此，当受保护电路中电源电压产生一定的电压降时，欠电压脱扣器能自动断开断路器而切断电源，使该断路器以下的负载电器或电气设备免遭欠电压损坏。欠电压脱扣器线圈接在断路器电源侧，只有欠电压脱扣器通电后，断路器才能合闸，否则断路器无法合闸。

② 断路器的主要技术参数和系列产品。断路器的主要技术参数有额定电压、额定电流、极数、脱扣器类型及其整定电流范围、分断能力、动作时间等。

常用的塑料外壳式断路器有 DZ10、DZ15、DZ20、DZ19、DZ30、C45N、S060 等系列。其中 DZ20 系列为 20 世纪 90 年代的更新换代产品，具有较高的分断能力（可达 50kA）。DZ20 系列塑料外壳式断路器的主要技术参数见表 5 - 2。

表 5 - 2　DZ20 系列塑料外壳式断路器的主要技术参数

型号	额定电流/A	机械寿命/次	电气寿命/次	过电流脱扣器的额定电流/A	短路分断能力			
					交流		直流	
					电压/V	电流/kA	电压/V	电流/kA
DZ20Y - 100	100	8000	4000	16，20，32，40，50，63，80，100	380	18	220	10
DZ20Y - 200	200	8000	2000	100，125，160，180，200	380	25	220	25
DZ20Y - 400	400	5000	1000	200，225，315，350，400	380	30	380	25
DZ20Y - 630	630	5000	1000	500，630	380	30	380	25
DZ20Y - 800	800	3000	500	500，600，700，800	380	42	380	25
DZ20Y - 1250	1250	3000	500	800，1000，1250	380	50	380	30

注：Y 表示一般型。

③ 断路器的选用方法。应根据使用场合和保护要求选择断路器类型。如一般选用塑料外壳式断路器；当短路电流很大时，选用限流式断路器；当额定电流比较大或有选择性保护要求时，选用框架式断路器；当控制和保护含有半导体器件的直流电路时，选用直流快速断路器；等等。断路器的额定电压、额定电流应大于或等于线路、设备的正常工作电压、工作电流。断路器的极限通断能力应大于或等于电路最大短路电流。欠电压脱扣器的额定电压等于线路额定电压。过电流脱扣器的额定电流大于或等于电路最大负载电流。

断路器的图形符号与文字符号如图 5-19 所示。

图 5 - 19　断路器的图形符号与文字符号

3. 主令电器

在控制系统中，主令电器是一种专门发布命令、直接或通过电磁式电器间接作用于控制电路的电器，常用来控制电力拖动系统中电动机的启动、停车、调速及制动等。

常用主令电器有控制按钮、行程开关、接近开关、万能转换开关等。

（1）控制按钮。

控制按钮是一种结构简单、使用广泛的手动主令电器，它可以与接触器或继电器配合使用，可对电动机实现长距离自动控制，用于实现控制线路的电气联锁。

控制按钮由按钮帽、回位弹簧、触点和外壳等组成，如图 5 - 20 所示。通常将控制按钮做成复合式，即具有常闭触点和常开触点。按下控制按钮时，先断开常闭触点，后接通常开触点；释放控制按钮后，在回位弹簧的作用下，控制按钮触点自动复位的顺序相反。通常，在无特殊说明的情况下，有触点电器的触点动作顺序均为"先断后合"。在电器控制线路中，常开按钮常用来启动电动机，也称启动按钮；常闭按钮常用于控制电动机停车，也称停车按钮；复合按钮用于联锁控制电路中。

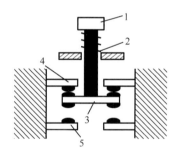

1—按钮帽；2—回位弹簧；3—动触点；4—常闭静触点；5—常开静触点。

图 5 - 20　控制按钮的结构

常用控制按钮有 LA18、LA19、LA20、LA25、LAY3 等系列。其中，LA25 系列控制按钮为通用型控制按钮的更新换代产品，采用组合式结构，可根据需要任意组合触点数目，最多可组成 6 个单元；LAY3 系列控制按钮是根据西门子公司技术标准生产的产品，规格、品种齐全，其结构形式有按钮式、紧急式、钥匙式和旋转式等。

随着计算机技术的不断发展，由控制按钮派生出用于计算机系统的弱电按钮，其具有体积小、操作灵敏等特点。

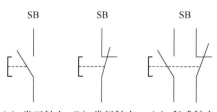

(a) 常开触点　(b) 常闭触点　(c) 复式触点

图 5 - 21　按钮的图形符号与文字符号

选择控制按钮的主要依据是使用场合、触点数量、种类及颜色。对于控制直流负载，因直流电弧熄灭比交流困难，故在相同工作电压下，直流工作电流应小于交流工作电流。一般以红色表示停止按钮，绿色表示启动按钮。

控制按钮的图形符号与文字符号如图 5 - 21 所示。

（2）行程开关。

行程开关的工作原理与控制按钮相同，区别在于它不是靠手的按压，而是利用生产机械的运动部件碰压使触点动作来发出控制指令。行程开关用于控制生产机械的运动方向、速度、行程大小或位置等，其结构形式有多种。当行程开关用于位置保护时，也称限位开关。行程开关主要由操作机构、触头系统和外壳等组成。图 5 - 22 所示为 LX19 系列行程开关。

我国生产的行程开关规格很多，常用的有 LXW5、LX19、LJXK3、LX32、LX33 等系列。

行程开关的图形符号与文字符号如图 5 - 23 所示。

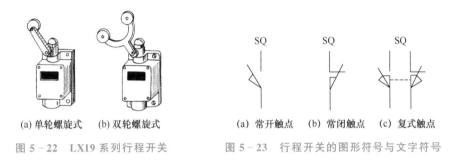

<table>
<tr><td>（a）单轮螺旋式</td><td>（b）双轮螺旋式</td><td>（a）常开触点</td><td>（b）常闭触点</td><td>（c）复式触点</td></tr>
</table>

图 5 - 22　LX19 系列行程开关　　　　图 5 - 23　行程开关的图形符号与文字符号

（3）接近开关。

一般将无触点行程开关称为接近开关，它可以代替有触头行程开关来实现行程控制和限位保护，还可用作高频计数、测速、液位控制、零件尺寸检测、加工程序的自动衔接等系统中的非接触式开关。由于它具有非接触式触发、动作快、可在不同检测距离内动作、发出的信号稳定无脉动、工作稳定可靠、使用寿命长、重复定位精度高以及能适应恶劣的工作环境等特点，因此在机床、纺织、印刷、塑料等工业生产中应用广泛。

接近开关的主要技术参数有工作电压、输出电流、动作距离、重复精度及工作响应频率等。

接近开关主要有 LJ2、LJ6、LXJ18、3SG 等系列。

选择接近开关应考虑以下几方面：工作频率、可靠性及精度；检测距离、安装尺寸；触点形式（有触点、无触点）、触点数量及输出形式（NPN 型、PNP 型）；电源类型（直流、交流）；电压等级；等等。

接近开关的文字符号与行程开关相同，其图形符号与文字符号如图 5 - 24 所示。

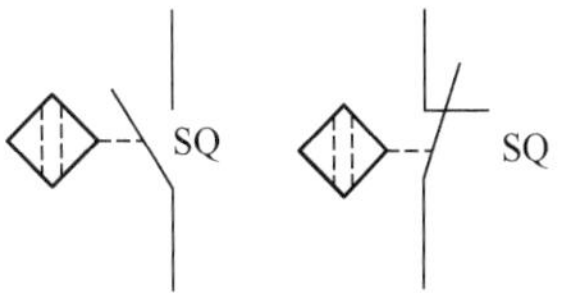

（4）万能转换开关。

万能转换开关是一种多挡式、控制多回路的主令电器。万能转换开关主要用于控制线路的转换、电压表与电流表的换相测量控制、配电装置线路的转换和遥控等。万能转换开关还可以直接控制小容量电动机的启动、调速和换向。因其换接电路多、用途广泛，故称万能转换开关。

图 5 - 24　接近开关的图形符号与文字符号

常用万能转换开关有 LW5、LW6 系列。LW5 系列万能转换开关可控制 5.5kW 及以下的小容量电动机；LW6 系列万能转换开关只能控制 2.2kW 及以下的小容量电动机。万

能转换开关用于可逆运行控制时，只有在电动机停车后才允许反向启动。LW5 系列万能转换开关按手柄的操作方式可分为自复式万能转换开关和定位式万能转换开关两种。自复式万能转换开关的原理是指用手拨动手柄于某挡位，松开手后，手柄自动返回原位；定位式万能转换开关的原理是指手柄被置于某挡位时，不能自动返回原位而停在该挡位。

万能转换开关的手柄操作位置用角度表示。

万能转换开关各挡位电路通断状况有两种表示方法：一种是图形法，另一种是列表法。图 5-25 所示为 LW6 系列万能转换开关中某层的结构原理。图 5-26 所示为图形法表示电路通断状况，在零位时 1、3 两路接通，在左位时仅 1 路接通，在右位时仅 2 路接通。

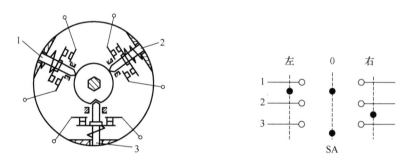

图 5-25　LW6 系列万能转换开关中某层的结构原理　图 5-26　图形法表示电路通断状况

（5）主令控制器与凸轮控制器。

图 5-27 所示为主令控制器的结构。当转动方轴时，凸轮块 1 随之转动，当凸轮块 1 的凸起部分转到与小轮 7 接触时，支杆 5 向外张开，使动触点 4 离开静触点 3，将被控回路断开。当凸轮块 1 的凹陷部分与小轮 7 接触时，支杆 5 在反力弹簧作用下复位，动触点闭合，从而接通被控回路。安装一串不同形状的凸轮块，可使触点按一定顺序闭合与断开，以获得按一定顺序控制的电路。

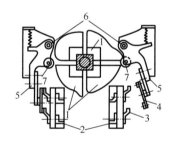

1—凸轮块；2—接线柱；3—静触点；4—动触点；
5—支杆；6—转动轴；7—小轮。
图 5-27　主令控制器的结构

常用主令控制器有 LK14、LK15、LK16 等系列。主令控制器的额定电压为 380V，额定电流为 15A，控制电路有 12 个。

凸轮控制器是一种大型手动控制器，主要用于起重设备中直接控制中、小型绕线式异步电动机的启动、停止、调速、反转和制动，也适用于有相同要求的其他电力拖动场合。

凸轮控制器主要由触点、转轴、凸轮、导轮、回位弹簧、触点弹簧等组成。图 5-28 所示为凸轮控制器的结构。凸轮控制器的工作原理与主令控制器基本相同。由于凸轮控制器可直接控制电动机工作，因此触头容量大且有灭弧装置，这是它与主令控制器的主要区别。凸轮控制器的优点是控制线路简单、开关元件少、维修方便等；缺点是体积较大，操作烦琐，不能实现长距离控制。常用凸轮控制器有 KT10、KT14、KT15 等系列。

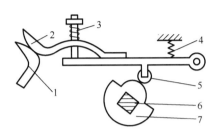

1—静触点；2—动触点；3—触点弹簧；4—回位弹簧；
5—导轮；6—转轴；7—凸轮。

图 5-28　凸轮控制器的结构

主令控制器与凸轮控制器的图形符号及触点在各挡位通断状态的表示方法与万能转换开关类似，也用 SA 表示。

4. 接触器

接触器是用来自动接通或断开大电流电路的电器。它可以频繁地接通或断开交、直流电路，并可实现长距离控制。接触器的主要控制对象是电动机，也可控制电热设备、电焊机、电容器组等。接触器具有控制容量大、过载能力强、使用寿命长、设备简单等特点，是电力拖动自动控制线路中使用广泛的电气元件。

（1）接触器的种类。

按照控制电路的种类，接触器可分为交流接触器和直流接触器两大类。

① 交流接触器。

交流接触器主要由电磁机构、触点系统、灭弧装置、其他部件组成。图 5-29 所示为交流接触器的结构。

a. 电磁机构。电磁机构由线圈、动铁芯（衔铁）和静铁芯组成，其作用是将电磁能转换成机械能，产生电磁吸力，带动触点动作。

b. 触点系统。触点系统包括主触点和辅助触点。主触点用于通断主电路，通常为三对常开触点。辅助触点用于控制电路，起电气联锁作用，故又称联锁触点，一般常开辅助触点、常闭辅助触点各两对。

c. 灭弧装置。容量大于 10A 的交流接触器都有灭弧装置。对于小容量的接触器，常采用双断口触点灭弧、电动力灭弧、相间弧板隔弧及陶土灭弧罩灭弧；对于大容量的接触器，常采用纵缝灭弧罩及栅片灭弧。

d. 其他部件。其他部件包括反作用弹簧、缓冲弹簧、触点压力弹簧、传动机构及外壳等。

交流接触器的工作原理如下：线圈通电后，在铁芯中产生磁通及电磁吸力。电磁吸力

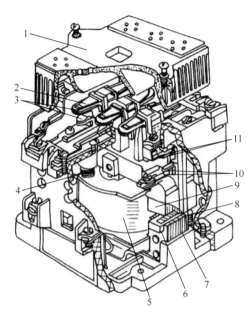

1—灭弧罩；2—触点压力弹簧；3—主触点；4—反作用弹簧；5—线圈；6—短路环；
7—静铁芯；8—弹簧；9—动铁芯；10—常开辅助触点；11—常闭辅助触点。

图 5-29 交流接触器的结构

克服弹簧反力，使得衔铁吸合，带动触点机构动作，常闭辅助触点打开，常开辅助触点闭合，互锁或接通线路。线圈失电或线圈两端电压显著降低时，电磁吸力小于弹簧反力，使得衔铁释放，触点机构回位，解除互锁或断开线路。

② 直流接触器。

直流接触器的结构和工作原理基本与交流接触器相同，它也是由电磁机构、触点系统和灭弧装置等组成。但也有不同之处，主要区别在铁芯结构、线圈形状、触点形状与数量、灭弧方式、吸力特性、故障形式等方面。由于直流电弧比交流电弧难熄灭，因此直流接触器常采用磁吹式灭弧装置灭弧。

（2）接触器的主要技术参数。

① 额定电压。额定电压是指主触点的额定工作电压，其值应等于负载的额定电压。常对一只接触器规定多个额定电压，同时列出相应的额定电流或控制功率。通常，最大工作电压即额定电压。常用的额定电压有 220V、380V、660V 等。

② 额定电流。额定电流是指接触器触点在额定工作条件下的电流。380V 三相异步电动机控制电路中，额定电流近似等于控制功率的两倍。常用的额定电流有 5A、10A、20A、40A、60A、100A、150A、250A、400A、600A 等。

③ 通断能力。通断能力分为最大接通电流和最大分断电流。最大接通电流是指触点闭合不会造成触点熔焊的最大电流；最大分断电流是指触点断开能可靠灭弧的最大电流。一般通断能力是额定电流的 5～10 倍。当然，这一数值与开断电路的电压等级有关，电压越高，通断能力越低。

④ 动作值。动作值分为吸合电压和释放电压。吸合电压是指接触器吸合前缓慢增大

吸合线圈两端的电压，即接触器可以吸合的最小电压。释放电压是指接触器吸合后缓慢降低吸合线圈的电压，即接触器释放的最大电压。一般规定，吸合电压不低于线圈额定电压的 85%，释放电压不高于线圈额定电压的 70%。

⑤ 吸引线圈额定电压。吸引线圈额定电压是指接触器正常工作时吸引线圈上的电压。一般其值及线圈的匝数、线径等数据均标于线包上，而不标于接触器外壳铭牌上，使用时应注意。

⑥ 操作频率。接触器在吸合瞬间吸引线圈需消耗比额定电流大 5～7 倍的电流，如果操作频率过高，则线圈严重发热，直接影响接触器的正常使用。因此，规定了接触器的允许操作频率，一般为每小时允许操作次数的最大值。

⑦ 寿命。寿命包括机械寿命和电气寿命。接触器的机械寿命超过 1000 万次，电气寿命约是机械寿命的 5%～20%。

常用交流接触器有 CJ10、CJ12、CJ10X、CJ20、CJX1、CJX2、3TB、3TD、LC1－D 等系列。CJ10、CJ12 系列交流接触器为早期全国统一设计的交流接触器，目前仍广泛使用。CJ10X 系列交流接触器为消弧接触器，它是近年发展起来的产品。CJ20 系列交流接触器为全国统一设计的新型接触器。

（3）接触器的型号说明。

① 交流接触器的型号含义（图 5－30）。

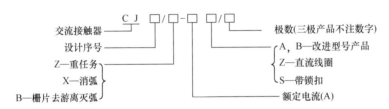

图 5－30　交流接触器的型号含义

例如：CJ10Z－40/3 为交流接触器，设计序号 10，重任务型，额定电流为 40A，主触点为三极。

国产交流接触器有 CJ10、CJ12、CJX1、CJ20 等系列及其派生系列，CJ0 系列及其改型产品逐步被 CJ20、CJX 系列产品取代。上述系列产品一般具有三对常开主触点，常开辅助触点、常闭辅助触点各两对。

② 直流接触器的型号含义（图 5－31）。

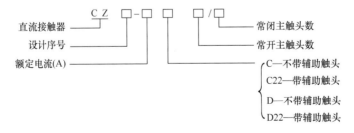

图 5－31　直流接触器的型号含义

常用直流接触器有 CZ0 系列，分为单极和双极两大类，常开辅助触点、常闭辅助触点各不超过两对。

除以上常用系列外，我国还引进了一些生产线，生产了一些满足国际标准的交流接触器。例如，CJ12B-S系列锁扣接触器用于交流50Hz、电压380V及以下、电流600A及以下的配电电路中，供长距离接通和断开电路用，并适用于不频繁地启动和停止交流电动机，具有正常工作时吸引线圈不通电、无噪声等特点。其锁扣机构位于电磁系统下方，靠吸引线圈通电。吸引线圈断电后，靠锁扣机构保持在锁住位置。由于线圈不通电，因此，不仅无电力损耗，而且消除了磁噪声。

（4）接触器的选择。

① 根据负载性质选择接触器。

② 额定电压应大于或等于主电路的工作电压。

③ 额定电流应大于或等于被控电路的额定电流。对于电动机负载，还应根据运行方式适当增大或减小额定电流。

④ 吸引线圈的额定电压和频率要与控制电路的选用电压和频率一致。

（5）常见接触器故障分析。

接触器是频繁通断负载的电器，其可靠性直接影响电气系统的性能。掌握接触器的故障分析及排除方法可缩短电气设备的维修时间。常见接触器故障分析见表5-3。

表5-3 常见接触器故障分析

故障现象	产生故障的原因	排除方法
吸力不足	1. 电源电压过低或波动太大 2. 线圈的额定电压高于控制回路电压 3. 可动部分卡阻 4. 反作用弹簧压力过大	1. 调整电源电压 2. 更换线圈，使其符合要求 3. 调整可动部分 4. 调整反作用弹簧压力
线圈过热或烧毁	1. 线圈匝间短路 2. 衔铁与铁芯的间隙过大 3. 操作频率过高 4. 电源电压过高或过低	1. 更换线圈 2. 修理或更换铁芯 3. 按条件使用接触器 4. 调整电源电压
衔铁振动或噪声	1. 短路环损坏或脱落 2. 衔铁歪斜或铁芯端面有锈蚀、油污、灰尘等 3. 可动部分卡阻 4. 电源电压偏低	1. 更换铁芯或短路环 2. 调整或清理铁芯及其端面 3. 调整可动部分 4. 提高电源电压
触点不能复位	1. 触点熔焊在一起 2. 铁芯剩磁太大 3. 铁芯端面有油污 4. 可动部分卡阻	1. 修理或更换触点 2. 消除剩磁或更换铁芯 3. 清理铁芯端面 4. 调整可动部分
触点过热	1. 触点接触压力不足 2. 触点表面接触不良 3. 触点表面被电弧灼伤烧毁 4. 负载电流过大	1. 调整触点压力 2. 调整触点，使其接触良好 3. 修整或更换触点 4. 减小负载或更换接触器

（6）接触器的图形符号与文字符号。

接触器的图形符号与文字符号如图 5 – 32 所示。

（a）线圈　　　　（b）常开触点　　　　（c）常闭触点

图 5 – 32　接触器的图形符号与文字符号

5. 继电器

继电器是根据某种输入信号的变化接通或断开控制电路，实现自动控制和保护电力装置的自动电器。

继电器的种类很多，按输入信号的性质分为电压继电器、电流继电器、时间继电器、温度继电器、速度继电器、压力继电器等；按工作原理分为电磁式继电器、感应式继电器、电动式继电器、热继电器和电子式继电器等；按输出形式分为有触点继电器和无触点继电器两类；按用途分为控制用继电器和保护用继电器等。下面介绍电磁式继电器、时间继电器、热继电器、速度继电器、可编程通用逻辑控制继电器。

（1）电磁式继电器。

电磁式继电器的结构及工作原理与接触器基本相同。它由电磁系统、触点系统和释放弹簧等组成。由于继电器用于控制电路，流过触点的电流比较小（一般小于 5A），因此不需要灭弧装置。

电磁式继电器有直流和交流两大类。由于其结构简单、价格低廉、使用和维护方便，因此广泛应用于控制系统中。

① 电磁式继电器的特性。继电器的主要特性是输入-输出特性，常称继电特性，继电特性曲线如图 5 – 33 所示。在继电器输入量 X 由零增大至 X_2 以前，继电器输出量 Y 为零。当输入量 X 增大到 X_2 时，继电器吸合，输出量为 Y_1。若 X 继续增大，则 Y 保持不变。当 X 减小到 X_1 时，继电器释放，输出量由 Y_1 变为零。若 X 继续减小，则 Y 为零。

在图 5 – 33 中，X_2 称为继电器吸合值，要使继电器吸合，输入量必须大于或等于 X_2；X_1 称为继电器释放值，要使继电器释放，输入量必须小于或等于 X_1。

$K_f(K_f = X_1/X_2)$ 称为继电器的返回系数，它是继电器的重要参数，可以调节。例如，要求一般继电器的返回系数低，$K_f = 0.1 \sim 0.4$，继电器吸合后，输入量波动较大时不致引起误动作；要求欠电压继电器的返回系数

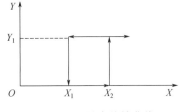

图 5 – 33　继电特性曲线

高，$K_f > 0.6$。设某继电器 $K_f = 0.66$，吸合电压为额定电压的 90%，则电压低于额定电压的 50% 时，继电器释放，起到欠电压保护作用。

吸合时间和释放时间也是继电器的重要参数，影响继电器的操作频率。吸合时间是指从线圈接收电信号到衔铁完全吸合所需时间；释放时间是指从线圈失电到衔铁完全释放所

需时间。一般继电器的吸合时间与释放时间为 0.05～0.15s，快速继电器的吸合时间与释放时间为 0.005～0.05s。

② 电磁式继电器的类型。

a. 电流继电器。电流继电器的线圈与被测量电路串联，以反映电路电流的变化，其线圈匝数少、导线粗、线圈阻抗小。

电流继电器分为欠电流继电器和过电流继电器。欠电流继电器的吸引电流为线圈额定电流的 30％～65％。释放电流为额定电流的 10％～20％，用于欠电流保护和控制。其正常工作时，衔铁是吸合的，只有当电流降低到某整定值时才释放且输出信号。过电流继电器在电路正常工作时不动作，当电流超过某整定值时动作，整定范围为 1.1～4.0 倍额定电流。

b. 电压继电器。根据动作电压值的不同，电压继电器分为过电压继电器、欠电压继电器和零电压继电器。过电压继电器在电压为 1.05～1.20 倍额定电压时动作，用于过电压保护；欠电压继电器在电压为额定电压的 40％～70％时动作，用于欠电压保护；零电压继电器在电压降低至额定电压的 5％～25％时动作，用于零电压保护。

c. 中间继电器。中间继电器实际上是一种电压继电器，触点对数多、触点容量大（额定电流为 5～10A）、动作灵敏。当其他继电器的触点对数或触点容量不够时，可借助中间继电器扩展它们的触点数或触点容量，中间继电器起到信号中继作用。

③ 电磁式继电器的常用型号。常用电磁式继电器有 JL14、JL18、JT18、JZ15、3TH80、3TH82、JZC2 等系列。其中，JL14 系列为交直流电流继电器；JL18 系列为交直流过电流继电器；JT18 系列为直流通用继电器；JZ15 系列为中间继电器；3TH80、3TH82 系列为接触器式继电器，与 JZC2 系列类似。

④ 电磁式继电器的图形符号与文字符号。电磁式继电器的图形符号与文字符号如图 5-34 所示。

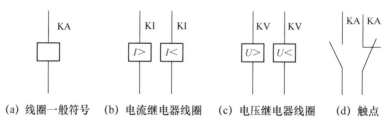

(a) 线圈一般符号　(b) 电流继电器线圈　(c) 电压继电器线圈　(d) 触点

图 5-34　电磁式继电器的图形符号与文字符号

(2) 时间继电器。

① 时间继电器的类型。时间继电器是一种利用电磁原理或机械动作原理实现触点延时接通或断开的自动控制电器，其种类很多，常用的有直流电磁式时间继电器、空气阻尼式时间继电器、电子式时间继电器和单片计算机控制时间继电器等。时间继电器按延时方式可为通电延时型和断电延时型。

a. 直流电磁式时间继电器。在直流电磁式电压继电器的铁芯上增加一个阻尼铜套，即可构成时间继电器。当线圈通电时，由于衔铁处于释放位置，气隙大、磁通小，铜套阻尼作用也相对小，因此衔铁吸合时延时不显著。当线圈断电时，磁通变化量大，铜套阻尼作用也大，使衔铁延时释放而起到延时作用。这种继电器仅用于断电延时，其常用产品有 JT3、JT18 系列。

b. 空气阻尼式时间继电器。空气阻尼式时间继电器是利用空气阻尼原理获得延时的。它由电磁机构、延时机构和触点系统三部分组成，电磁机构为直动式双 E 型，延时机构采用气囊式阻尼器，触点系统为 LX5 型微动开关。

空气阻尼式时间继电器既具有由空气室中的气动机构带动的延时触点，又具有由电磁机构直接带动的瞬动触点；可以做成通电延时型，也可以做成断电延时型；电磁机构可以是直流的，也可以是交流的。

通电延时型空气阻尼式时间继电器如图 5 - 35 (a) 所示，其工作原理如下：线圈 1 通电后，衔铁 3 吸合，微动开关 16 (瞬时开关) 动作 (不延时)。活塞杆 6 在塔形弹簧 8 的作用下，带动活塞 12 及橡皮膜 10 向上移动，但由于橡皮膜上方气室的空气稀薄而形成负压，因此活塞杆只能缓慢地向上移动，移动速度可通过调节螺杆 13 调整。经过延时后，活塞杆移动到最上端。此时，杠杆 7 压动微动开关 15，使其常闭触点断开、常开触点闭合，从而起到通电延时作用。

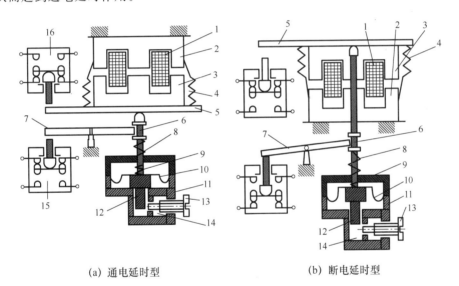

(a) 通电延时型   (b) 断电延时型

1—线圈；2—铁芯；3—衔铁；4—反力弹簧；5—推板；6—活塞杆；
7—杠杆；8—塔形弹簧；9—弱弹簧；10—橡皮膜；11—空气室壁；12—活塞；
13—调节螺杆；14—进气孔；15，16—微动开关。

图 5 - 35　空气阻尼式时间继电器 (JS7 - A 型) 原理示意图

当线圈断电时，电磁吸力消失，衔铁在反力弹簧 4 的作用下释放，并通过活塞杆将活塞推向下端，橡皮膜下方气室内的空气通过由橡皮膜、弱弹簧 9 和活塞的肩部形成的单向阀，迅速从橡皮膜上方的气室缝隙中排出，微动开关 15、16 迅速复位，无延时。

断电延时型空气阻尼式时间继电器如图 5 - 35 (b) 所示。

c. 电子式时间继电器。电子式时间继电器是主流时间继电器。电子式时间继电器由晶体管或集成电路和电子元件等构成，目前已有采用单片计算机控制的时间继电器。因为电子式时间继电器具有延时范围广、精度高、体积小、耐冲击和耐振动、调节方便、使用寿

命长等优点，所以发展很快、应用广泛。

　　常用的电子式时间继电器有 JSJ、JS20、JSS、JSZ7、3PU、ST3P、SCF 系列等。其中 JS20 系列规格齐全，有通电延时型和断电延时型，并带有瞬动触点；具有延时范围大、调整方便、性能稳定、延时误差小等优点。JSS 系列为数字电路型时间继电器，通过计数延时分为消除型、积累型和循环型，可用拨码开关设定延时范围，在延时范围 0.1s～9999min 可调；具有延时范围大、精度高、使用寿命长等优点。JSZ7 系列是根据西门子公司技术标准生产的时间继电器，其主要技术指标、性能、外形和安装尺寸与同类进口产品基本相同。

　　选用时间继电器时，应根据控制要求选择延时方式，根据延时范围和精度选择继电器类型。

　　d. 单片计算机控制时间继电器。近年来，随着微电子技术的发展，由集成电路、功率电路和单片计算机等电子元件构成的新型时间继电器大量面市，如 DHC6 多制式单片计算机控制时间继电器，J5S17、J3320、JSZ13 等系列大规模集成电路数字时间继电器，J5145 等系列电子式数显时间继电器，J5G1 等系列固态时间继电器，等等。

　　DHC6 多制式单片计算机控制时间继电器是为适应工业自动化控制水平越来越高的要求而生产的。多制式时间继电器可使用户根据需要选择最合适的制式，使用简便方法达到以往需要复杂接线才能达到的控制功能，既节省了中间控制环节，又大大提高了电气控制的可靠性。

　　DHC6 多制式单片计算机控制时间继电器采用单片计算机控制、LCD 显示，具有 9 种工作制式、正计时/倒计时任意设定、8 种延时时段；可在 0.01s～999.9h 设定延时范围，设定完成后可以锁定按键，防止误操作；可按要求任意选择控制模式，使控制线路简单、可靠。

　　② 时间继电器的选用。选用时间继电器时应注意线圈（或电源）的电流种类和电压等级应与控制电路相同；按控制要求选择延时方式和触点形式；校核触点数量和容量，若不够则可用中间继电器扩展。

　　③ 时间继电器的图形符号与文字符号。时间继电器的图形符号与文字符号如图 5-36 所示。

图 5-36　时间继电器的图形符号与文字符号

　　（3）热继电器。

　　① 热继电器的作用和特性。热继电器利用电流的热效应原理实现电动机的过载保护。电动机在实际运行中常会遇到过载情况，但只要过载不严重、时间短，绕组不超过允许的温升，这种过载就是允许的。但如果过载情况严重、时间长，就会加速电动机绝缘的老化，缩短电动机的使用年限，甚至烧毁电动机。因此，必须对电动机进行过载保护。热继

电器具有反时限保护特性，见表 5 - 4。

表 5 - 4　热继电器的反时限保护特性

整定电流倍数	动作时间	试验条件
1.05	＞2h	冷态
1.20	＜2h	热态
1.60	＜2min	热态
6.00	＞5s	冷态

② 热继电器的结构和工作原理。热继电器主要由热元件、双金属片和触点组成，如图 5 - 37 所示。热元件由发热电阻丝制成。双金属片由两种热膨胀系数不同的金属碾压而成，当双金属片受热时会产生弯曲变形。使用时，把热元件串联在电动机的主电路中，常闭触点串联在电动机的控制电路中。

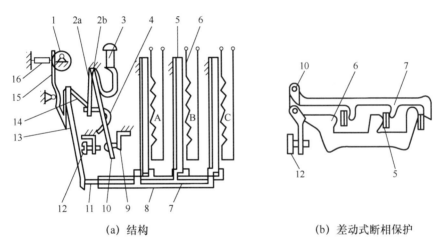

(a) 结构　　　　　　　　　　　(b) 差动式断相保护

1—电流调节凸轮；2a，2b—簧片；3—手动复位机构；4—弓簧；5—主双金属片；
6—热元件；7—外导板；8—内导板；9—常闭静触点；10—动触点；11—杠杆；12—复位调节螺钉；
13—补偿双金属片；14—推杆；15—连杆；16—压簧。

图 5 - 37　热继电器的结构和工作原理

当电动机正常运行时，虽然热元件产生的热量能使双金属片弯曲，但还不足以使热继电器的触点动作。当电动机过载时，双金属片弯曲位移增大，推动导板，使常闭触点断开，从而切断电动机控制电路，起到保护作用。热继电器动作后，一般不能自动复位，要等双金属片冷却后按下复位按钮复位。热继电器动作电流可以借助旋转凸轮在不同位置调节。

③ 热继电器的型号及选用。我国生产的热继电器主要有 JR0、JR1、JR2、JR9、R10、JR15、JR16 等系列。JR1、JR2 系列热继电器采用间接受热方式，其主要缺点是双金属片靠发热元件间接加热，热耦合较差；双金属片的弯曲程度受环境温度影响较大，不能正确地反映负载的过流情况。

JR0、R1、JR2、JR15 系列热继电器均为两相结构，它们是双热元件的热继电器，可以用作三相异步电动机的均衡过载保护和星形联结定子绕组的三相异步电动机的断相保护，但不能用作定子绕组为三角形联结的三相异步电动机的断相保护。

JR15、JR16 系列热继电器采用复合加热方式及温度补偿元件，较能正确地反映负载的工作情况。

JR16 和 JR20 系列热继电器均为带断相保护的热继电器，具有差动式断相保护机构。

选择热继电器时，主要根据电动机定子绕组的联结方式确定热继电器的型号，在三相异步电动机电路中，对星形联结的电动机可选两相结构或三相结构的热继电器，一般采用两相结构的热继电器，即在两相主电路中串联热元件。对于三相感应电动机，定子绕组为三角形联结的电动机必须采用带断相保护的热继电器。

④ 热继电器的图形符号与文字符号。热继电器的图形符号与文字符号如图 5-38 所示。

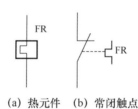

(a) 热元件　(b) 常闭触点

图 5-38　热继电器的图形符号与文字符号

（4）速度继电器。

① 速度继电器的结构。速度继电器又称反接制动继电器，主要用于笼型异步电动机的反接制动控制。感应式速度继电器是靠电磁感应原理实现触点动作的，主要由转子、定子和触点三部分组成。转子是一个圆柱形永久磁铁。定子是一个笼型空心圆环，由硅钢片叠压而成，并装有笼型绕组。

② 速度继电器的工作原理。图 5-39 所示为速度继电器的原理。速度继电器的轴与电动机的轴连接。转子固定在轴上，定子与轴同心。当电动机转动时，速度继电器的转子随之转动，绕组切割磁场而产生感应电动势和电流，此电流和永久磁铁的磁场作用产生转矩，使定子向轴的转动方向偏摆，通过定子柄拨动触点，使常闭触点断开、常开触点闭

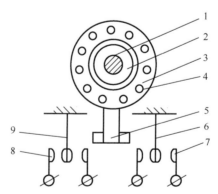

1—转轴；2—转子；3—定子；4—绕组；5—摆锤；

6，9—簧片；7，8—静触点。

图 5-39　速度继电器的原理

合。当电动机转速下降到接近零时，转矩减小，定子柄在弹簧力的作用下复位，触点也复位。应根据电动机的额定转速选择速度继电器。

③ 速度继电器的类型。常用的速度继电器有 YJ1 型速度继电器和 JF20 型速度继电器。通常，速度继电器的动作转速高于 120r/min，复位转速低于 100r/min，转速为 3000～6000r/min 时能可靠动作。

④ 速度继电器的图形符号与文字符号。速度继电器的图形符号与文字符号如图 5 - 40 所示。

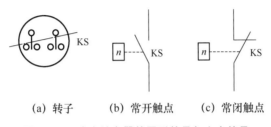

(a) 转子　　　　(b) 常开触点　　　　(c) 常闭触点

图 5 - 40　速度继电器的图形符号与文字符号

（5）可编程通用逻辑控制继电器。

可编程通用逻辑控制继电器是一种新型通用逻辑控制继电器，也称通用逻辑控制模块。它预先将控制程序存储在内部存储器中，用户程序采用梯形图或功能图语言编程，形象直观、简单易懂，由按钮、开关等输入开关量信号。通过执行程序对输入信号进行逻辑运算、模拟量比较、计时、计数等。另外，它还具有显示参数、通信、仿真运行等功能，其内部软件功能和编程软件可替代传统逻辑控制器件及继电器电路，并具有很强的抗干扰能力。其硬件是标准化的，要改变控制功能，只需改变程序即可。因此，在继电逻辑控制系统中，它可以"以软代硬"，替代时间继电器、中间继电器、计数器等，以简化线路设计，并能完成较复杂的逻辑控制，甚至可以完成传统继电逻辑控制方式无法实现的功能。

5.2　电气控制系统图

任何复杂的电器控制线路都是按照一定的控制原则，由基本控制线路组成的。基本控制线路是学习电器控制的基础，特别是对生产机械整个电气控制线路工作原理的分析与设计有很大帮助。

电器控制系统图的表示方法有电气原理图、电气安装图等。

5.2.1　电气控制系统图中的符号

电气控制系统图中，电气元件的图形符号和文字符号必须符合国家标准，如 GB/T 4728《电气简图用图形符号》系列标准、GB/T 6988《电气技术用文件的编制》系列标准、GB/T 5094《工业系统、装置与设备以及工业产品 结构原则与参照代号》系列标准。

5.2.2　电气原理图

电气原理图根据电气控制系统的工作原理，采用电气元件展开的形式，利用图形符号

和项目代号表示电路各电气元件中导电部件和接线端子的连接关系及工作原理。

电气原理图按 GB/T 6988《电气技术文件的编制》系列标准绘制，它具有结构简单、层次分明的特点，适合研究和分析电路工作原理，在设计研发和生产现场等方面得到广泛应用。图 5-41 所示为 CW6132 型车床的电气原理图。

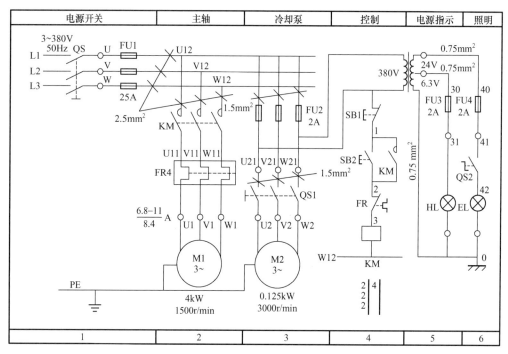

图 5-41　CW6132 型车床的电气原理图

绘制电气原理图的原则如下。

（1）电气元件的可动部分通常表示在电器不得电或不工作的状态和位置，二进制逻辑元件应是置零时的状态，机械开关应是循环开始前的状态。

（2）原理图上的主电路、控制电路和信号电路应分开绘制。主电路是设备的驱动电路，包括从电源到电动机的电路，它是强电流通过的部分；控制电路由按钮、接触器和继电器的线圈、各种电器的常开触点和常闭触点组合构成控制逻辑，实现需要的控制功能，它是弱电流通过的部分。主电路、控制电路和其他辅助电路（如信号电路、照明电路、保护电路）构成电气控制系统电气原理图。

（3）应在原理图上标出各电源电路的电压值、极性或频率及相数；某些元器件的特性（如电阻、电容等）；不常用电器（如位置传感器、手动触点等）的操作方式和功能。

（4）原理图上各电路的安排应便于分析、维修和寻找故障，原理图应按功能分开绘制。

（5）主电路的电源电路画成水平线，受电的动力装置（电动机）及其保护电器支路，应垂直电源电路画出。

（6）控制电路和信号电路应垂直地画在两条或两条以上水平电源线之间，耗能元件（如线圈、电磁铁、信号灯等）应位于直接接地的水平电源线上，控制触点应连在另一条电源线上。

（7）为阅读图方便，原理图中自左至右或自上而下表示操作顺序，并尽可能减少线条和避免线条交叉。

（8）原理图上方将图分成若干图区，并标明该区电路的用途与作用；在继电器、接触器线圈下方列有触点表，以说明线圈和触点的从属关系。

5.2.3 电气安装图

电气安装图用来指示电气控制系统中各电气元件的实际安装位置和接线情况，包括电气布置图和电气安装接线图两个部分。

1. 电气布置图

电气布置图用来详细表明电气原理图中各电气设备、元器件的实际安装位置，可视电气控制系统复杂程度集中绘制或单独绘制。图中各电器代号应与有关电路图和电器清单上的元器件代号相同。电气设备、元器件的布置应注意以下几方面。

（1）体积大和较重的电气设备、元器件应安装在电气安装板的下方，而发热元件应安装在电气安装板的上面。

（2）强电、弱电应分开，弱电应加屏蔽，以防止外界干扰。

（3）需要经常维护、检修、调整的元器件安装位置不宜过高或过低。

（4）元器件的布置应考虑整齐、美观、对称。外形尺寸与结构类似的电器安装在一起，以利于安装和配线。

（5）元器件布置不宜过密，应留有一定间距。如用走线槽，则应增大各排电器间距，以利于布线和故障维修。

图 5-42 所示为 CW6132 型车床控制盘的电气布置图，其中 FU1～FU4 为熔断器，KM 为接触器，FR 为热继电器，TC 为照明变压器，XT 为接线端子板。

图 5-43 所示为 CW6132 型车床的电气设备安装布置图，其中 QS 为电源开关，Q1 为转换开关，Q2 为照明开关，SB1 为停止按钮，SB2 为启动按钮，M1、M2 分别为主轴电动机和冷却泵电动机，EL 为照明灯。

2. 电气安装接线图

电气安装接线图用来表明电气设备或装置之间的接线关系，以及电气设备外部元件的相对位置及其电气连接，它是实际安装布线的依据。电气安装接线图主要用于电器的安装接线、线路检查、线路维修和故障处理，通常与电气原理图和电气布置图一起使用。

电气安装接线图的绘制原则如下。

（1）各元器件均按实际安装位置、按实际尺寸以统一比例画出，尽可能符合实际情况。

（2）一个元器件中的所有带电部件均画在一起，并用点画线框起来，即采用集中表示法。

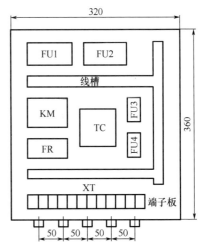

图 5-42 CW6132 型车床控制盘的电气布置图

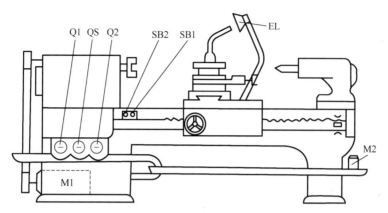

图 5－43　CW6132 型车床的电气设备安装布置图

（3）各元器件的图形符号和文字符号必须与电气原理图一致，并符合国家标准。

（4）各元器件上需接线的部件端子都应画出并编号，各接线端子的编号必须与电气原理图上的导线编号一致。

（5）绘制电气安装接线图时，走向相同的相邻导线可以画成一股线。

图 5－44 所示为根据上述原则绘制的与图 5－41 对应的电器箱外连部分电气安装接线图。

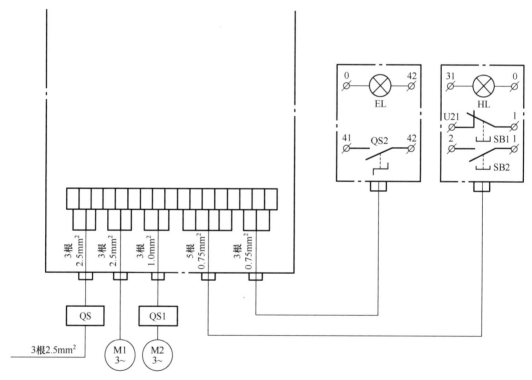

图 5－44　电器箱外连部分电气安装接线图

5.3 异步电动机的启动控制电路

笼型异步电动机直接启动是一种简单、可靠、经济的启动方法，但过大的启动电流会造成电网电压显著下降，直接影响在同一电网工作的其他电动机，故直接启动电动机的容量受到一定限制。一般容量小于 10kW 的电动机采用直接启动方式。

1. 单向全压启动控制电路

单向全压启动控制电路如图 5-45 所示。

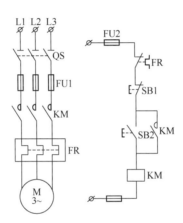

单向全压启动控制电路

图 5-45　单向全压启动控制电路

（1）结构分析。

图 5-45 中，QS 为三相转换开关，FU1、FU2 为熔断器，KM 为接触器，FR 为热继电器，M 为三相笼型异步电动机，SB1 为停止按钮、SB2 为启动按钮。其中，三相转换开关 QS、熔断器 FU1、接触器 KM 的主触点、热继电器 FR 的热元件和电动机 M 构成主电路，启动按钮 SB1、停止按钮 SB2、接触器 KM 的线圈及其常开辅助触点、热继电器 FR 的常闭触点和熔断器 FU2 构成控制回路。

（2）工作原理（用流程形式或文字表达均可）。

启动：QS^+（合电源）→$SB2^{\pm}$（按下启动按钮，电动机运行后松开）→KM^+（接触器得电吸合）→电动机 M 自锁。

电动机 M 运行后，松开 SB2 按钮，依靠接触器 KM 自身常开触点自动保持运行，称为自锁或自保。

停止：$SB1^{\pm}$→KM^-（接触器失电释放）→n_0 下降到零，停止运行。

读者可以用文字表达。

（3）说明。

自锁：依靠电器自身辅助触点保持线圈通电的电路称为自锁电路，辅助触点称为自锁触点，如图 5-45 中的接触器常开辅助触点。

短路保护：短路时，熔断器 FU 的熔体熔断而切断电路，起保护作用。

电动机长期过载保护：采用热继电器 FR。由于热继电器的热惯性较大，即使发热元件流过几倍于额定电流的电流，热继电器也不会立即动作。因此，在电动机启动时间不太长的情况下，热继电器不会动作，只有在电动机长期过载时热继电器才会动作，常闭触点断开，使控制电路断电。

欠电压、失电压保护：通过接触器 KM 的自锁环节实现。当电源电压由于某种原因而严重欠电压或失电压（如停电）时，接触器 KM 断电释放，电动机停止转动。当电源电压恢复正常时，接触器线圈不会自行通电，电动机也不会自行启动，只有在操作人员重新按下启动按钮后电动机才启动。本控制电路具有如下三个优点：①防止电源电压严重下降时电动机欠电压运行；②防止电源电压恢复时，电动机自行启动造成设备和人身事故；③避免多台电动机同时启动造成电网电压严重下降。

2. 点动控制电路

点动控制是指按下按钮、电动机转动，松开按钮、电动机停转，它能实现电动机短时转动，常用于机床的对刀调整和电动葫芦控制等。电动机的点动控制电路如图 5-46 所示。

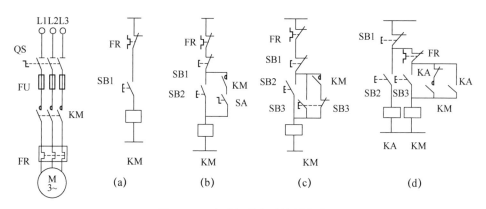

图 5-46　电动机的点动控制电路

（1）结构分析。

图 5-46 所示的主电路由三相电源 L1、L2、L3，转换开关 QS，熔断器 FU，接触器 KM 的主触点，热继电器 FR 的热元件，电动机 M 组成。控制电路：图 5-46（a）所示电路由热继电器 FR 的常闭触点，点动按钮 SB1、接触器 KM 线圈组成；图 5-46（b）所示电路由热继电器 FR 的常闭触点，停止按钮 SB1，启动按钮 SB2，接触器 KM 的自锁触点及线圈，转换开关 SA 组成；图 5-46（c）所示电路由热继电器 FR 的常闭触点，停止按钮 SB1，启动按钮 SB2，点动按钮 SB3，接触器 KM 的自锁触点及线圈组成；图 5-46（d）所示电路由停止按钮 SB1，热继电器 FR 的常闭触点，点动按钮 SB2，中间继电器 KA 的线圈，启动按钮 SB3，中间继电器 KA 的常闭触点和常开触点，接触器 KM 的自锁触点及线圈组成。

（2）工作原理（用流程形式或文字表达均可）。

图 5-46（a）所示电路的工作过程如下。启动过程：合上主电路转换开关 QS→按下

点动按钮 SB1→接触器 KM 线圈通电，KM 主触点闭合→电动机 M 通电直接启动。

停机过程如下：松开点动按钮 SB1→接触器 KM 线圈断电，KM 主触点断开→电动机 M 停电停转。

图 5-46（b）所示电路的工作过程如下。点动启动过程：合上主电路转换开关 QS→按下启动按钮 SB2→接触器 KM 线圈通电，KM 主触点闭合→电动机 M 通电直接启动。

停机过程如下：松开启动按钮 SB2→接触器 KM 线圈断电，KM 主触点断开→电动机 M 停电停转。

电动机连续运转控制过程：合上主电路转换开关 QS→转换开关 SA 闭合→按下启动按钮 SB2→接触器 KM 线圈通电自锁，KM 主触点闭合→电动机 M 通电直接启动。

停机过程如下：按下停止按钮 SB1→接触器 KM 线圈断电，KM 主触点断开→电动机 M 停电停转。

图 5-46（c）所示电路的工作过程如下。点动启动过程：合上主电路转换开关 QS→按下点动按钮 SB3→接触器 KM 线圈通电，KM 主触点闭合→电动机 M 通电直接启动。

停机过程如下：松开启动按钮 SB3→接触器 KM 线圈断电，KM 主触点断开→电动机 M 停电停转。

电动机连续运转控制过程：合上主电路转换开关 QS→按下启动按钮 SB2→接触器 KM 线圈通电自锁，KM 主触点闭合→电动机 M 通电直接启动。

停机过程如下：按下停止按钮 SB1→接触器 KM 线圈断电，KM 主触点断开→电动机 M 停电停转。

图 5-46（d）所示电路的工作过程如下。点动启动过程：合上主电路转换开关 QS→按下点动按钮 SB2→中间继电器 KA 线圈得电→接触器 KM 线圈通电，KM 主触点闭合→电动机 M 通电直接启动。

停机过程如下：松开点动按钮 SB2→接触器 KM 线圈断电，KM 主触点断开→电动机 M 停电停转。

电动机连续运转控制过程：合上主电路转换开关 QS→按下启动按钮 SB3→接触器 KM 线圈通电自锁，KM 主触点闭合→电动机 M 通电直接启动。

停机过程如下：按下停止按钮 SB1→接触器 KM 线圈断电，KM 主触点断开→电动机 M 停电停转。

5.3.2 减压启动控制电路

较大容量的笼型异步电动机（大于10kW）因启动电流较大，容易产生过大的电压降，造成电网电压降低，故一般采用减压启动方式启动，启动时降低加在电动机定子上的电压，启动后电压恢复到额定电压，使之在正常电压下运行。

常用的减压启动方式有定子串电阻减压启动，星形-三角形减压启动、自耦变压器减压启动等。

1. 定子串电阻减压启动控制电路

电动机启动时，在三相定子电路中串联电阻，使电动机定子绕组的电压降低，启动结束后将电阻短接，电动机在额定电压下正常运行。这种启动方

定子串电阻
减压启动控
制电路

式不受电动机接线形式的影响，设备简单，在中小型生产机械设备中应用较广。启动电阻一般采用板式电阻或铸铁电阻，电阻功率大，能通过较大电流，但能量损耗较大。

定子串电阻减压启动控制电路如图 5-47 所示。

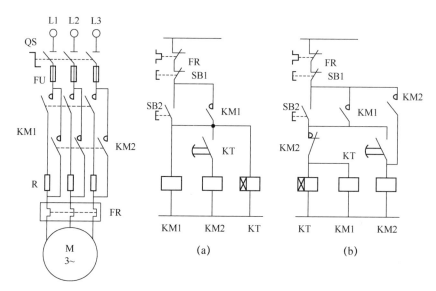

图 5-47　定子串电阻减压启动控制电路

（1）结构分析。

主电路：由三相电源 L1、L2、L3，转换开关 QS，熔断器 FU，接触器 KM1 的主触点，接触器 KM2 的主触点，一组电阻 R，热继电器 FR 的热元件，电动机 M 组成。

图 5-47（a）所示控制电路：由热继电器 FR 的常闭触点，停止按钮 SB1，启动按钮 SB2，时间继电器 KT 的延时触点及线圈，接触器 KM1 的自锁触点及线圈，接触器 KM2 的线圈组成。

图 5-47（b）所示控制电路：由热继电器 FR 的常闭触点，停止按钮 SB1，启动按钮 SB2，时间继电器 KT 的延时触点及线圈，接触器 KM1 的自锁触点及线圈，接触器 KM2 的自锁触点、常闭触点及线圈组成。

（2）工作原理。

图 5-47（a）：启动时，合上切换开关 QS→按下启动按钮 SB2→接触器 KM1 线圈得电自锁，KM1 主触点闭合→电动机 M 串电阻减压启动→KM1 常开触点闭合，实现自锁→时间继电器 KT 线圈得电→KT 延时时间到，KT 常开触点闭合→接触器 KM2 线圈得电，KM2 主触点闭合→电动机 M 全压运转。停止时，按下停止按钮 SB1，KM1、KM2、KT 线圈断电，KM2 主触点、辅助触点断开，电动机 M 停转。

图 5-47（b）：启动时，合上切换开关 QS→按下启动按钮 SB2→接触器 KM1 线圈得电自锁，KM1 主触点闭合→电动机 M 串电阻减压启动→KM1 常开触点闭合，实现自锁→时间继电器 KT 线圈得电→KT 延时时间到，KT 常开触点闭合→接触器 KM2 线圈得电并自锁，KM2 主触点闭合→电动机 M 全压运转→KT、KM2 线圈失电。停止时，按下停止按钮 SB1，KM1 线圈断电，KM1 主触点、辅助触点断开，电动机 M 停转。

2. 星形-三角形换接减压启动控制电路

星形-三角形换接减压启动的原理：把正常运行时定子绕组应作三角形联结的笼型异步电动机在启动时接成星形，启动电压从 380V 变为 220V，从而减小启动电流。转速上升后，再改接成三角形联结，正常运行。这是一种常用的减压启动。启动时绕组承受的电压为额定电压的 $1/\sqrt{3}$，启动电流为三角形联结时的 $1/3$。由于启动时定子绕组为星形联结，绕组相电压由额定 380V 降为 220V，启动转矩只有全压启动时的 $1/3$，因此这种启动控制线路只适用于金属切削机床等轻载或空载启动场合。星形-三角形换接减压启动控制电路如图 5-48 所示。

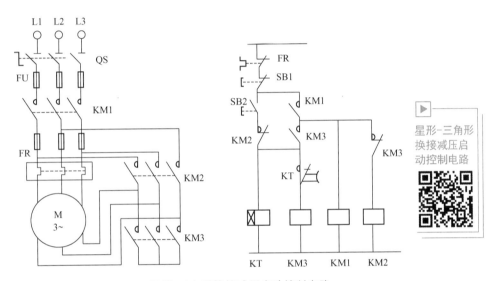

图 5-48 星形-三角形换接减压启动控制电路

（1）结构分析。

主电路：由三相电源 L1、L2、L3，转换开关 QS，熔断器 FU，接触器 KM1 的主触点，接触器 KM2 的主触点，接触器 KM3 的主触点，热继电器 FR 的热元件，电动机 M 组成。

控制电路：由热继电器 FR 的常闭触点，停止按钮 SB1，启动按钮 SB2，时间继电器 KT 的延时触点及线圈，接触器 KM1 的自锁触点、互锁触点及线圈，接触器 KM2 的线圈，接触器 KM3 的自锁触点、互锁触点及线圈组成。

（2）工作原理。

主电路：合上切换开关 QS→控制电路接上电源。

控制回路如下。

① 按下启动按钮 SB2→KT、KM3 线圈得电→KM3 触头闭合→KM1 线圈得电自锁→KM1、KM3 主触头闭合→电动机星形联结启动。

② KT 整定（延时）时间到→延时断开触点断开→KM3 线圈失电→KM3 常开触点断开，常闭触点复位→KT 失电，KM2 线圈得电→KM2 主触头闭合→电动机三角形联结正常运行。

3. 自耦变压器减压启动控制电路

星形-三角形减压启动控制电路的主要缺点是启动转矩小，对于油压机等带有一定负载的设备宜采用自耦变压器减压启动控制方式，可以通过改变变压器二次电压（电压比）获得所需启动转矩。即在电动机的控制电路中串联自耦变压器，使启动时定子绕组上得到自耦变压器的二次电压，启动完毕后切除自耦变压器，额定电压直接加于定子绕组，电动机全压正常运行。大功率电动机手动或自动操作的启动补偿器〔如 XJ101 型（自动操作），QJ3、QJ5 型（手动操作）等〕均采用自耦变压器减压启动控制方式。

自耦变压器减压启动控制电路如图 5-49 所示。

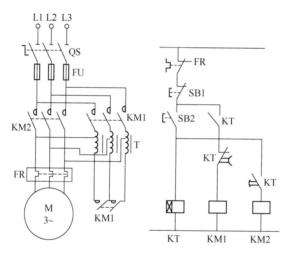

图 5-49　自耦变压器减压启动控制电路

（1）结构分析。

主电路：由三相电源 L1、L2、L3，转换开关 QS，熔断器 FU，接触器 KM1 的主触点，接触器 KM2 的主触点、常开触点，自耦变压器 T，热继电器 FR 的热元件，电动机 M 组成。

控制电路：由热继电器 FR 的常闭触点，停止按钮 SB1，启动按钮 SB2，时间继电器 KT 的延时触点、瞬时触点及线圈，接触器 KM1 的线圈，接触器 KM2 的线圈组成。

（2）工作原理。

主电路：合上切换开关 QS→控制电路接上电源。

控制电路如下。

① 按下启动按钮 SB2→KT、KM1 线圈得电→KM1 主触点闭合→电动机串自耦变压器 T 减压启动。

② KT 整定（延时）时间到→延时断开触点断开→KM1 线圈失电→KT 延时闭合触点闭合→KM2 线圈得电，KM2 主触头闭合→电动机短接自耦变压器 T 正常运行。

自耦变压器减压启动适用于启动较大容量的正常工作接成星形或三角形的电动机，可以通过改变抽头的位置改变启动转矩。这种方式的缺点是自耦变压器价格较高，而且不允许频繁启动。

5.4 异步电动机的正反转控制电路

在实际应用中，往往要求生产机械改变运动方向，如工作台前进和后退、电梯上升和下降等，从而要求电动机实现正反转。对于三相异步电动机来说，可通过两个接触器改变电动机定子绕组的电源相序实现正反转。

5.4.1 电动机正反转控制电路

电动机正反转控制电路如图5-50所示，接触器 KM1 为正向接触器，控制电动机 M 正转；接触器 KM2 为反向接触器，控制电动机 M 反转。

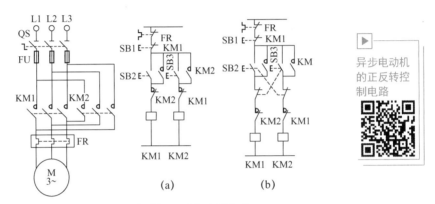

图5-50 电动机正反转控制电路

（1）结构分析。

主电路：由三相电源 L1、L2、L3，转换开关 QS，熔断器 FU，接触器 KM1 的主触点，接触器 KM2 的主触点，热继电器 FR 的热元件，电动机 M 组成。

图5-50（a）所示控制电路：由热继电器 FR 的常闭触点，停止按钮 SB1，启动按钮 SB2，反向启动按钮 SB3，接触器 KM1、KM2 的互锁触点及线圈组成。

图5-50（b）所示控制电路：由热继电器 FR 的常闭触点，停止按钮 SB1，复合启动按钮 SB2，复合启动按钮 SB3，接触器 KM1、KM2 的互锁触点及线圈组成。

（2）工作原理。

主电路：合上转换开关 QS→控制电路接上电源。

控制电路如下。

图5-50（a）：按下启动按钮 SB2→KM1 线圈得电自锁，KM1 主触头闭合→电动机 M 正向启动。按下停止按钮 SB1→KM1 线圈失电，KM1 主触头断开→电动机 M 停止运转。按下反向启动按钮 SB3→KM2 线圈得电自锁，KM2 主触头闭合→电动机 M 反向启动。

图5-50（b）：按下启动按钮 SB2→KM1 线圈得电自锁→KM1 主触头闭合→电动机 M 正向启动。按下复合启动按钮 SB3→KM2 线圈得电自锁→KM2 主触头闭合→电动机 M

反向启动。按下停止按钮 SB1→KM1 或 KM2 线圈失电→KM1 主触头断开→电动机 M 停止运转。

（3）说明。

将任一个接触器的常闭辅助触点串入对应另一个接触器线圈电路中，其中任一个接触器通电后，便切断了另一个接触器的控制回路，即使按下相反方向的启动按钮，另一个接触器也无法通电。这种利用两个接触器的常闭辅助触点相互控制的方式称为电气互锁或电气联锁。起互锁作用的常闭触点称为互锁触点。另外，从图 5-50（a）可以看出，该线路只能实现"正→停→反"或者"反→停→正"控制，即必须按下停止按钮后，再反向或正向启动。这对需要频繁改变电动机运转方向的设备来说很不方便。

为了提高生产率，直接进行正、反向操作，利用复合启动按钮组成"正→反→停"或"反→正→停"的互锁控制。如图 5-50（b）所示，复合启动按钮的常闭触点同样起到互锁作用，这种互锁称为机械互锁。该线路既有接触器常闭触点的电气互锁，又有复合启动按钮常闭触点的机械互锁，即具有双重互锁。因该电路操作方便、安全可靠，故应用广泛。

5.4.2 自动往复行程控制电路

有些机床电气设备是通过工作台自动往复循环工作的，如龙门刨床工作台前进和后退。电动机的正反转是实现工作台自动往复循环的基本环节。自动往复行程控制电路如图 5-51 所示。

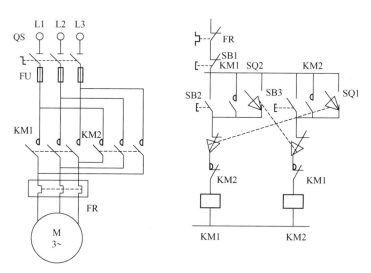

图 5-51 自动往复行程控制电路

控制电路按照行程控制原则，利用生产机械运动的行程位置实现控制，通常采用限位开关。

（1）结构分析。

主电路：由三相电源 L1、L2、L3，转换开关 QS，熔断器 FU，接触器 KM1 的主触点，接触器 KM2 的主触点，热继电器 FR 的热元件，电动机 M 组成。

控制电路：由热继电器 FR 的常闭触点，停止按钮 SB1，启动按钮 SB2，启动按钮 SB3，接触器 KM1 与 KM2 的自锁触点、互锁触点及线圈，限位开关 SQ1 和 SQ2 组成。

（2）工作原理。

合上转换开关 QS→按下启动按钮 SB2→接触器 KM1 线圈通电→电动机 M 正转，工作台向前→工作台前进到一定位置，撞块压动限位开关 SQ1，SQ1 常闭触点断开→KM1 断电→工作台停止向前。

SQ1 常开触点闭合→接触器 KM2 线圈通电→电动机 M 改变电源相序而反转，工作台向后→工作台后退到一定位置，撞块压动限位开关 SQ2，SQ2 常闭触点断开→接触器 KM2 线圈断电→工作台停止后退。

SQ2 常闭开触点闭合→接触器 KM1 线圈通电→电动机 M 又正转，工作台前进，如此往复循环工作，直至按下停止按钮 SB1→接触器 KM1（或 KM2）线圈断电→电动机 M 停止转动。

5.5 异步电动机的调速控制电路

5.5.1 异步电动机的调速方法

调速就是在同一负载下得到不同转速，以满足生产过程的要求。

由电动机的转速公式 $n=60f(1-s)/p$，可知电动机有变频、变极和变转差率三种基本的调速。

1. 变极对数调速方法

变极对数调速方法采用改变定子绕组的接线方式改变笼型电动机定子极对数达到调速目的，特点如下：具有较硬的机械特性，稳定性良好；无转差损耗，效率高；接线简单、控制方便、价格低；有级调速，级差较大，不能平滑调速；可以与调压调速、电磁转差离合器配合使用，以获得较高效率的平滑调速特性。

变极对数调速方法适用于不需要无级调速的生产机械，如金属切削机床、升降机、起重设备、风机、水泵等。

2. 变频调速方法

变频调速是改变电动机定子电源的频率，从而改变同步转速的调速方法。变频调速系统的主要设备是提供变频电源的变频器，变频器可分成交流-直流-交流变频器和交流-交流变频器两大类，国内大多使用前者。其特点如下：效率高，调速过程中没有附加损耗；应用范围广，可用于笼型异步电动机；调速范围大，机械特性硬，精度高；技术复杂，造价高，维护和检修困难。

变频调速方法适用于要求精度高、调速性能较好的场合。

3. 变转差率调速方法

变转差率调速是指绕线式电动机转子回路中串联可调节的附加电阻来改变电动机的转

差，以达到调速目的的调速方法。大部分转差功率被串联的附加电阻吸收，再利用产生附加功率的装置，把吸收的转差功率返回电网或转换能量加以利用。其特点如下：可将调速过程中的转差损耗回馈到电网或生产机械上，效率较高；装置容量与调速范围成正比，投资少，适用于调速范围为 70%～90% 额定转速的生产机械；调速装置发生故障时，可以切换至全速运行模式，避免停产。

变转差率调速方法适用于风机、水泵及轧钢机、矿井提升机、挤压机。

5.5.2 异步电动机的变极对数调速

1. 基本原理

改变定子绕组的连接方法：如图 5-52 所示，在定子上设置具有不同极对数的两套相互独立的绕组。有时，同一台电动机为了获得更多速度等级（如需要得到三个以上的速度等级），往往同时采用上述两种方法。

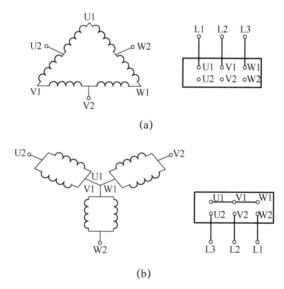

(a)

(b)

图 5-52 定子绕组的连接方法

在图 5-52（a）中，将电动机定子绕组的 U1、V1、W1 三个接线端接三相交流电源，而将定子绕组的 U2、V2、W2 三个接线端悬空，三相定子绕组接成三角形。此时每项绕组中的 1、2 线圈串联，电动机以四极低速运行。若将电动机定子绕组的三个接线端子 U1、V1、W1 连在一起，而将 U2、V2、W2 接三相交流电源，如图 5-52（b）所示，则原来三相定子绕组的三角形联结变为双星形联结，此时每项绕组中的 1、2 线圈并联，电动机以两极高速运行。

接触器控制

2. 接触器控制双速电动机的控制电路

接触器控制双速电动机的控制电路如图 5-53 所示。

（1）结构分析。

主电路：由三相电源 L1、L2、L3，转换开关 QS，熔断器 FU，接触器

KM1、KM2、KM3 的主触点，电动机 M 组成。

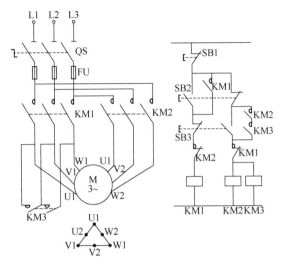

图 5 - 53　接触器控制双速电动机的控制电路

控制电路：由停止按钮 SB1，正反启动按钮 SB2、SB3，接触器 KM1、KM2 的自锁触点、互锁触点及线圈组成。

（2）工作原理。

启动时：合上转换开关 QS→按下启动按钮 SB2→接触器 KM1 线圈通电自锁，电动机（定子绕组三角形联结）低速运转→按下启动按钮 SB3→接触器 KM2、KM3 线圈通电，电动机（定子绕组双星形联结）高速运转。

停止时：按下停止按钮 SB1→接触器 KM1、KM2、KM3 线圈断电→电动机 M 停转。车床的精车和粗车，带动工件旋转的电动机的转速的变化就可以通过这种方式实现。

3. 时间继电器控制双速电动机的控制电路

时间继电器控制双速电动机的控制电路如图 5 - 54 所示。

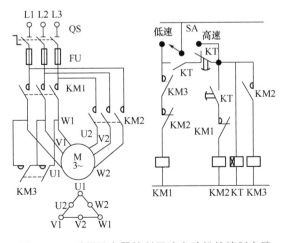

图 5 - 54　时间继电器控制双速电动机的控制电路

（1）结构分析。

主电路：由三相电源 L1、L2、L3，转换开关 QS，熔断器 FU，接触器 KM1、KM2、KM3 的主触点，电动机 M 组成。

控制电路：由开关 SA，接触器 KM1、KM2、KM3 的互锁触点及线圈，时间继电器 KT 的触点及线圈组成。

（2）工作原理。

启动时：合上转换开关 QS→开关 SA 处于低速挡→接触器 KM1 线圈通电，电动机（定子绕组三角形联结）低速运转。

将开关 SA 扳向高速挡→时间继电器 KT 通电→接触器 KM1 线圈通电，电动机（定子绕组三角形联结）低速运转→KT 延时时间到→接触器 KM2、KM3 线圈通电，电动机（定子绕组双星形联结）高速运转。

停止时：按下停止按钮 SB1→电动机 M 停转。

要点：利用时间继电器的延时特点，改变接触器线圈的通电情况，从而改变电动机定子绕组的联结方式，实现低速与高速的相互转换。

5.6 异步电动机的制动控制电路

在生产过程中，要求许多机床（如万能铣床、组合机床等）迅速停车和准确定位，必须对拖动电动机采取有效的制动措施。制动控制的方法有两大类：机械制动和电气制动。

机械制动是指采用机械装置产生机械力强迫电动机迅速停转，电气制动是指使电动机产生的电磁转矩方向与电动机旋转方向相反而起制动作用。电气制动分为反接制动、能耗制动、再生制动及派生的电容制动等。这些制动方法各有特点，适用于不同的场合。

5.6.1 异步电动机的机械制动

机械制动的原理是利用电磁铁操纵机械机构进行制动（如电磁抱闸制动、电磁离合器制动等）。电磁抱闸由制动电磁铁、闸瓦制动器等组成。

机械制动控制电路：以断电制动控制电路为例，机械制动控制电路如图 5-55 所示。其特点是断电时制动闸瓦处于"抱住"状态。

（1）结构分析。

主电路：由三相电源、转换开关 QS、熔断器 FU1、接触器 KM 的主触点、热继电器 FR 的热元件、电动机 M、衔铁 YB、杠杆、拉簧、闸瓦和闸轮组成。

控制电路：由熔断器 FU2、启动按钮 SB1、停止按钮 SB2、热继电器 FR 的常闭触点、接触器 KM 的自锁触点及线圈组成。

（2）工作原理。

启动时：合上转换开关 QS→按下启动按钮 SB1→接触器 KM 线圈通电自锁，KM 主触点闭合→衔铁 YB 得电并克服拉簧作用力，使闸瓦和闸轮脱开连接→电动机 M 运转。

停止时：按下停止按钮 SB2→接触器 KM 线圈失电，KM 主触点复位→衔铁 YB 失电，拉簧复位，使闸瓦和闸轮抱持→电动机 M 机械制动而停转。

适用场合：升降机械。

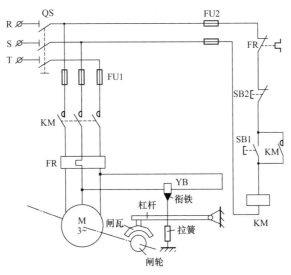

图 5-55　机械制动控制电路

5.6.2　异步电动机的电气制动

异步电动机的电气制动包括反接制动和能耗制动。

1. 反接制动

反接制动

反接制动实际上是改变异步电动机定子绕组中的三相电源相序，使定子绕组产生与转子方向相反的旋转磁场，从而产生制动转矩的制动方法。

电动机反接制动时，转子与旋转磁场的相对速度接近同步转速的两倍，所以定子绕组流过的反接制动电流相当于全压启动电流的两倍。反接制动的制动转矩大、制动迅速，但冲击大，通常适用于 10kW 及以下的小容量电动机。为防止绕组过热、减小冲击电流，通常在笼型异步电动机定子电路中串联反接制动电阻。另外，采用反接制动，当电动机转速降至零时，要及时将反接电源切断，防止电动机反向启动，通常控制电路采用速度继电器检测电动机转速并控制电动机反接电源的断开。

（1）电动机单向反接制动控制。

图 5-56 所示为电动机单向反接制动控制电路。其中 KM1 为电动机单向运行接触器，KM2 为反接制动接触器，KS 为速度继电器，R 为反接制动电阻。

① 结构分析。

主电路：由三相电源 L1、L2、L3，转换开关 QS，熔断器 FU，接触器 KM1、KM2 的主触点，分压电阻 R，热继电器 FR 的热元件，电动机 M 和速度继电器 KS 组成。

控制电路：由停止按钮 SB1，启动按钮 SB2，热继电器 FR 的常闭触点，接触器 KM1、KM2 的自锁触点、互锁触点及线圈，速度继电器 KS 的常开触点组成。

② 工作原理。

单向启动及运行：合上转换开关 QS，按下启动按钮 SB2，接触器 KM1 线圈通电并自锁，电动机 M 全压启动并正常运行，与电动机有机械连接的速度继电器 KS 转速超过动作

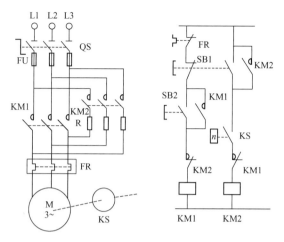

图 5－56　电动机单向反接制动控制电路

值时相应的触点闭合，为反接制动做准备。

反接制动：停车时，按下停止按钮 SB1，其常闭触点断开，接触器 KM1 线圈断电释放，KM1 常开主触点和常开辅助触点同时断开，切断电动机原相序三相电源，电动机依靠惯性运转。当将停止按钮 SB1 按到底时，其常开触点闭合，接触器 KM2 线圈通电并自锁，KM2 常闭辅助触点断开，切断接触器 KM1 线圈控制电路。同时接触器 KM2 常开主触点闭合，电动机串三相对称电阻接入反相序三相电源进行反接制动，电动机转速迅速下降，当下降到速度继电器 KS 释放转速时，KS 释放，其常开触点复位断开，切断接触器 KM2 线圈控制电路，KM2 线圈断电释放，其常开触点断开，切断电动机反相序三相交流电源，反接制动结束，电动机 M 自然停转。

（2）电动机可逆运行反接制动控制。

图 5－57 所示为电动机可逆运行反接制动控制电路。其中，KM1、KM2 分别为电动

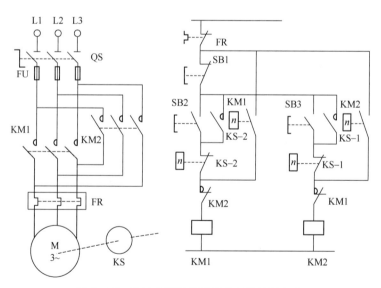

图 5－57　电动机可逆运行反接制动控制电路

机正、反向控制接触器；KM3 为短接电阻接触器；KS 为速度继电器（KS－1 为正向触点、KS－2 为反向触点）；R 为限流电阻，具有限制启动电流和制动电流的双重作用。

① 结构分析。

主电路：由三相电源 L1、L2、L3，转换开关 QS，熔断器 FU，接触器 KM1 、KM2 的主触点，热继电器 FR 的热元件，电动机 M 和速度继电器 KS 组成。

控制电路：由停止按钮 SB1，启动按钮 SB2、SB3，热继电器 FR 的常闭触点，接触器 KM1、KM2 的自锁触点、互锁触点及线圈，速度继电器 KS 的常开触点组成。

② 工作原理。

正向启动：合上转换开关 QS，按下启动按钮 SB2，接触器 KM1 线圈控制电路通电自锁，KM1 主触点闭合，使电动机接通正相序三相交流电源，电动机 M 启动。同时 KM1 常闭触点断开，互锁了反向接触器 KM2，当电动机转速上升至一定值时，速度继电器 KS 正向常开触点 KS－1 闭合，正向常闭触点 KS－1 断开，电动机 M 全压运行。

反接制动：停车时，按下停止按钮 SB1，接触器 KM1 线圈断电释放，KM1 主触点断开，电动机依靠惯性高速旋转，使正向常闭触点 KS－1 维持闭合状态。由于正向常闭触点 KS－1 维持闭合状态，KM1 常闭触点复位后，接触器 KM2 线圈通电，其常开主触点闭合，使电动机获得反相序三相交流电源，对电动机进行反接制动，电动机转速迅速下降。同时，接触器 KM2 常闭触点断开，互锁正向接触器 KM1 线圈控制电路。当电动机转速低于速度继电器释放值时，速度继电器正向常开触点 KS－1 复位断开，切断接触器 KM2 线圈控制电路，KM2 线圈断电释放，其常开主触点断开，反接制动过程结束。

电动机反向启动和反接制动停车控制电路的工作情况与上述相似，在此不再赘述。不同的是，速度继电器起作用的是反向触点 KS－2，请读者自行分析。

2. 能耗制动

能耗制动是指电动机脱离三相交流电源后，定子绕组接入直流电源形成固定磁场，高速转动的笼型绕组与磁场相互作用而产生感应电流，并以热能形式消耗在转子回路中。

能耗制动的特点是制动缓和、平稳，冲击小。制动结束后，要求及时切除直流电源，以免因过热而损坏定子绕组。

在制动过程中，电流、转速和时间三个参量都变化，原则上可以任取其中一个参量作为控制信号。下面分别以时间原则和速度原则控制能耗制动电路为例进行分析。

能耗制动

（1）电动机单向运行能耗制动控制。

图 5－58 所示为电动机单向运行时间原则控制能耗制动电路。其中，KM1 为单向运行接触器，KM2 为能耗制动接触器，KT 为时间继电器，T 为整流变压器，UR 为桥式整流电路。

① 结构分析。

主电路：由三相电源 L1、L2、L3，转换开关 QS，熔断器 FU1，接触器 KM1、KM2 的主触点，热继电器 FR 的热元件，电动机 M，整流变压器 T，桥式整流电路 UR，滑线变阻器 RP 组成。

控制电路：由熔断器 FU2，停止按钮 SB1，启动按钮 SB2，热继电器 FR 的常闭触点，

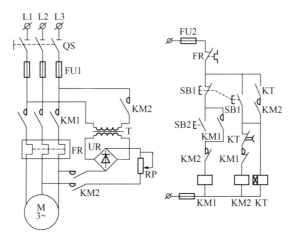

图 5 - 58　电动机单向运行时间原则控制能耗制动电路

接触器 KM1、KM2 的自锁触点、互锁触点及线圈，时间继电器 KT 的触点及线圈组成。

② 工作原理。

按下启动按钮 SB2，接触器 KM1 线圈通电并自锁，电动机 M 单向正常运行。若要停机，则按下停止按钮 SB1，接触器 KM1 线圈断电，电动机定子绕组脱离三相交流电源；同时接触器 KM2 线圈通电并自锁，将二相定子绕组接入直流电源进行能耗制动，在接触器 KM2 线圈通电同时，时间继电器 KT 也通电。电动机在能耗制动作用下转速迅速下降，当接近零时，KT 延时时间到，其延时触点动作，使 KM2、KT 相继断电，制动结束。

时间继电器 KT 的瞬动常开触点与接触器 KM2 的自锁触点串联，其作用是当发生 KT 线圈断线或机械卡住故障，致使 KT 延时触点不起作用、瞬时触点无法回位时，只有按下停止按钮 SB1 才能进行点动能耗制动。若无 KT 的瞬动常开触点串联 KM2 触点，在发生上述故障时，按下停止按钮 SB1，将使 KM2 线圈长期通电吸合，使电动机两相定子绕组长期接入直流电源。

（2）电动机可逆运行能耗制动控制。

图 5 - 59 所示为速度原则控制电动机可逆运行能耗制动电路。其中，KM1、KM2 分别为电动机正、反向接触器，KM3 为能耗制动接触器，KS 为速度继电器。

① 结构分析。

主电路：由三相电源 L1、L2、L3，转换开关 QS，熔断器 FU1、FU2，接触器 KM1、KM2、KM3 的主触点，热继电器 FR 的热元件，电动机 M，整流变压器 T，桥式整流电路 UC，滑线变阻器 RP 和速度继电器 KS 组成。

控制电路：由熔断器 FU3，停止按钮 SB1，启动按钮 SB2、SB3，热继电器 FR 的常闭触点，接触器 KM1、KM2、KM3 的自锁触点、互锁触点及线圈，时间继电器 KT 的触点及线圈，速度继电器 KS 的触点 KS - 1 和 KS - 2 组成。

② 工作原理。

正、反向启动：合上转换开关 Q，按下正转或反转启动按钮 SB2 或 SB3，相应接触器 KM1 或 KM2 线圈通电并自锁，电动机 M 正常运转。速度继电器相应触点 KS - 1 或 KS - 2 闭合，为停车接通接触器 KM3，实现能耗制动做准备。

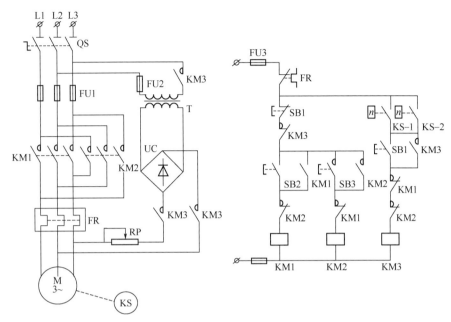

图 5-59　速度原则控制电动机可逆运行能耗制动电路

能耗制动：停车时，按下停止按钮 SB1，定子绕组脱离三相交流电源，同时接触器 KM3 线圈通电，电动机定子绕组接入直流电源进行能耗制动，转速迅速下降，当转速降至 100r/min 时，速度继电器 KS 释放，其触点 KS-1 或 KS-2 复位断开，接触器 KM3 线圈断电。能耗制动结束，电动机 M 自然停转。

对于负载转矩较稳定的电动机，能耗制动时宜采用时间原则控制，对时间继电器的延时整定较固定。而对于能够通过传动机构反映电动机转速的电动机，且采用速度原则控制。

5.7　电液控制

1. 系统的组成

某机床工作台液压系统的组成如图 5-60 所示。

（1）能源装置——把机械能转换成油液液压能的装置。最常见的能源装置就是液压泵，它为液压系统提供压力油。

（2）执行元件——把油液的液压能转换成机械能的元件。如做直线运动的液压缸、做回转运动的液压马达。

（3）控制调节元件——控制或调节系统中油液压力、流量、流动方向的元件。如溢流阀、节流阀、换向阀、开停阀等。这些元件的不同组合形成了不同功能的液压系统。

（4）辅助元件——除上述三部分外的其他元件，如油箱、过滤器、油管等。它们对保证系统正常工作有重要作用。

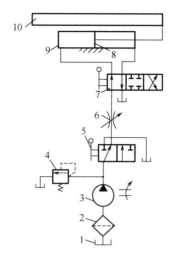

1—油箱；2—过滤器；3—液压泵；4—溢流阀；
5，7—开停手柄；6—节流阀；8—活塞；9—液压缸；10—工作台。

图 5-60　某机床工作台液压系统的组成

2. 液压传动的优点

（1）在相同体积下，液压装置能比电气装置产生更多动力。

（2）液压装置工作比较平稳。

（3）液压装置可以在大范围内实现无级调速，还可以在运行过程中调速。

（4）液压传动易自动化，且易调节或控制液体压力、流量或流动方向。

（5）液压装置易实现过载保护。

（6）由于液压元件实现了标准化、系列化和通用化，因此液压系统的设计、制造和使用都比较方便。

（7）采用液压传动实现直线运动远比用机械传动简单。

3. 液压元件的符号

图 5-61 所示为常用液压元件的符号。

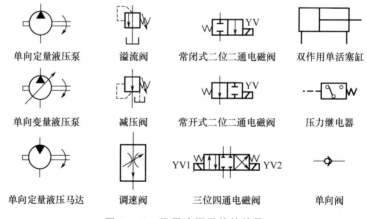

图 5-61　常用液压元件的符号

　　液压阀的控制方式有手动控制、机械控制、液压控制、电气控制等。电磁阀线圈的电气图形符号与电磁铁、继电器线圈一样，文字符号为 YV。

5.7.1　多地联锁控制

　　在大型生产设备上，为使操作人员在不同方位进行控制操作，常采用多地联锁控制电路，如图 5-62 所示。

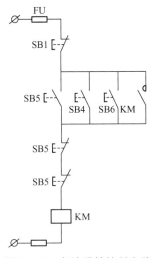

图 5-62　多地联锁控制电路

　　从图 5-62 中可以看出，多地控制电路只需多用几个启动按钮和停止按钮，无须增加其他电气元件。启动按钮应并联，停止按钮应串联，分别装在几个地方。

　　从电路工作分析可以得出以下结论：若几个电器都能控制某接触器通电，则它们的常开触点应并联到某接触器的线圈控制电路，即形成逻辑"或"关系；若几个电器都能控制某接触器断电，则它们的常闭触点应串联到某接触器的线圈控制电路，形成逻辑"与""非"的关系。

5.7.2　顺序控制环节

　　在机床的控制电路中，常要求电动机的启动和停止按照一定顺序进行。如要求磨床先启动润滑油泵，再启动主轴电动机；铣床的主轴旋转后，工作台方可移动；等等。顺序控制电路有顺序启动、同时停止控制电路，顺序启动、顺序停止控制电路，以及顺序启动、逆序停止控制电路。

　　图 5-63 所示为两台电动机顺序控制电路，其电路工作分析如下。图 5-63（a）所示为两台电动机顺序启动、同时停止控制电路，只有接触器 KM1 线圈通电后，串接在 KM2 线圈控制电路中的常开触点 KM1 闭合，才能使接触器 KM2 线圈存在通电的可能，以此制约电动机 M2 的启动顺序。当按下按钮 SB1 时，接触器 KM1 线圈断电，串接在 KM2 线圈控制电路中的常开辅助触点断开，保证 KM1 和 KM2 线圈同时断电，其常开主触点断开，两台电动机 M1、M2 同时停止。图 5-63（b）所示为两台电动机顺序启动、逆序停止控制电路。不再分析其顺序启动工作，请读者自行分析。此控制电路停车时，必须先

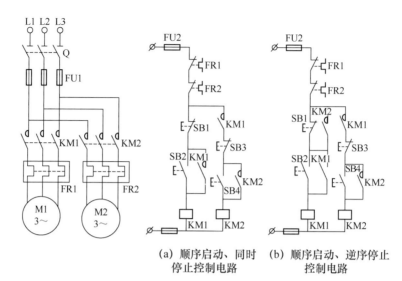

(a) 顺序启动、同时   (b) 顺序启动、逆序停止
停止控制电路   控制电路

图 5-63　两台电动机顺序控制电路

按下按钮 SB3，切断接触器 KM2 线圈的供电，电动机 M2 停止运转，并联在按钮 SB1 下的常开辅助触点 KM2 断开，再按下按钮 SB1，使接触器 KM1 线圈断电，电动机 M1 停止运转。

图 5-64 所示为时间继电器控制的顺序启动电路。其关键在于利用时间继电器自动控制接触器 KM2 线圈通电。当按下按钮 SB2 时，接触器 KM1 线圈通电，电动机 M1 启动，同时时间继电器 KT 线圈通电，延时开始。经过设定时间后，串联到接触器 KM2 控制电路的时间继电器 KT 的常开触点闭合，接触器 KM2 线圈通电，电动机 M2 启动。

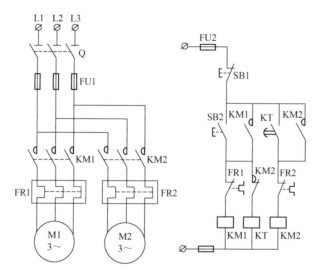

图 5-64　时间继电器控制的顺序启动电路

通过以上电路分析可知，要实现顺序控制，应将先通电电器的常开触点串联到后通电电器的线圈控制电路中，将先断电电器的常开触点并联到后断电电器的线圈控制电路中的

停止按钮（或其他断电触点）上。具体方法有接触器和继电器触点的电气联锁、复合按钮联锁、行程开关联锁等。

本章小结

本章主要介绍了电器的基本知识，电气控制线路中常用的低压电器（熔断器、开关电器、主令电器、接触器、继电器、执行电器）的结构、类型、主要技术参数、选择依据，并要求学生熟练掌握。在此基础上，介绍了电气图的基本知识；电动机控制的基本环节，包括点动控制和连续控制；三相异步电动机按时间、速度、电流、行程原则控制的线路分析；反接制动和能耗制动的控制电路。

习　　题

5-1　什么是电磁式电器的吸力特性与反力特性？为什么应使吸力特性与反力特性尽量靠近？

5-2　单相交流电磁铁的短路环断裂或脱落后，在工作中会出现什么现象？为什么？

5-3　三相交流电磁铁是否需要装短路环？为什么？

5-4　为什么把触头设计成双断口桥式结构？

5-5　为什么交流接触器在衔铁吸合前的瞬间，在线圈中产生很大的冲击电流？为什么直流接触器不会出现这种现象？

5-6　误将交流电磁线圈接入直流电源、误将直流电磁线圈接入交流电源分别会发生什么问题？为什么？

5-7　误将线圈电压为 220V 的交流接触器接入 380V 电源上会发生什么问题？为什么？

5-8　从接触器的结构上，如何区分交流接触器和直流接触器？

5-9　中间继电器和接触器有什么异同？在什么情况下可以用中间继电器代替接触器启动电动机？

5-10　熔断器的额定电流、熔体的额定电流和熔体的极限分流有什么区别？

5-11　电动机的启动电流很大，当电动机启动时，热继电器会不会动作？为什么？

5-12　既然在电动机的主电路中装有熔断器，为什么还要装热继电器？装有热继电器是否可以不装熔断器？

5-13　是否可用过电流继电器对电动机进行过载保护？为什么？

5-14　JS7-A 型时间继电器有哪几种触点？画出它们的图形符号。

5-15　在电气原理图中，QS、FU、KM、KA、KI、KT、SB、SQ 分别是什么电气元件的文字符号？

5-16　在电气原理图中，如何标注电气元件的技术数据？

5-17　常用的电气控制系统图有哪几种？

5-18 电气控制电路的基本控制规律有哪些？

5-19 电动机点动控制与连续运转控制的关键控制环节分别是什么？其主电路有什么区别？

5-20 什么是互锁控制？实现电动机正反转互锁控制的方法有哪两种？它们有什么不同？

5-21 在电动机可逆运行控制电路中，什么是机械互锁？什么是电气互锁？

5-22 电动机常用的保护环节有哪些？通常它们由哪些电器实现保护？

5-23 什么是电动机的欠电压保护与失电压保护？接触器和按钮控制电路如何实现欠电压保护与失电压保护？

5-24 画出具有热继电器过载保护的笼型异步电动机正常运转的控制电路。

5-25 如何判断异步电动机是否可采用直接启动法？

5-26 叙述异步电动机星形-三角形减压启动法的优缺点及适用场合。

5-27 什么是反接制动？什么是能耗制动？各有什么特点？分别适用于什么场合？

5-28 为什么在异步电动机脱离电源后，在定子绕组中接入直流电源，电动机能迅速停转？

5-29 设计一个控制电线路，要求第一台电动机启动10s后，第二台电动机自动启动，运行5s后，第一台电动机停转并使第二台电动机自行启动，再运行15s后，两台电动机全部停转。

5-30 有一台三级带式运输机，分别由 M1、M2、M3 三台电动机拖动，其动作顺序如下。

（1）按 M1—M2—M3 顺序启动。

（2）按 M3—M2—M1 顺序停车。

（3）要上述动作有一定时间间隔。

5-31 为两台异步电动机设计一个控制电路，其要求如下。

（1）两台电动机互不影响地独立操作。

（2）能同时控制两台电动机的启动和停转。

（3）当一台电动机发生过载时，两台电动机均停转。

5-32 现有一台双速电动机，试按下述要求设计控制线路。

（1）分别用两个按钮操作电动机的高速启动和低速启动，用一个总停按钮操作电动机的停转。

（2）高速启动时，应先接成低速，经延时后换接到高速。

（3）应有短路保护与过载保护。

5-33 设计小车运行的控制电路，小车由异步电动机拖动，其动作程序如下。

（1）小车开始前进，到终点后自动停止。

（2）在终端停留 2min 后自动返回。

（3）要求在前进或后退途中任意位置都能停止或启动。

5-34 某机床主轴电动机 M1，要求如下。

（1）进行可逆运行。

（2）可正向点动控制，两不同位置控制启动与停止。

（3）可进行反接制动。

（4）有短路保护和过载保护。

试画出其电气线路图。

5-35　有两台电动机 M1、M2，要求如下。

（1）按下启动按钮 SB1，电动机正转，10s 后电动机自动停转，再过 15s 电动机自动反转。

（2）M1、M2 能同时或分别停转。

（3）控制电路应有短路保护、过载保护和零压保护。

试画出其电气线路图。

第6章
PLC 的原理

本章教学目的及要求

(1) 熟悉 PLC 的产生、发展、用途与特点。
(2) 掌握 PLC 的基本构成、工作原理及编程语言。
(3) 掌握 FX2N 系列 PLC 的编程器件及基本指令、步进指令。
(4) 了解 FX2N 系列 PLC 的功能指令。
(5) 掌握 PLC 控制系统的设计方法。

6.1 概　　述

PLC 是以微处理器为核心的工业自动控制通用装置，其种类繁多，不同厂家生产的产品各具特点。作为工业标准设备，PLC 具有一定的共性。

6.1.1 PLC 的产生与发展

PLC的基本
构成

1. PLC 的产生

20 世纪 20 年代出现了将接触器、各种继电器、定时器、其他电器及其触头按一定逻辑关系连接的继电接触控制系统，其结构简单、价格低、便于掌握，能在一定范围内满足控制要求，在工业控制中占有主导地位；但存在设备体积大、动作慢、功能少且固定、可靠性差、难实现较复杂的控制等缺点。它是靠硬连线逻辑构成的系统，接线复杂，当生产工艺改变时，需要更换原有接线和控制盘，通用性和灵活性较低。

20 世纪 60 年代，随着小型计算机的出现和大规模生产及多机群控的需要，人们试图用小型计算机满足工业控制的要求，但其因价格高、输入电路与输出电路不匹配和编程技术复杂等而未能得到推广应用。

20世纪60年代末，美国汽车制造业竞争激烈，各厂家生产的汽车不断更新，必然要求生产线随之改变，整个控制系统需重新配置。为了适应生产工艺不断更新的需要，寻求一种比继电器可靠、功能更齐全、响应更快的新型工业控制器势在必行。1968年，通用汽车公司公开招标，并从用户角度提出了新一代控制器应具备的十大功能，引起了开发热潮。

（1）编程简单，可在现场修改程序。

（2）维护方便，最好是插件式。

（3）可靠性高于继电器控制柜。

（4）体积小于继电器控制柜。

（5）可直接将数据输入管理计算机。

（6）在成本上可与继电器控制柜竞争。

（7）输入可以是交流115V。

（8）扩展时，只需对原有系统进行很小变更。

（9）输出为交流115V、2A以上，能直接驱动电磁阀。

（10）用户程序存储器的容量至少能扩展到4KB。

这十大功能实际上体现出继电接触器的简单易懂、使用方便、价格低的优点，与计算机的功能完善、通用性和灵活性好的优点结合起来，将继电接触器控制的硬接线逻辑转变为计算机的软件逻辑编程的设想，采取修改程序方式改变控制功能是从接线逻辑向存储逻辑进步的重要标志，也是由接线程序控制向存储程序控制的转变。

1969年，美国数字设备公司（digital equipment corporation，DEC）研制出第一台PLC——PDP-14，并在通用汽车生产线上试用成功，PLC由此诞生。所以，PLC是生产力发展的必然产物。

2. PLC的发展

PLC自问世以来，发展极其迅速。1971年，日本开始生产PLC；1973年，欧洲国家开始生产PLC。如今，PLC作为独立工业设备生产，成为当代电控装置的主导。

由于PLC一直在发展，目前还不能十分确切地定义它。国际电工委员会于1982年11月颁发了PLC标准草案第一稿，1985年1月颁发了第二稿，1987年2月颁发了第三稿。该草案对PLC的定义："PLC是一种数字运算操作的电子系统，专为在工业环境下应用而设计。它采用可编程序的存储器，用来在其内部存储执行逻辑运算、顺序控制、定时、计数和算术运算等操作指令，并通过数字式或模拟式输入和输出，控制各种机械或生产过程。PLC及其有关外围设备都按易与工业系统连成一个整体、易扩充功能的原则设计。"

早期的PLC主要由分立元件和中、小规模集成电路组成，它采用一些计算机技术，简化了计算机的内部电路，对工业现场的环境适应性较好，指令系统简单，一般只具有逻辑运算功能，称为Programmable Logic Controller（可编程逻辑控制器，PLC）。随着微电子技术和集成电路的发展，特别是微处理器和微型计算机的迅速发展，20世纪70年代中期，一些厂家在PLC中引入微型计算机技术，微处理器及其他大规模集成电路芯片成为核心部件，使PLC具有自诊断功能，可靠性大幅度提高。1980年，将其更名为Program-

mable Controller（PC，可编程序控制器）。但由于其容易与个人计算机（Personal Computer）的缩写 PC 混淆，因此仍将其缩写为 PLC。

20 世纪 80 年代，PLC 都采用中央处理器（central processing unit，CPU），只读存储器（read-only memory，ROM）、随机存储器（random access memory，RAM）或单片计算机作为核心，处理速度提高，增加了多种特殊功能，体积减小。20 世纪 90 年代末，PLC 几乎完全计算机化，其速度更高、功能更强，智能模块越来越多，在工业控制过程中的作用不断扩展。

随着科学技术的进步，PLC 的功能不断增加，其定义也发生了变化。PLC 诞生至今，实现了接线逻辑到存储逻辑的飞跃；其功能从弱到强，实现了逻辑控制到数字控制的进步；其应用领域从小到大，实现了单体设备简单控制到胜任运动控制、过程控制及集散控制等任务的跨越。如今，PLC 在处理模拟量、数字运算、人机接口和网络等方面的能力都大幅度提高，成为工业控制领域的主流控制设备，在各行各业发挥着越来越大的作用。

PLC 不仅能进行逻辑控制，还在模拟量闭环控制、数字量的智能控制、数据采集、监控、通信联网及集散控制系统等方面得到了广泛应用。如今，大、中型 PLC 甚至小型 PLC 都配有 A/D 转换、D/A 转换及算术运算功能，有的还具有比例积分微分控制（proportional plus integral plus derivative control，PID 控制）功能，使 PLC 在模拟量闭环控制、运动控制、速度控制等方面具有硬件基础；许多 PLC 具有输出和接收高速脉冲的功能，配合相应的传感器及伺服设备，可实现数字量的智能控制；PLC 配合可编程序终端设备，可实时显示采集的现场数据及分析结果，为系统分析、研究工作提供依据，利用自检信号实现系统监控；PLC 具有较强的通信功能，可以与计算机或其他智能装置进行通信及联网，从而实现集散控制。功能完备的 PLC 不仅能满足控制要求，还能满足现代化生产管理的需要。

党的二十大报告提出，实施产业基础再造工程和重大技术装备攻关工程，支持专精特新企业发展，推动制造业高端化、智能化、绿色化发展。近年来，PLC 发展迅速，更新换代周期缩短为 3 年左右。从网络的发展情况来看，PLC 和其他工业控制计算机组网构成大型控制系统是 PLC 技术的发展方向，如已在计算机集散控制系统（distributed control system，DCS）中大量应用 PLC。随着计算机网络的发展，PLC 作为自动化控制网络和国际通用网络的重要组成部分，将在工业及工业以外的众多领域发挥越来越大的作用。

展望未来，PLC 将在规模和功能方面朝两大方向发展：一是大型 PLC 向高速、大容量和高性能方向发展，如有的机型扫描速度高达 0.1 毫秒/千步（0.1 微秒/步），可处理几万个开关量 I/O 信号和多个模拟量 I/O 信号，用户程序存储器容量达十几兆字节；二是发展简易、经济、超小型 PLC，以适应单机控制和小型设备自动化的需要。另外，PLC 的发展方向还包括不断增强 PLC 工业过程控制的功能；研制采用工业标准总线；在同一工业控制系统中连接不同的控制设备；增强 PLC 的联网通信功能，便于实现分散控制与集中控制；大力开发智能 I/O 模块；等等。

6.1.2　PLC 的用途与特点

1. PLC 的用途

由于初期 PLC 的价格高于继电器控制装置，因此其应用受到限制。近年来，由于微处理器芯片及有关元件价格下降，因此 PLC 成本下降；同时 PLC 的功能增强，广泛应用于钢铁、水泥、石油、化工、采矿、电力、机械制造、汽车、造纸、纺织、环保等行业。PLC 的应用通常可分为如下五个领域。

（1）顺序控制。顺序控制是 PLC 应用较广泛的领域，用 PLC 取代传统的继电器顺序控制。PLC 可应用于单机控制、多机群控、生产自动线控制等，如注塑机、印刷机械、订书机械、切纸机械、组合机床、磨床、装配生产线、电镀流水线、电梯控制等。

（2）运动控制。PLC 生产厂家提供了拖动步进电动机或伺服电动机的单轴位置控制模块、多轴位置控制模块。在多数情况下，PLC 把描述目标位置的数据传送给模块，并输出移动一轴或数轴到目标位置。每个轴移动时，位置控制模块都保持适当的速度和加速度，确保运动平滑。相对来说，位置控制模块比计算机数控装置体积小、价格低、速度高、操作方便。

（3）闭环过程控制。PLC 能控制大量物理参数，如温度、压力、速度和流量等。PID 模块使 PLC 具有闭环控制功能，即一个具有 PID 控制功能的 PLC 可用于过程控制。当过程控制中某个变量出现偏差时，PID 控制算法计算出正确的输出，并使变量保持在设定值。

（4）在机械加工中，数据处理出现了紧密结合支持顺序控制的 PLC 和计算机数控设备的趋向。发那科（FANUC）公司推出的 System10、System11、System12 系列 PLC 具有计算机数控功能。为了实现 PLC 与计算机数控设备内部数据的自由传递，该公司采用窗口软件。通过窗口软件，用户可以独自编程，并由 PLC 送至计算机数控设备。通用电气公司的计算机数控设备使用具有数据处理功能的 PLC。东芝公司的 TOSNUC 600 将计算机数控功能和 PLC 组合。

（5）通信和联网。为了适应国内外兴起的工厂自动化系统、柔性制造系统及集散式控制系统等发展的需要，必须发展 PLC 之间、PLC 与上级计算机之间的通信功能。PLC 作为实时控制系统，不仅要求其数据通信速率高，而且要考虑出现停电、故障时的对策等。

2. PLC 的特点

（1）抗干扰能力强，可靠性高。虽然继电接触控制系统具有较好的抗干扰能力，但其使用大量机械触头，设备接线复杂，器件的老化和脱焊、触头的抖动及触头在开闭时受电弧的损害都会降低系统的可靠性。而 PLC 采用微电子技术，大量开关动作由无触点的电子存储器件完成，大部分继电器和复杂的接线被软件程序取代，因此使用寿命长，可靠性高。虽然微型计算机具有很强的功能，但抗干扰能力差，工业现场的电磁干扰、电源波动、机械振动、温度和湿度的变化等都可能导致一般通用微型计算机不能正常工作。而 PLC 在电子线路、机械结构及软件结构上吸取了生产控制经验，主要模块均采用大规模集成电路、超大规模集成电路，I/O 系统具有完善的通道保护与信号调理电路；在结构上，对耐热、防潮、防尘、抗震等都有精确考虑；在硬件上，采用隔离、屏蔽、滤波、接地等抗干扰措施；在软件上，采用数字滤波等抗干扰和故障诊断措施。因此，PLC 具有较强的抗干扰能力。

（2）控制系统结构简单、通用性强、应用灵活。PLC 产品均系列化生产，品种齐全，外部模块品种多，各种组件可灵活组成尺寸和要求不同的控制系统。在 PLC 构成的控制系统中，只需在 PLC 的端子上接入相应的输入信号线、输出信号线即可，不需要继电器等物理电子器件和大量复杂的硬接线线路。当控制要求改变，需要变更控制系统的功能时，可以用编程器在线或离线修改程序，修改接线的工作量很小。将同一个 PLC 装置用于不同的控制对象时，只是输入组件、输出组件和应用软件不同而已。

（3）编程方便，易使用。PLC 是面向用户的设备，设计人员充分考虑现场工程技术人员的技能和习惯，编制 PLC 程序时采用梯形图或面向工业控制的简单指令形式。梯形图与继电器原理图类似，直观易懂、容易掌握，不需要专门的计算机知识和编程语言，深受现场工程技术人员的欢迎。面向对象的顺序功能流程图语言（也称功能图）使编程更加简单方便。

（4）功能完善，扩展能力强。PLC 中含有数量巨大的用于开关量处理的继电器类软元件，可轻松地实现大规模开关量逻辑控制，这是一般继电器控制所不能实现的。PLC 具有许多控制功能，能方便地实现 D/A 转换、A/D 转换及 PID 运算，实现过程控制、数字控制等。PLC 具有通信联网功能，不仅可以控制一台单机、一条生产线，还可以控制一个机群、许多条生产线；不仅可以进行现场控制，还可以进行远程控制。

（5）控制系统设计、安装、调试方便。在 PLC 中，相当于继电接触控制系统中的中间继电器、时间继电器、计数器等软元件数量巨大，硬件和软件齐全且为模块化积木式结构，并已商品化，可按性能、容量（输入和输出点数、内存）等选用组装。又由于用软件编程取代硬接线实现控制功能，因此安装接线工作量减小，设计人员只要有一台 PLC 就可设计控制系统并在实验室进行模拟调试。而继电接触控制系统需在现场调试，工作量大。

（6）维修方便，维修工作量小。PLC 具有完善的自诊断、履历情报存储及监视功能，可显示内部工作状态、通信状态、异常状态和 I/O 点的状态，便于工作人员查出故障原因，并迅速处理、及时排除故障。

（7）结构紧凑、体积小、质量轻，易实现机电一体化。

PLC 因具有上述特点而得到广泛应用。

6.2　PLC 的基本构成

6.2.1　PLC 的控制功能

PLC 的应用极其广泛，其广泛应用于冶金、石油、化工、建材、电力、矿山、机械制造、汽车、交通运输、轻纺、环保等行业。概括起来，PLC 的主要应用有以下五个方面。

PLC的工作原理及编程语言

1. 开关量控制

开关量控制是 PLC 的基本应用领域，PLC 可取代传统的继电器控制系统，以实现逻辑控制和顺序控制。其在单机控制、多机群控和自动生产线控制方面都有很多成功的应用实例，如机床电气控制，起重机、皮带运输机和包装机械的控制，注塑机的控制，电梯的控制，饮料灌装生产线、家用电器（电视机、冰箱、洗衣机等）自动装配线的控制，汽车、化工、造纸、轧钢自动生产线的控制，等等。

152

2. 模拟量控制

很多 PLC 都具有模拟量控制功能，其通过模拟量 I/O 模块对温度、压力、速度、流量等连续变化的模拟量进行控制，而且编程和使用都很方便。大、中型 PLC 还具有 PID 闭环控制功能，运用 PID 子程序或使用专用的智能 PID 模块可以实现对模拟量的闭环控制。随着 PLC 规模的扩大，控制回路从几个增加到几十个甚至上百个，可以组成较复杂的闭环控制系统。PLC 的模拟量控制功能广泛应用于工业生产的各行业，如自动焊机控制、锅炉运行控制、连轧机的速度和位置控制等。

3. 运动控制

运动控制也称位置控制，是指 PLC 对直线运动或圆周运动的控制。早期 PLC 通过开关量 I/O 模块与位置传感器和执行机构的连接实现运动控制，现在一般使用专用的运动控制模块实现。PLC 的运动控制功能广泛应用在金属切削机床、电梯、机器人等机械设备上，如 PLC 和计算机数控装置集成先进的数控机床。

4. 数据处理

现代 PLC 都具有不同程度的数据处理功能，能够完成数学运算（如函数运算、矩阵运算、逻辑运算等），数据的移位、比较、传递，数值的转换和查表等操作，以及对数据进行采集、分析和处理。数据处理通常应用于大、中型控制系统（如柔性制造系统、机器人的控制系统等）中。

5. 通信联网

通信联网是指 PLC 与 PLC 之间、PLC 与上位机或其他智能设备之间的通信，利用 PLC 和计算机的 RS-232 接口或 RS-422 接口、PLC 的专用通信模块，通过双绞线和同轴电缆或光缆联成网络实现信息交换，构成"集中管理、分散控制"的多级分布式控制系统，从而建立工厂的自动化网络。

6.2.2 PLC 系统的组成及功能

PLC 是一种以微处理器为核心的工业通用自动控制装置，其实质是一种用于工业控制的专用计算机。PLC 的组成与一般微型计算机基本相同，包括硬件系统和软件系统两大部分。

1. PLC 的硬件系统

PLC 的硬件系统由 CPU、存储器、输入部件和输出部件、电源部件、编程器、其他外部设备等组成。图 6-1 所示为 PLC 的硬件系统结构框图。

（1）CPU。

与通用计算机一样，CPU 是 PLC 的核心部件，其在 PLC 控制系统中的作用类似于人体的神经中枢，整个 PLC 的工作过程都是在 CPU 的统一指挥和协调下进行的。CPU 的主要功能如下。

① 接收编程器的用户程序和数据，并将其送入存储器。

② 采用扫描方式接收输入设备的状态信号，并存入相应的数据区（输入映像寄存器）。

③ 监测和诊断电源、PLC内部电路工作状态、用户程序编程过程中的语法错误。

④ 执行用户程序，实现数据的运算、传递和存储等功能。

⑤ 根据数据处理的结果，刷新有关标志位的状态和输出状态寄存器表的内容，以实现输出控制、制表打印或数据通信等功能。

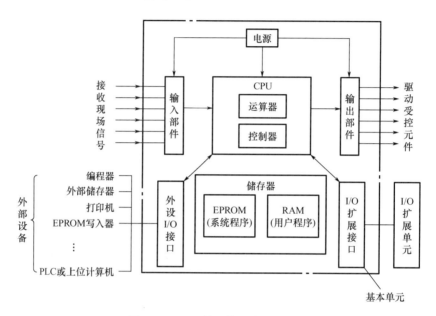

图 6-1 PLC 的硬件系统结构框图

PLC 常用的 CPU 有通用微处理器、单片计算机和位片式微处理器。通用微处理器常使用 8 位微型计算机和 16 位微型计算机，如 Intel 8080、Intel 8086、Intel 80286、Intel 80386 等。单片计算机常使用 Intel 8031、Intel 8051、Intel 8096 等。位片式微处理器常使用 AMD 2901、AMD 2903 等。

小型 PLC 大多采用 8 位微处理器或单片计算机，中型 PLC 大多采用 16 位微处理器或单片计算机，大型 PLC 大多采用高速位片式处理器。PLC 的档次越高，采用的 CPU 位数越多、运算越快、功能越强。

（2）存储器。

PLC 配有两种存储器：系统存储器和用户存储器。系统存储器用来存储系统程序，用户存储器用来存储用户编制的控制程序。

RAM 是一种可以进行读写操作的存储器，可方便地修改其中的用户程序。它是一种密度高、功耗低、价格低的半导体存储器，可用锂离子蓄电池作为备用电源，一旦失电，就可用锂离子蓄电池供电。锂离子蓄电池的使用寿命一般为 5~10 年，若经常带负载则可维持 2~5 年。

可擦可编程只读存储器（erasable programmable read only memory，EPROM）在紫外线连续照射 20min 后可消除内容，若加高电平（12.5V 或 24V），则可把程序写入

EPROM。电擦除可编程只读存储器（electrically-erasable programmable read-only memory, EEPROM）除可用紫外线擦除外，还可用电擦除，它是近年来广泛使用的一种只读存储器，不需要专用写入器，而只需用编程器就能方便地对存储内容实现"在线修改"，写入的数据内容能在彻底断电的情况下保持不变。

因为系统程序用来管理 PLC 系统，不能由用户直接存取，所以 PLC 产品样本或说明书所列的存储器类型及容量是指用户程序存储器。

PLC 配备的用户存储器的容量差别很大，通常中、小型 PLC 的用户存储器存储容量小于 8KB，大型 PLC 的用户储存器存储容量可超过 256KB。

（3）输入部件和输出部件。

图 6 - 1 中的输入部件和输出部件也称输入/输出单元或输入/输出模块。在实际生产中，由于输入信号多种多样，信号电平各不相同，而 PLC 只能处理标准电平信号，因此必须通过输入模块将这些信号转换成 CPU 能够接收和处理的标准电平信号。外部执行元件（如电磁阀、接触器、继电器等）所需的控制信号电平千差万别，必须通过输出模块将 CPU 输出的标准电平信号转换成这些执行元件能接收的控制信号。所以，I/O 部件实际上是 CPU 与现场输入设备与输出设备之间的连接部件，起着 PLC 与被控对象间传递输入/输出信息的作用。

I/O 部件的电路结构框图如图 6 - 2 所示。

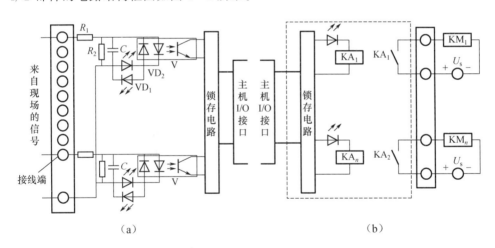

图 6 - 2　I/O 部件的电路结构框图

为提高抗干扰能力，一般 I/O 部件都有光电隔离装置。数字量 I/O 模块通常采用由发光二极管和光电三极管组成的光电耦合器，模拟量 I/O 模块通常采用隔离放大器。

工业生产现场的输入信号经输入模块进入 PLC。有的输入信号是数字量，有的是模拟量；有的是直流信号，有的是交流信号。使用时，要根据输入信号的类型选择合适的输入模块。

PLC 产生的输出信号经输出模块驱动负载，如电动机的启停和正反转、阀门的开闭、设备的移动和升降等。与输出模块连接的负载所需控制信号有的是数字量，有的是模拟量；有的是交流信号，有的是直流信号。因此，需要根据负载性质选择合适的输出

模块。

PLC 具有多种 I/O 模块，常见的有数字量 I/O 模块和模拟量 I/O 模块，以及快速响应模块、高速计数模块、通信接口模块、温度控制模块、中断控制模块、PID 控制模块、位置控制模块等种类繁多、功能各异的专用 I/O 模块和智能 I/O 模块。I/O 模块的类型与规格越多，PLC 的灵活性越好；I/O 模块的容量越大，PLC 的适应性越强。

（4）电源部件。

PLC 配有开关式稳压电源的电源模块，用来将外部供电电源转换成供 PLC 内部 CPU、存储器和 I/O 接口等电路工作所需的直流电源。由于 PLC 的电源部件有很好的稳压措施，因此对外部电源的稳定性要求不高，一般允许外部电源的额定电压在 -15% ～ 10% 范围内波动。小型 PLC 的电源往往与 CPU 集成一体，大、中型 PLC 都有专用电源部件。

有些 PLC 的电源部件还能提供直流 24V 稳压电源，用于对外部传感器供电，避免由外部电源污染或不合格电源引起的故障。为防止在外部电源发生故障的情况下，PLC 内部程序和数据等重要信息丢失，PLC 还带有锂离子蓄电池作为后备电源。

（5）编程器。

编程器是 PLC 的重要外部设备，也是 PLC 不可缺少的一部分。它不仅可以写入用户程序，还可以对用户程序进行检查、修改和调试，以及在线监视 PLC 的工作状态。

编程器一般分为简易编程器和图形编程器两类。简易编程器功能较少，一般只能用语句表形式编程，通常需要连机工作。使用简易编程器时，可直接将其与 PLC 的专用插座连接，由 PLC 提供电源。它体积小、质量轻、便于携带，适合小型 PLC 使用。图形编程器既可用指令语句编程又可用梯形图编程，既可连机编程又可脱机编程，操作方便、功能强，有液晶显示的便携式和阴极射线式两种。图形编程器还可与打印机、绘图仪等设备连接，但价格较高。通常大、中型 PLC 使用图形编程器。

很多 PLC 都可用微型计算机作为编程工具，只要配上相应的硬件接口和软件包就可以用梯形图等编程语言编程，并且具有很强的监控功能。

（6）其他外部设备。

PLC 还配有生产厂家提供的一些外部设备。

① 外部存储器。外部存储器是指磁带或磁盘，工作时可将用户程序或数据存储在盒式录音机的磁带上或磁盘驱动器的磁盘中，作为程序备份。当 PLC 内存中的程序被破坏或丢失时，可装入外部存储器中的程序。

② 打印机。打印机用来打印带注释的梯形图程序或指令语句表程序及报表等。在系统的实时运行过程中，打印机用来提供运行过程中发生事件的硬记录，如 PLC 系统运行过程中故障报警的时间等。这对事故分析和系统改进是非常有价值的。

③ EPROM 写入器。EPROM 写入器用于将用户程序写入 EPROM。可将同一 PLC 系统的不同应用场合的用户程序分别写入不同 EPROM，当系统的应用场合发生改变时，只需更换相应的 EPROM 芯片即可。

（7）I/O 扩展单元。

I/O 扩展单元用来扩展 I/O 点数。当用户所需的 I/O 点数超过 PLC 基本单元的 I/O 点数时，需要加上 I/O 扩展单元来扩展，以适应控制系统的要求。

2. PLC 的软件系统

PLC 的软件系统是指各种程序的集合，通常可分为系统程序和用户程序两大部分。

（1）系统程序。

每个 PLC 产品都有系统程序，其由 PLC 生产厂家提供，用于控制 PLC 本身的运行。系统程序固化在 EPROM 中。

系统程序可分为管理程序、编译程序、标准程序模块和系统调用三部分。

① 管理程序。管理程序是系统程序中的重要部分。PLC 的运行都由它控制，主要管理 PLC 的输入、输出、运算等操作的时间顺序，规定各种数据、程序的存储地址，生成用户环境及系统诊断等。

② 编译程序。编译程序用来把梯形图程序、指令语句表程序等编程语言翻译成 PLC 能够识别的机器语言。

③ 标准程序模块和系统调用。标准程序模块和系统调用由许多独立的程序模块组成，每个程序模块都完成一种单独的功能，如输入、输出、特殊运算等。PLC 根据不同的控制要求选用这些模块，以完成相应的工作。

（2）用户程序。

用户程序是用户根据控制要求，采用 PLC 的程序语言编制的应用程序。用户程序存储在系统程序指定的存储区，它的最大容量取决于系统程序。

硬件系统和软件系统组成了一个完整的 PLC 系统，它们相辅相成、缺一不可。没有软件的 PLC 系统称为裸机系统，不起任何作用；反之，如果没有硬件系统，软件系统就失去了基本的外部条件，程序根本无法运行。

6.2.3　PLC 的分类

PLC 应用广泛，国内外生产厂家众多，PLC 产品更是品种繁多，其型号、规格和性能各不相同。通常，可以按结构形式及功能、I/O 总点数、存储器容量分类。

1. 按结构形式分

按结构形式，PLC 可分为整体式 PLC 和模块式 PLC。

（1）整体式 PLC。

整体式 PLC 是将 CPU、存储器、I/O 部件等集成一体，并安装在一块或少数几块印制电路板上，连同电源装在一个金属或塑料机壳内，形成一个整体，通常称为主机或基本单元。输入/输出接线端子及电源进线分别在机箱的两侧，并有相应的发光二极管显示输入/输出状态。整体式 PLC 具有结构紧凑、体积小、质量轻、价格低的优点，易装置在工业设备内部，通常适合单机控制。一般小型 PLC 和超小型 PLC 采用这种结构，如三菱公司的 FX 系列 PLC。

（2）模块式 PLC。

模块式 PLC 的原理是把各组成部分做成独立的模块，如 CPU 模块、输入模块、输出模块、电源模块等。将各模块做成插件式，然后以搭积木的方式将它们组装在一个具有标准尺寸并带有若干插槽的机架内。PLC 生产厂家有不同槽数的机架供用户选择，用户可以

根据需要选用不同档次的 CPU 模块、I/O 模块和其他特殊模块插入相应的机架底板的插槽，组成功能不同的控制系统。模块式 PLC 配置灵活，装配和维修方便，功能易扩展；但其结构较复杂，造价较高。一般大、中型 PLC 采用这种结构，如三菱公司的 A1N、A2N、A3N 系列 PLC。

2. 按功能、I/O 总点数、存储器容量分

按功能、I/O 总点数、存储器容量，PLC 可分为小型 PLC、中型 PLC 和大型 PLC。

（1）小型 PLC。

小型 PLC 又称低档 PLC，其规模较小，I/O 总点数为 256 点及以下。其中 I/O 总点数小于 64 点的 PLC 称为超小型机，用户程序存储器容量约为 4K 字，具有逻辑运算、定时、计数、移位及自诊断、监控等基本功能，有些还有模拟量 I/O、算术运算、数据传送、远程 I/O 和通信等功能，可用于开关量控制、定时/计数控制、顺序控制及少量模拟量控制等，通常用来代替继电器-接触器控制，在单机或小规模生产过程中使用。常见的小型 PLC 产品有三菱公司的 F1、F2 和 FX0 系列，欧姆龙集团的 SP20 系列，西门子公司的 S5-100U、S5-95u、S7-200 系列等。

（2）中型 PLC。

中型 PLC 的 I/O 总点数为 256 点以上、2048 点以下，用户程序存储器的容量约为 8K 字，除具有小型机的功能外，还具有较强的模拟量 I/O、数字计算、过程参数调节（如 PID 调节、数据传送与比较、数制转换、中断控制、远程 I/O 及通信联网）功能，适用于既有开关量又有模拟量的较复杂控制系统，如大型注塑机控制、配料和称重等中、小型连续生产过程控制。常见的中型 PLC 有三菱公司的 A1S 系列、西门子公司的 S5-115U 系列等。

（3）大型 PLC。

大型 PLC 又称高档 PLC，I/O 总点数为 2048 点及以上，其中 I/O 总点数大于 8192 点的又称超大型 PLC，用户程序存储器容量大于 16K 字。大型 PLC 除具有中型 PLC 的功能外，还具有较强的数据处理、模拟调节、特殊功能函数运算、监视、记录、打印及强大的通信联网、中断控制、智能控制和远程控制等功能。由于大型 PLC 的功能强大，因此一般用于大规模过程控制、分布式控制系统和工厂自动化网络等场合。常见的大型 PLC 有三菱公司的 A3M、A3N 系列，西门子公司的 S5-135U、S5-155U、S7-400 系列。

6.2.4　PLC 的性能指标

PLC 的性能一般可用用户程序存储容量、I/O 总点数、扫描速度、指令种类、内部寄存器的配置及容量、特殊功能六种指标描述。

1. 用户程序存储容量

用户程序存储容量是衡量 PLC 存储用户程序的指标，通常以字为单位表示。每 16 位相邻的二进制数为一个字，1024 个字为 1K 字。对于一般的逻辑操作指令，每条指令都占 1 个字；每条定时/计数、移位指令都占 2 个字；每条数据操作指令都占 2~4 个字。有些 PLC 以编程的步数表示用户程序存储容量，一条指令包含若干步，一步占一个地址单元，一个地址单元为两个字节。

2. I/O 总点数

I/O 总点数是 PLC 可接收输入信号和输出信号的数量。PLC 的输入量和输出量有开关量、模拟量两种。开关量的 I/O 总点数用最大 I/O 点数表示,模拟量的 I/O 总点数用最大 I/O 通道数表示。

3. 扫描速度

扫描速度是指 PLC 扫描 1K 字时用户程序所需时间,通常以 ms/K 字为单位表示,有时以微秒/步为单位表示。

4. 指令种类

指令种类是衡量 PLC 软件功能的重要指标。PLC 的指令种类越多,其软件功能越强。

5. 内部寄存器的配置及容量

PLC 内部有许多寄存器,用以存储变量状态、中间结果、定时计数等数据,其数量、容量直接关系到用户编程时的方便性和灵活性。因此,内部寄存器的配置及容量也是衡量 PLC 硬件功能的指标。

6. 特殊功能

PLC 除具有基本功能外,还具有很多特殊功能,如自诊断功能、通信联网功能、监控功能、高速计数功能、远程 I/O 功能等。不同档次和种类的 PLC 具有的特殊功能相差很大,特殊功能越多,PLC 系统配置、软件开发越灵活、越方便、适应性越强。因此,特殊功能是衡量 PLC 技术水平的一个重要指标。

6.2.5 PLC 的发展趋势及对工业发展的影响

1. PLC 的五个发展趋势

(1)在系统构成规模上,PLC 向大、小两个方向发展。

近年来,随着微电子技术、计算机技术和通信技术的快速发展,PLC 的结构和功能不断改进,应用范围迅速扩大。PLC 在规模上的发展有两个主要趋势:其一是向体积更小、速度更高、功能更强、价格更低的小型化或微型化 PLC 方向发展,以真正完全取代最小的继电器系统,适应复杂单机、数控机床和工业机器人等领域的控制要求;其二是向大容量、高速度、多功能的大型高档 PLC 方向发展。I/O 总点数大于 8192 点的大型 PLC 很多,随着控制系统规模的不断扩大,I/O 总点数还在快速增加。大型 PLC 不但扫描速度高,而且具有 PID 调节、多轴定位、高速计数、远程 I/O、光纤通信等功能,可与计算机组成多级分布式控制系统,实现对工厂生产全过程的集中管理。

(2)开发智能模块,不断增强过程控制能力。

为满足工业自动化各种控制系统的需要,国内外众多 PLC 生产厂家不断开发新器件和智能 I/O 模块。智能 I/O 模块是以 CPU 为基础的功能部件,其 CPU 与 PLC 的主 CPU 并行工作,可以减少占用主 CPU 的时间,有利于提高 PLC 的扫描速度;又可以具有自适应、参数自整定等功能,使调试时间减少、控制精度提高,增强 PLC 的过程控制能力。

智能 I/O 模块主要有模拟 I/O 模块、PID 回路控制模块、机械运动控制（如轴定位控制、步进电动机控制等）模块、高速计数模块等。

（3）向网络化发展，通信联网功能不断增强。

几乎所有 PLC 都具有通信联网功能，增强 PLC 的通信联网能力成为 PLC 产品的发展趋势之一。PLC 的通信联网功能可使 PLC 与 PLC 之间、PLC 与计算机之间交换信息，实现短距离或长距离通信，形成一个统一的分散集中控制系统。由于各生产厂家的 PLC 通信协议往往是专用的，因此 PLC 产品难以相互兼容。近年来，许多 PLC 生产厂家都努力使自己的产品与制造自动化协议（manufacture automation protocol，MAP）兼容，从而使 PLC 与 PLC 之间、PLC 与计算机之间方便地通信联网，实现资源共享。

（4）编程语言与编程工具向标准化和高级化发展。

PLC 的编程语言有梯形图、流程图、专用语言指令等。其中最常用的是梯形图，其深受用户欢迎，得到了广泛应用。美国、法国、日本等生产的 PLC 产品在基本控制方面的编程语言均采用梯形图且标准化。随着现代 PLC 产品应用领域的扩展，尤其是 PLC 在一些大规模的复杂控制系统及通信联网方面的应用，仅靠梯形图编程已经不能满足需求。因此，PLC 编程语言出现了向高级语言（如 BASIC、Pascal、C 语言、FORTRAN 等）发展的趋势。

PLC 的编程工具有简易编程器和图形编程器。个人计算机也可用于 PLC 编程，只要配上相应的硬件接口及软件包就可作为编程器使用，能用多种编程语言编制用户程序，使用简单、方便，应用日益广泛。

（5）发展容错技术。

有些 PLC 生产厂家为适应大规模的复杂控制系统及高可靠性控制场合对 PLC 产品的要求，为其生产的 PLC 产品增加了容错功能，如双机热备、自动切换 I/O、双机表决（当输出状态与 PLC 的逻辑状态相比出错时自动断开该输出）和 I/O 三重表决（对 I/O 状态进行软硬件表决，取两个相同的）等，以大幅度提高 PLC 控制系统的可靠性。

2. PLC 对工业发展的影响

PLC 技术迅猛发展，使 PLC 获得了广泛应用，对工业生产自动化程度的提高起到非常重要的作用。PLC 的应用领域从最初单一的逻辑控制发展到模拟量控制、数字控制、机器人控制及多级分布式控制等工业控制场合，在工业自动控制应用中的占比越来越大，成为工业控制领域占主导地位的基础自动化设备。

近年来，我国 PLC 的研制、生产和应用发展很快，尤其在应用方面较突出。在引进一些大、中型现代化工厂的成套设备的同时，配套引进了很多 PLC，如上海宝钢第一、第二期工程共使用近 900 台 PLC，又如武汉钢铁（集团）公司、首都钢铁公司、秦山核电站、上海别克汽车生产线、北京吉普车生产线等都大量使用 PLC 进行自动化控制，经济效益取得了显著提高。除大型现代企业外，PLC 在许多工业行业也得到了广泛应用，如机械行业的全自动内圆磨床控制系统、卧式组合镗铣床控制系统、等离子弧喷焊控制系统，采矿冶金行业的矿山车场自动控制系统、彩色带钢涂层生产线，化工行业的气囊硫化机控制系统、煤气烧嘴控制系统，等等。总之，PLC 在我国的应用越来越广泛，对提高我国工业生产自动化水平起到重要作用。

6.3　PLC 的工作原理及编程语言

PLC 都是以微处理器为核心的，其功能实现不仅基于硬件的作用，还要靠软件的支持。实际上，PLC 就是一种新型的工业控制计算机。

6.3.1　存储程序控制与 PLC 的等效电路

1. 存储程序控制与 PLC

在传统继电器控制系统和电子逻辑控制系统中，控制任务是通过电器、控制线路完成的。用导线连接继电器、接触器、电子元件等若干分立器件就构成了控制线路，形成满足控制对象动作要求的控制"程序"。这种控制系统称为接线程序控制系统。因为其程序固定在接线中，所以又称接线程序。在接线程序控制系统中，若要修改控制程序，则必须改变接线。

设计一个接线程序控制系统，首先需要针对具体的控制对象分析控制要求，确定输入/输出设备，设计相应的控制线路；然后根据需要制作针对该控制任务的专用控制装置（如继电器控制柜或控制台）。对于较复杂的控制过程，控制线路设计非常烦琐、困难。由于控制系统器件接线多，因此系统的可靠性受到很大影响，其平均无故障时间较短。完成控制系统以后，若控制任务发生变化（如生产工艺流程的变化），则必须改变接线，容易造成接线程序控制系统的灵活性和通用性较低、故障率高、维修不便。

随着集成电路和计算机技术的迅猛发展，存储程序控制逐步取代接线程序控制而成为工业控制系统的主流和发展方向。所谓存储程序控制，就是将控制逻辑以程序语言的形式存储在存储器中，通过执行存储器中的程序实现系统的控制要求。这种控制系统称为存储程序控制系统。在存储程序控制系统中，修改控制程序时不需要改变控制器内部接线（硬件），而只需通过编程器改变程序存储器中某些程序语言的内容即可。

PLC 就是一种存储程序控制器。其输入设备和输出设备与继电器控制系统相同，但它们分别直接连接输入端和输出端（PLC 的输入接口和输出接口已经做好，接线简单、方便）。在由 PLC 构成的控制系统中，实现一个控制任务，同样需要针对具体的控制对象分析控制系统要求，确定输入/输出设备，运用相应的编程语言（如梯形图、语句表、控制系统流程图等）编制控制程序，利用编程器或其他设备（如 EPROM 写入器、与 PLC 相连的个人计算机等）写入 PLC 的程序存储器。每条程序语句确定一个顺序，运行时，CPU 依次读取、解释并执行存储器中的程序语句；执行结果用以驱动输出设备，控制被控对象工作。PLC 是通过软件实现控制逻辑的，其能够适应不同控制任务的需要，灵活性和通用性强、可靠性较高。

2. PLC 存储程序控制系统

如图 6-3 所示，由 PLC 构成的存储程序控制系统包括输入设备、内部控制电路、输出设备三部分。

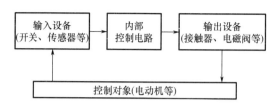

图 6-3 PLC 构成的存储程序控制系统

输入设备：连接到 PLC 的输入端，直接接收操作台上的操作命令或被控对象的状态信息，产生输入控制信号并送入 PLC。常用的输入设备有控制开关和传感器。控制开关可以是按钮开关、限位开关、行程开关、光电开关、继电器和接触器的触点等。传感器包括数字式传感器和模拟式传感器，如光栅位移式传感器、磁尺、热电阻、热电偶等。

内部控制电路：采用大规模集成电路制作的 CPU 和存储器，执行按照被控对象的实际要求编制并存入程序存储器中的程序，以完成控制任务。

输出设备：与 PLC 的输出端相连，用来将 PLC 的输出控制信号转换为驱动被控对象工作的信号。常用的输出设备有电磁开关、电磁阀、电磁继电器、电磁离合器、状态指示部件等。

输入部分采集输入信号，输出部分是系统的执行部分，这两部分与继电器控制系统相同。PLC 内部控制电路是由编程实现的逻辑电路，用软件编程代替继电器的功能。对于使用者来说，编制应用程序时，可以不考虑 CPU 和存储器的复杂构成及使用的编程语言，而把 PLC 看成内部由许多"软继电器"组成的控制器，用类似于继电器控制线路图的编程语言进行编程。从功能上讲，可以把 PLC 的控制部分看作由许多"软继电器"组成的等效电路，这些"软继电器"的线圈、常开触点、常闭触点一般用图 6-4 所示符号表示。PLC 的等效电路如图 6-5 所示。

(a) 线圈　　　　　(b) 常开触点　　　　　(c) 常闭触点

图 6-4 "软继电器"的线圈和触点

下面介绍 PLC 等效电路的组成部分。

（1）输入回路。输入回路由外部输入电路、PLC 输入接线端子和输入继电器组成。外部输入信号经 PLC 输入接线端子驱动输入继电器。一个输入端子对应一个等效电路中的输入继电器，它可提供任意个常开触点和常闭触点，供 PLC 内部控制电路编程时使用。由于输入继电器反映输入信号的状态（如输入继电器接通即表示传送给 PLC 一个接通的输入信号），因此，经常将两者等价使用。输入回路的电源可用 PLC 电源部件提供的直流电压，也可用独立的电源供电。

（2）内部控制电路。内部控制电路是由用户程序形成的。它的作用是按照程序规定的逻辑关系，对输入信号和输出信号的状态进行运算、处理和判断，然后得到相应的输出。用户程序通常采用梯形图编写，梯形图在形式上类似于继电器线路图，两者在电路结构及线圈与触点的控制关系上都大致相同，只是梯形图中的元件符号及其含义与继电器线路图中的不同。

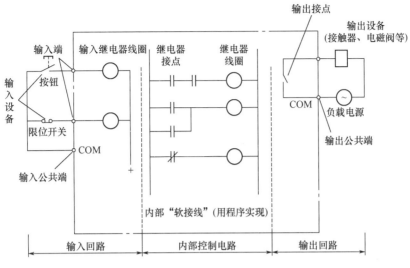

图 6-5　PLC 的等效电路

（3）输出回路。输出回路由与内部控制电路隔离的输出继电器的外部常开触点、输出接线端子和外部电路组成，用来驱动外部负载。

PLC内部控制电路中有许多输出继电器。每个输出继电器除为内部控制电路提供编程用的常开触点、常闭触点外，还为输出电路提供一个常开触点与输出接线端子相连。驱动外部负载的电源由用户提供。在PLC的输出端子排上，有接输出电源用的公共端。

PLC等效电路中的继电器不是实际的物理继电器（硬继电器），而是存储器中的触发器。若该触发器为"1"态，则相当于继电器接通；若该触发器为"0"态，则相当于继电器断开。在PLC提供的所有继电器中，输入继电器用来反映输入设备的状态，也可以将其看成输入信号本身；输出继电器用来直接驱动用户输出设备，而其他继电器与用户设备没有联系，在控制程序中仅起传递中间信号的作用，因此统称内部继电器，如辅助继电器、特殊功能继电器、计时器、计数器等。PLC的所有继电器统称PLC的元素。

6.3.2　PLC 的扫描技术

1. 扫描工作方式

PLC靠执行用户程序实现控制要求。为了便于执行程序，在存储器中设置输入映像寄存器区和输出映像寄存器区（或统称I/O映像区），分别存放执行程序之前的各输入状态和执行过程中各结果的状态。PLC以循环扫描方式执行用户程序。扫描只是一种形象的说法，其为描述CPU对程序顺序、分时操作的过程。扫描从第0号存储地址存放的第一条用户程序开始，在无中断或跳转控制的情况下，按存储地址号递增的方向逐条扫描用户程序，也就是按顺序执行程序，直到程序结束，即完成一个扫描周期；然后重新执行用户程序，并周而复始地重复。由于CPU的运算速度很高，因此从外观上看，用户程序似乎是同时执行的。

PLC的扫描工作方式与传统的继电器控制系统明显不同。继电器控制装置采用硬逻辑并行运行的方式，在执行过程中，如果一个继电器的线圈通电，那么该继电器的所有常开

触点和常闭触点无论处在控制线路的什么位置都会立即动作——常开触点闭合，常闭触点打开。而 PLC 采用循环扫描控制程序的工作方式，在 PLC 的工作过程中，如果某个软继电器的线圈接通，则该线圈的所有常开触点和常闭触点不一定都会立即动作，只有 CPU 扫描到该触点时才会动作——常开触点闭合，常闭触点打开。

2. 扫描工作过程

PLC 开始运行时，首先清除 I/O 映像区的内容，然后进行自诊断、自检 CPU 及 I/O 组件，确认正常后开始循环扫描。扫描工作过程分为三个阶段，即输入采样、程序执行、输出刷新，如图 6-6 所示。PLC 重复执行上述三个阶段，重复一次的时间就是一个工作周期（或扫描周期）。

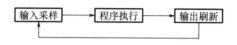

图 6-6　扫描工作过程的三个阶段

（1）输入采样阶段。

在输入采样阶段，PLC 以扫描方式按顺序将所有输入端的输入信号状态（"0"或"1"，表现在接线端上是否承受外加电压）读入输入映像寄存器区，这个过程称为对输入信号的采样或输入刷新，接着转入程序执行阶段。输入采样阶段结束后，即使输入信号状态发生改变，输入映像寄存器区中的状态也不会发生改变。

（2）程序执行阶段。

在程序执行阶段（又称程序处理阶段），PLC 按顺序扫描程序。如果用梯形图表示程序，则总是按先上后下、先左后右的顺序对由触点构成的控制线路进行逻辑运算，然后根据逻辑运算的结果，刷新输出映像寄存器区或系统 RAM 区对应位的状态。在程序执行阶段，只有输入映像寄存器区存储的输入采样值不会发生改变，其他各种元素在输出映像寄存器区或系统 RAM 存储区内的状态和数据都可能随着程序的执行发生改变。在程序执行过程中，排在上面的逻辑行被刷新后的逻辑线圈状态或数据，会对排在下面的用到这些逻辑线圈的触点或数据的逻辑行起作用；而排在下面的逻辑行被刷新的逻辑线圈的状态或数据，只有等到下一个扫描周期才可能会对排在上面的逻辑行起作用。因为扫描是从上到下进行的，前面执行的结果可能被后面的程序用到，从而影响后面程序的执行结果；而后面扫描的结果不可能改变前面的扫描结果，只有到下一个扫描周期再次扫描前面程序时才可能起作用。如果程序中的两个操作相互用不到对方的操作结果，那么这两个操作的程序在整个用户程序中的相对位置是无关紧要的。

（3）输出刷新阶段。

程序执行后，进入输出刷新阶段。此时，将输出映像寄存器区中所有输出继电器的状态都转存到输出锁存器，再通过输出端驱动用户输出设备（负载），这就是 PLC 的实际输出。

PLC 的扫描工作过程如图 6-7 所示。可以总结出如下 PLC 对输入、输出的处理规则。

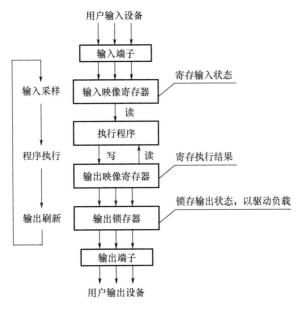

用户输入设备

输入端子

输入采样　　　输入映像寄存器　　　寄存输入状态

读

执行程序

程序执行　　　写　　读　　寄存执行结果

输出映像寄存器

锁存输出状态，以驱动负载

输出刷新　　　输出锁存器

输出端子

用户输出设备

图 6-7　PLC 的扫描工作过程

① 输入映像寄存器区中的数据取决于输入端子在本扫描周期输入采样阶段刷新的状态。在程序执行阶段和输出刷新阶段，输入映像寄存器区的内容不会发生改变。

② 输出映像寄存器区中的数据由程序中输出指令的执行结果决定。在输入采样阶段和输出刷新阶段，输出映像寄存器区的数据不会发生改变。

③ 输出锁存电路中的数据由上一个扫描周期的输出刷新阶段存入输出锁存电路中的数据确定。在输入采样阶段和程序执行阶段，输出锁存电路的数据不会发生改变。

④ 输出端子直接与外部负载连接，输出端子的状态由输出锁存电路中的数据确定。

⑤ 程序执行中所需的输入、输出状态可以输入映像寄存器区和输出映像寄存器区读出。

3. 输入/输出滞后时间

输入/输出滞后时间又称系统响应时间，其是指从 PLC 外部输入信号发生变化的时刻起至控制的有关外部输出信号发生变化的时刻止的时间间隔。它由输入电路的滤波时间、输出模块的滞后时间和由扫描工作方式产生的滞后时间三部分组成。输入模块的 RC 滤波电路用来滤除输入端引入的干扰噪声，消除由外接输入触点动作时产生抖动引起的不良影响。滤波时间常数决定了输入滤波时间，其典型值为 10ms。

输出模块的滞后时间与模块开关元件的类型有关：继电器型输出电路的最长滞后时间一般为 10ms；双向可控硅型输出电路在负载被接通时的滞后时间约为 1ms，负载由导通到断开时的最长滞后时间为 10ms；晶体管型输出电路的滞后时间一般为 1ms。

下面分析由扫描工作方式引起的滞后时间。图 6-8 所示梯形图中的 X0 是输入继电器，用来接收外部输入信号。在时序图中，最上一行是 X0 对应的经滤波的外部输入信号波形。Y0、Y1、Y2 是输出继电器，用来将输出信号传送给外部负载。X0 和 Y0、Y1、

Y2 的波形分别表示对应的输入映像寄存器和输出映像寄存器的状态,高电平表示"1"状态,低电平表示"0"状态。

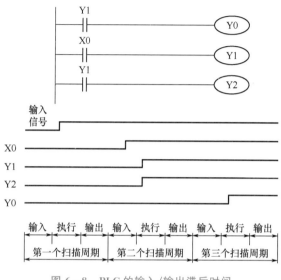

图 6-8 PLC 的输入/输出滞后时间

因为图 6-8 中的输入信号在第一个扫描周期的输入采样阶段之后出现,所以在第一个扫描周期内各映像寄存器均为"0"状态。

在第二个扫描周期的输入采样阶段,输入继电器 X0 的输入映像寄存器为"1"状态。在程序执行阶段,Y1、Y2 依次接通,它们的输出映像寄存器都为"1"状态。

在第三个扫描周期的程序执行阶段,Y1 的接通使 Y0 接通。Y0 的输出映像寄存器变为"1"状态。在输出刷新阶段,Y0 对应的外部负载被接通。可见,从外部输入触点接通到 Y0 驱动的负载接通,最大响应延迟可达两个多扫描周期。

交换图 6-8 中第一行和第二行的位置,Y0 的滞后时间将减少一个扫描周期。可见,可以使用程序优化的方法减少这种滞后时间。PLC 总的响应延迟时间一般只有数十毫秒,对于一般控制系统是无关紧要的。但也有少数系统对响应时间有特别的要求,需选择扫描时间短的 PLC 或采取使输出与扫描周期脱离的控制方式。

6.3.3 PLC 的编程语言

根据系统配置和控制要求编制用户程序是 PLC 应用于工业控制的一个重要环节。编程简单、易掌握是 PLC 的重要特点。早期 PLC 主要用于替代继电器控制装置,为使工程技术人员很快掌握 PLC 的编程方法,有利于推广这一新型工业控制装置,PLC 不采用微型计算机的编程语言,而是吸收电气技术人员较熟悉的继电器线路图的特点,系统软件为用户创立一套易学易懂、应用简便的编程语言——梯形图。

PLC 常用的编程语言主要有梯形图、指令语句表、顺序功能图、级式编程语言、逻辑图编程语言、高级编程语言等。

1. 梯形图（Ladder Diagram）

梯形图是应用最广泛、最受电气技术人员欢迎的一种编程语言，其具有简单、直观、易学易懂的特点。在梯形图中，常开触点、常闭触点构成组合逻辑电路，驱动各类软器件线圈或功能指令块，实现一定的逻辑运算、算术运算或数据的传送、变换与外部输出等功能。其表达形式类似于继电器线路图。图6-9所示为继电器线路图与梯形图。图6-10所示为PLC的I/O端口接线图，其中SB1和SB2分别为硬件启动按钮和停止按钮。X0与X1为I/O映像寄存器区中的软器件输入继电器，它们的状态决定X0、X1端子外接的启动按钮与停止按钮（外接常开触点）在输入采样阶段的状态。可见，两种图形结构类似并采用相似的图形符号。继电器线路图与梯形图有两个主要区别，其一是继电器线路图为并行工作方式，而梯形图为串行工作方式；其二是在继电器线路图中受硬件条件的限制，各类器件（如图中按钮与接触器的常开触点、常闭触点）的数量是有限的，而梯形图中各类软器件用于内部编程的常开触点、常闭触点使用次数不受限制。这是因为PLC内部调用的常开触点、常闭触点实际上是位元件的电平信号，而内部电子电路采用的随机存取存储器（COMS RAM）电子电路的功耗极小，在有限用户程序容量内的使用次数不受限制。

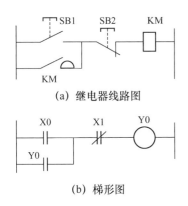

(a) 继电器线路图

(b) 梯形图

图6-9　继电器线路图与梯形图

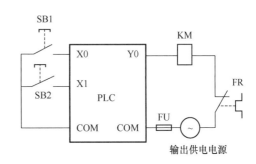

图6-10　PLC的I/O端口接线图

梯形图中左、右两侧的直线分别称为左、右母线，其相当于继电器线路图中的左、右电源线。与左母线相连的控制线路通常是一个由常开触点、常闭触点组成的逻辑电路，与右母线相连的是输出线圈、其他软器件的逻辑线圈或功能指令块。有时梯形图中的右母线可以省略。

2. 指令语句表（Instruction List）

指令语句表简称语句表，它是梯形图的一种派生语言，类似于汇编语言，但更简单。它采用助记符形式的指令语句描述梯形图的逻辑运算、算术运算、数据传送与处理或程序执行中的某些特定功能，与梯形图有着严格的对应关系。指令语句表编程语言的最大特点是便于用户程序的输入、读取与修改，采用没有大屏幕显示、无梯形图编程功能的携带式简易编程器就能方便地输入用户程序。

指令语句表的基本格式是"操作码＋操作数"。操作码表示某条指令执行的操作，为便于识别和记忆，采用助记符形式。操作数表示操作对象，通常以软器件的地址或数据内

容等形式出现。例如图 6-9 中的梯形图可以用下述几条语句描述。

序号	操作码	操作数	程序步数	指令功能
0	LD	X0	1	从母线开始取用 X0 的常开触点
1	OR	Y0	1	并联 Y0 的常开触点（"或"运算）
2	ANI	X1	1	串联 X1 的常闭触点（"与"运算）
3	OUT	Y0	1	Y0 线圈输出

图 6-11 所示为一个带有功能指令块的 FX2 系列 PLC 的梯形图，表 6-1 列出了与其对应的指令语句表。

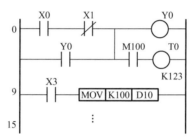

图 6-11 FX2 系列 PLC 的梯形图

表 6-1 指令语句表

步序	操作码（助记符）	操作数（操作符号）	指令功能
1	LD	X0	从母线开始取 X0 的常开触点
2	ANI	X1	串联 X1 的常闭触点
3	OR	Y0	并联 Y0 的常开触点
4	OUT	Y0	驱动 Y0 线圈
5	AND	M100	串联 M100 的常开触点
6	OUT	T0	连续驱动 T0 线圈（3 步）
9	K	123	设定定时器延时值为 12.3s
10	LD	X3	从母线开始取 X3 的常开触点
15	MOV	12	16 位数据传送（功能号 12，为 5 步指令）
—	K	100	十进制常数 100 为源数据
—	D	10	地址编号为 10 的 16 位数据寄存器为目标数

本书将以 FX2N 系列 PLC 为例，说明 PLC 的基本指令、步进指令和功能指令系统。

3. 顺序功能图（Sequential Function Chart）

顺序功能图又称功能表图或状态转移图。它将一个完整的控制过程分解为若干个阶段（状态），各阶段有不同的动作或其他控制内容，阶段之间有一定的转换条件，一旦条件满足就实现状态的自动转移，上一阶段动作结束，下一阶段动作开始，直至完成整个过程的控制要求。这种编程语言特别适用于复杂的顺序控制过程。状态器是实现顺序功能图编程功能的专用编程软器件。

图6-12所示为机械手自动方式向下状态转移图,只要满足一定条件就置初态S2为1,从下降开始到左移回到原始位置,自动完成整个控制过程。

顺序功能图与梯形图和指令语句表之间具有对应关系,能够相互转换。

4. 级式编程语言(Stage)

级式编程语言是类似于功能图的图形编程语言,如图6-13所示。它沿用了梯形图编程方法,并在PLC内部开发了供编程用的通用与专用编程元件和指令(状态元件、级式指令)。

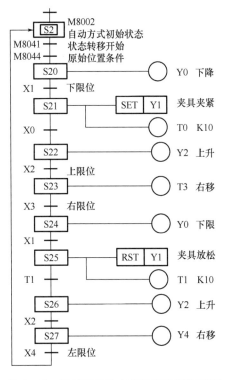

图6-12 机械手自动方式向下状态转移图

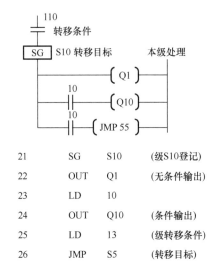

21	SG	S10	(级S10登记)
22	OUT	Q1	(无条件输出)
23	LD	10	
24	OUT	Q10	(条件输出)
25	LD	13	(级转移条件)
26	JMP	S5	(转移目标)

图6-13 级式编程语言与指令语句表程序

5. 逻辑图编程语言(Logic Chart)

逻辑图编程语言是一种图形编程语言,采用逻辑电路规定的"与""或""非"等逻辑图符号,按控制顺序组合而成。图6-14所示为用逻辑图编程语言编制的PLC程序。

6. 高级编程语言

随着软件技术的发展,为增强PLC的运算功能和数据处理能力并方便用户使用,许多中、大型PLC都采用BASIC、FORTRAN、PASCAL、C语言等高级语言的PLC专用编程语言,实现程序的自动编译。

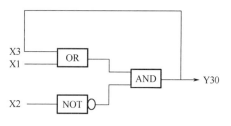

图 6 - 14　用逻辑图编程语言编制的 PLC 程序

6.4　FX2N 系列 PLC 的编程器件及基本指令

6.4.1　PLC 内部编程器件

FX2N系列PLC
的编程器件

　　编程元件是指 PLC 内部等效于继电器功能的不同器件。FX2N 系列 PLC 编程元件有输入/输出继电器（X 与 Y）、辅助继电器（M）、状态继电器（S）、定时器（T）、计数器（C）、数据寄存器（D）、指针（P、I、N）七大类。

　　FX2N 系列 PLC 编程元件由两部分组成，第一部分用一个字母代表编程元件，第二部分用数字表示该编程元件的编址号。

1. 输入继电器和输出继电器

（1）输入继电器。

　　输入继电器（X）用于接收用户设备发出的输入信号，每个输入继电器线圈均与相应 PLC 输入接口端子相连，并有无限个常开触点和常闭触点供编程使用。图 6-15 所示为输入、输出继电器的等效电路。输入继电器有两个特点：①状态只能由外部信号驱动，无法用程序驱动，因此在梯形图中只出现触点而不会出现线圈符号；②输入继电器触点只能用于内部编程，无法驱动外部负载，其输入响应时间为 10ms。

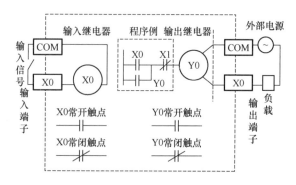

图 6 - 15　输入、输出继电器的等效电路

　　由于 PLC 只是在每个扫描周期开始时读取输入信号，因此要求输入信号（"ON"或

"OFF")的保持时间大于PLC的扫描周期,否则PLC在一个扫描周期中可能无法读取保持时间过短的输入信号,而导致输入信号丢失。

(2)输出继电器。

输出继电器(Y)用于向执行机构控制元件传送控制信号。每个输出继电器均通过一个输出常开硬触点与相应PLC输出端子相连,该输出常开硬触点反映输出继电器线圈的通断状态。例如,当输出继电器Y0通电,输出常开硬触点Y0的信号状态为"1"。受输出继电器Y0控制的供编程用常开触点和常闭触点可以无限次使用。

输出继电器线圈的通断状态由PLC程序执行结果决定,在每个扫描周期的最后阶段,CPU都以批处理方式将输出映像寄存器的内容传送到PLC的输出接口端子,驱动外部负载工作。

FX2N系列PLC的输入、输出继电气元件序号见表6-2。

表6-2 FX2N系列PLC的输入、输出继电气元件序号

FX2N-16M	FX2N-32M	FX2N-48M	FX2N-64M	FX2N-80M	FX2N-128M	扩展时
X0～X7 (8点)	X0～X17 (16点)	X0～X27 (24点)	X0～X37 (32点)	X0～X47 (40点)	X0～X77 (64点)	X0～X267 (184点)
Y0～Y7 (8点)	Y0～Y17 (16点)	Y0～Y27 (24点)	Y0～Y37 (32点)	Y0～Y47 (40点)	Y0～Y77 (64点)	Y0～Y267 (184点)

2. 辅助继电器

辅助继电器(M)在逻辑运算中起暂存中间状态作用,相当于继电器控制线路中的中间继电器。辅助继电器的线圈状态由PLC中间运算结果决定,受辅助继电器线圈控制的常开触点和常闭触点数量不受限制。因为一个辅助继电器触点只是内部存储器的一个状态标志存储位,所以辅助继电器触点既不能接收外部的输入信号,又不能直接驱动外部负载。

(1)通用辅助继电器。

通用辅助继电器不具有断电保持功能。PLC上电前,所有通用辅助继电器均自动复位为"OFF"状态;上电时,除因外部输入信号变为"ON"状态的通用辅助继电器外,其余均保持"OFF"状态;上电后的状态由输入信号决定。

(2)断电保持辅助继电器。

断电保持辅助继电器具有记忆功能。PLC断电时,PLC内部的锂离子蓄电池将断电保持辅助继电器状态保持在相应的映像寄存器中;重新上电后,从映像寄存器中调入断电时的状态,并在该基础上继续工作。

FX2N、FX2NC系列PLC的通用辅助继电器及断电保持辅助继电器见表6-3,其中M500～M1023可由软件设定为通用辅助继电器。

表 6 - 3　FX2N、FX2NC 系列 PLC 的通用辅助继电器及断电保持辅助继电器

PLC 型号	FX2N、FX2NC 系列
通用辅助继电器	500 点，M0～M499
断电保持辅助继电器	2572 点，M500～M3071
总计	3072 点

（3）特殊辅助继电器。

特殊辅助继电器共 256 点，用于表示 PLC 的特殊状态。它们都有各自的特殊功能，如提供时钟脉冲和标志、设定 PLC 运行方式、用于步进顺序及禁止中断等。

① 触点型特殊辅助继电器。触点型特殊辅助继电器由系统程序驱动线圈，在用户程序中可以直接使用触点而不能出现线圈。常用触点型特殊辅助继电器见表 6 - 4。

表 6 - 4　常用触点型特殊辅助继电器

功能类别	继电器序号	名称	功能说明
表示 PLC 状态	M8000	运行监视继电器	当 PLC 开机运行时，M8000 为 "ON"；关机停止时，M8000 为 "OFF"。M8000 可作为 "PLC 正常运行" 标志上传给上位机
	M8001	运行监视继电器	当 PLC 开机运行时，M8001 为 "OFF"；关机停止时，M8001 为 "ON"
	M8002	初始脉冲继电器	PLC 开机运行后，M8002 仅在 M8000 由 "OFF" 变为 "ON" 自动接通一个扫描周期。可以用 M8002 的常开触点使断电保持继电器初始化
	M8003	初始脉冲继电器	PLC 开机运行后，M8003 仅在 M8000 由 "OFF" 变为 "ON" 自动断开一个扫描周期
	M8005	锂离子蓄电池电压降低继电器	锂离子蓄电池电压下降至规定值时 M8005 变为 "ON"，可用其触点驱动输出到继电器控制的外部指示灯，提醒更换电池
提供时钟脉冲	M8011	内部 10ms 时钟脉冲	PLC 上电后，自动产生周期为 10ms（5ms 为 "ON"，5ms 为 "OFF"）的时钟脉冲
	M8012	内部 100ms 时钟脉冲	PLC 上电后，自动产生周期为 100ms 的时钟脉冲
	M8013	内部 1s 时钟脉冲	PLC 上电后，自动产生周期为 1s 的时钟脉冲
	M8014	内部 1min 时钟脉冲	PLC 上电后，自动产生周期为 1min 的时钟脉冲

② 线圈型特殊辅助继电器。线圈型特殊辅助继电器的原理是用户程序驱动线圈，使 PLC 执行特定的操作，而用户不使用其触点。常用线圈型特殊辅助继电器如下：M8030

的线圈通电后，表示电池电压降低的发光二极管；M8034 的线圈通电后，PLC 禁止所有输出，即所有外部输出均为 "OFF"，但 PLC 程序仍然正常执行。

3. 状态继电器

状态继电器（S）主要用于编制 PLC 的顺序控制程序，一般与步进顺序控制指令 STL 配合使用。

常用状态继电器有初始状态继电器（S0～S9 共 10 点）、回零状态继电器（S10～S19 共 10 点，供返回始点时用）、通用状态继电器（S20～S499 共 480 点，不具有断电保持功能，需断电保持功能时可用程序设定）、断电保持状态继电器（S500～S899 共 400 点，断电时用带锂离子蓄电池的 RAM 或 EEPROM 保存 "ON" 或 "OFF" 状态）、报警用状态继电器（S900～S999 共 100 点，使用信号报警器置位 ANS 和信号报警器复位 ANR 指令时起外部故障诊断输出作用，称为信号报警器）。

在非顺序控制程序中，状态继电器也可用作辅助继电器。此外，状态继电器的常开触点与常闭触点在 PLC 编程中可以无限次使用。

4. 数据寄存器

数据寄存器（D）用于为模拟量控制、位置量控制、数据 I/O 存储参数及工作数据，每个数据寄存器均为 16 位，其中最高位规定为符号位，可用两个数据寄存器组合起来存放 32 位数据，仍规定最高位为符号位。FX2N 系列 PLC 中的常用数据寄存器有以下四类。

（1）通用数据寄存器。

通用数据寄存器有 D0～D199 共 200 点，不写入其他数据时，通用数据寄存器保持已写入数据，并在 PLC 状态由运行（RUN）转为停止（STOP）时其内部全部存储数据清零；若将特殊辅助继电器 M8033 置 1，则 PLC 由 RUN 转为 STOP 时，存储数据保持。

（2）断电保持数据寄存器。

断电保持数据寄存器有 D200～D7999 共 7800 点，具有断电保持功能，即在写入新数据前，原有数据在电源断开时不会丢失，其中 D490～D509 用于两台 PLC 点对点通信。

（3）特殊数据寄存器。

特殊数据寄存器有 D8000～D8255 共 256 点，用于监控 PLC 的运行状态，如扫描时间、电池电压等。用户不能使用未加定义的特殊数据寄存器。

（4）变址寄存器。

变址寄存器有 V0～V7 和 Z0～Z7 共 16 点，为 16 位寄存器。变址寄存器相当于 CPU 中的变址寄存器，用于改变元件的编号（变址）。变址寄存器可以读写，需要进行 32 位操作时，将 V 与 Z 串联使用（Z 为低位，V 为高位）。

例：设 V0＝5，求执行 D20V0 时被执行元件的编号。

答：被执行元件编号为 D（20＋V0）＝D（20＋5）＝D25，即将原执行元件的编号 D20 改为 D25。

5. 定时器

定时器（T）相当于继电器控制系统中的通电型时间继电器。FX2N 系列 PLC 的定时器有 T0～T255 共 256 点，其中通用定时器 246 点，积算定时器 10 点，见表 6-5。

表 6-5 FX2N 系列 PLC 的定时器编号分配

定时器类型	FX2N、FX2NC
100ms 定时器	T0~T199 共 200 点，定时范围为 0.1~3276.7s，其中 T192~T199 为子程序中断服务专用的定时器
10ms 定时器	T200~T245 共 46 点，定时范围为 0.01~327.67s
1ms 积算定时器	T246~T249 共 4 点，定时范围为 0.001~32.767s
10ms 积算定时器	T250~T255 共 6 点，定时范围为 0.1~3276.7s

每一个定时器都由一个设定值寄存器（一个字长，用户可使用用户程序存储器内的常数 K 或数据寄存器 D 的内容作为设定值）、一个当前值寄存器（一个字长）、一个用来存储输出触点状态的映像寄存器（一个二进制位寄存器）组成，三个寄存器使用同一地址编号。

定时器还有无限个常开触点和常闭触点供编程时使用，若定时器设定时间到，则常开触点接通、常闭触点断开。

（1）通用定时器。

通用定时器不具备断电保持功能，当输入电路断开或停电时，定时器复位清零。通用定时器有 100ms 和 10ms 两种。

通用定时器的工作原理与动作时序如图 6-16 所示。图中，当 X0 接通时，通用定时器 T200 线圈被驱动，T200 的当前值计数器对 10ms 脉冲进行累积（加法）计数，不断比较其值与设定值 K123，当两值相等时，输出触点接通，即定时线圈得电后，其触点延时1.23s 后动作。在 X0 断开或使线圈复位以及失电情况下，计数器立即复位，输出触点也立即复位。

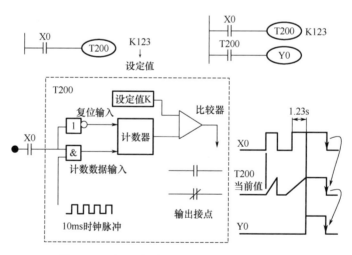

图 6-16 通用定时器的工作原理与动作时序

例： 图 6-17 所示为 T200 通用定时器延时控制梯形图，试分析通用定时器 T200 的延时控制原理及设定值寄存器内数据在通电与断电过程中的变化情况。

答： 输入 X0 接通时，定时器 T200 从 0 开始对 10ms 时钟脉冲进行累积计数，当计数值与设定值 K123 相等（经过的延时时间为 $123 \times 0.01s = 1.23s$）时，定时器的常开触点

T200 接通，线圈 Y0 通电。X0 断开后定时器复位，计数值变为0，其常开触点 T200 断开，线圈 Y0 也随之断开。

当外部电源断电时，定时器复位清零，计数值也变为 0。

（2）保持型定时器。

保持型定时器具有累积计数功能，即在定时过程中，若 PLC 断电或定时器线圈断开，则保持型定时器保持当前计数值。PLC 电源或定时器线圈恢复通电后，在保持当前计数值的基础上继续累积计数，只有将保持型定时器复位，当前计数值才清零。保持型定时器有 1ms 和 100ms 两种。

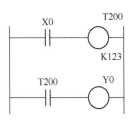

图 6-17　T200 通用定时器延时控制梯形图

保持型定时器的工作原理和动作时序如图 6-18 所示。

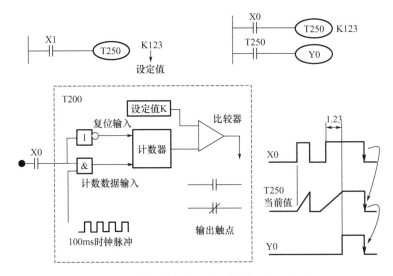

图 6-18　保持型定时器的工作原理和动作时序

当 X1 接通时，保持型定时器 T250 线圈被驱动，当前值计数器开始对 100ms 脉冲累积计数，不断比较该值与设定值 K345，当两值相等时，T250 触点动作接通。计时中途，即使 X1 断开或断电，T250 线圈失电，当前值也能保持。输入 X1 再次接通或复电时，继续计时，直至累计到延时 34.5s，T250 触点输出动作。只要复位信号 X2 接通，计时器与输出触点就立即复位。

在程序设计中，使用定时器时应注意定时时间设定范围，计时分辨率不同，定时时间范围也不同；同时，注意在定时器输出线圈后紧跟设定值 K。K值等于定时时间值（单位为 s）除以该定时器的计时分辨率。

例：图 6-19 所示为 T253 保持型定时器延时控制梯形图，试分析其控制过程及电源从通电到断电再到通电过程中计数当前值的变化情况。

答：当 X0 接通时，T253 当前值计数器开始累积 100ms 时钟脉冲的数目。当 PLC 电源经 t_0 时间后断开，而 T253 尚未计数到设定值 K345 时，当前计数值保留。电源接通并使 X0 再次接通后，T253 从保留的当前计数值开始继续累积，经过 t_1 时间，当前计数值达到 K345，定时器的常开触点 T253 接通，使线圈 Y0 接通。累积时间为 $345 \times 0.1s = 34.5s$。

当复位输入 X1 接通时，定时器复位清零，定时器的常开触头也随之复位。

6. 计数器

FX2N 系列 PLC 有内部计数器（C）和高速计数器两类。内部计数器用于对内部映像寄存器（如 X、Y、M、S、T 等）提供的触点信号上升沿进行计数，分为 16 位加法计数器及 32 位双向计数器两种；高速计数器用于对外部脉冲信号（如旋转编码器脉冲信号）进行计数。

（1）16 位加法计数器。

16 位加法计数器的地址编号为 C0～C199 共 200 点，其中 C0～C99 共 100 点为通用型，C100～C199 共 100 点为保持型。其计数设定值为 1～32767。

图 6-20 所示为 16 位加法计数器计数过程梯形图。X10 为复位信号，当 X10 为"ON"时，C0 复位为零并进入计数状态。X11 为计数输入，每当 X11 接通一次计数器当前值都增加 1。

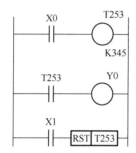

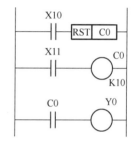

图 6-19　T253 保持型定时器延时控制梯形图　　　图 6-20　16 位加法计数器计数过程梯形图

若计数器计数设定为 10，则计数当前值到达 10 后计数器 C0 的常开触点接通，使线圈 Y0 接通。此后即使输入 X11 再接通，计数器的当前值也保持不变，直至复位输入 X10 再次接通，执行 RST 复位指令。

当计数器复位时，输出触点也复位，Y0 被断开，计数当前值清零，再次进入计数状态，常数 K 或数据寄存器 D 均可用于计数值设定。

（2）32 位双向计数器。

32 位双向计数器的地址编号为 C200～C234 共 35 点，其中 C200～C219 共 20 点为通用型，C220～C234 共 15 点为保持型。32 位双向计数器的设定值范围为 -214783648～214783647。

C200～C234 计数器的计数方式（加计数或减计数）由特殊辅助继电器 M8200～M8234 设定。特殊辅助继电器置为"ON"时为减计数，置为"OFF"时为加计数。与 16 位加法计数器一样，32 位双向计数器可直接用常数 K 或间接用数据寄存器 D 的内容作为计数设定值。

图 6-21 所示为 32 位双向计数器计数过程梯形图。X12 控制 M8210 实现计数方式选择，若 X12 闭合则为减计数方式。X14 为计数输入，C210 的设定值为 10。设 C210 为加计数方式，则只需 X12 断开，控制 M8210 为"OFF"即加计数方式。

当 X14 计数输入累加至 10 时，计数器的常开触点 C210 接通，输出继电器线圈 Y1 通电。当前值大于 10 时，计数器仍为"ON"状态，只有当前值由 10 减至 9 时，计数器才变为"OFF"，并输出保持"OFF"状态。

复位输入 X13 接通时，计数器的当前值为 0，输出触点也随之复位。

（3）高速计数器。

高速计数器有 C235～C255 共 21 点，但只能共享 PLC 上的 6 个高速输入端 X0～X5，所以高速计数器一次最多使用 6 个。高速计数器输入端接线分配见表 6-6。

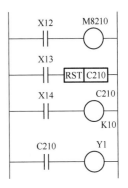

图 6-21 32 位双向
计数器计数过程梯形图

表 6-6 高速计数器输入端接线分配

高速计数器类型	高速计数器地址编号	高速计数器输入端接线							
		X0	X1	X2	X3	X4	X5	X6	X7
单相单计数输入高速计数器	C235	U/D							
	C236		U/D						
	C237			U/D					
	C238				U/D				
	C239					U/D			
	C240						U/D		
	C241	U/D	R						
	C242			U/D	R				
	C243				U/D	R			
	C244	U/D	R					S	
单相双计数输入高速计数器	C245				R				S
	C246	U	D						
	C247	U	D	R					
	C248				U	D	R		
	C249	U	D	R				S	
	C250				U	D	R		S
双相双计数输入高速计数器	C251	A	B						
	C252	A	B	R					
	C253				A	B	R		
	C254	A	B	R				S	
	C255				A	B	R		S

注：U—加计数输入，D—减计数输入，B—B相输入，A—A相输入，R—复位输入，S—启动输入。
X6 与 X7 只能用作启动信号，不能作计数信号用。

① 单相单计数输入高速计数器。单相单计数输入高速计数器的地址编号为 C235～C245 共 11 点。触点动作与 32 位双向计数器相同，通过控制 M8235～M8245 的状态设定计数方式。

图 6-22 所示为无启动复位端单相单计数输入高速计数器计数过程梯形图。当 X10 断开时，M8235 为 "OFF"，C235 为加计数方式，反之为减计数方式。由 X12 选中 C235，查表 6-6 可知其输入信号来自 X0，C235 对 X0 信号增计数，当前值达到 1234 时，C235 常开触点接通，线圈 Y0 通电。X11 为复位信号，当 X11 接通时，C235 复位。

图 6-23 的示为带启动复位端单相单计数输入高速计数器计数过程梯形图。查表 6-6 可知，X1 和 X6 分别为复位输入端和启动输入端。利用 X10 通过 M8244 设定计数方式，当 X12 与 X6 同时接通时开始计数，计数的输入信号来自 X0，C244 的设定值由 D0 和 D1 指定。除可用 X1 立即复位外，还可用梯形图中的 X11 复位。

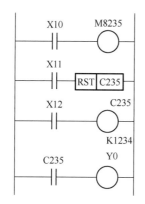

图 6-22　无启动复位端单相单计数输入
高速计数器计数过程梯形图

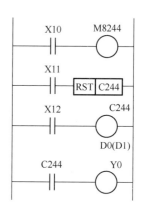

图 6-23　带启动复位端单相单计数输入
高速计数器计数过程梯形图

② 单相双计数输入高速计数器。单相双计数输入高速计数器的地址编号为 C246～C250 共 5 点，有一个加计数输入端、一个减计数输入端，可利用 M8246～M8250 的状态控制计数方式。

图 6-24 所示为单相双计数输入高速计数器计数过程梯形图。X10 为复位信号，若其有效（ON）则 C248 复位。查表 6-6 可知，也可利用 X5 复位。当 X11 接通时，选中 C248，输入来自 X3 和 X4。

③ 双相高速计数器。双相高速计数器的地址编号为 C251～C255 共 5 点。A 相和 B 相的信号时序决定了双相高速计数器的计数方式，如图 6-25 所示。当 A 相为 "ON" 时，若 B 相由 "OFF" 到 "ON"，则为加计数方式；当 A 相为 "ON" 时，若 B 相由 "ON" 到 "OFF"，则为减计数方式。

时序图是一种描述信号导通时间与断开时间的矩形波形图。绘制时序图时，通常把两种或两种以上信号按自左至右的时间顺序绘制在水平线上，时序图左端通常表示信号产生的始点。时序图主要表示在某时间点各信号的导通与断开状态、导通与断开时间及导通与断开周期等。

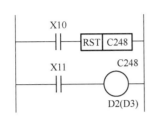

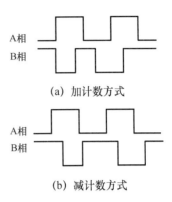

(a) 加计数方式

(b) 减计数方式

图6-24 单相双计数输入高速计数器计数过程梯形图   图6-25 A相与B相间的时序图

图6-26所示为双相高速计数器计数过程梯形图。当X12接通时，C251计数开始。查表6-6可知，输入来自X0（A相）和X1（B相）。当计数超过设定值时，线圈Y2接通。

若X11接通，则计数器复位。当M8251接通时，线圈Y3接通，此时为加计数方式；当M8251断开时，线圈Y3断开，为减计数方式，即用M8251～M8255，可控制C251～C255的计数方式。

7. 指针与常数

指针包括分支和子程序指针（P）和中断指针（I）。在梯形图中，指针放在左侧母线的左边。

（1）分支和子程序指针。

分支和子程序指针的地址编号为P0～P127共128点，用于指示跳转指令CJ的跳转目标或子程序调用指令CALL所调用子程序的入口地址。

图6-27所示为分支指针执行过程梯形图。当X1常开触点接通时，执行跳转指令CJ P0，PLC跳转到标号为P0处执行P0以后的程序，并根据SRET返回。

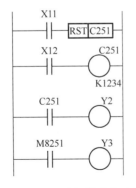

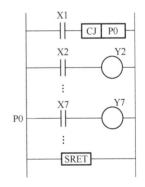

图6-26 双相高速计数器计数过程梯形图   图6-27 分支指针执行过程梯形图

（2）中断指针。

中断指针用于指示中断程序的入口位置。执行中断程序后，遇到中断返回指令IRET时返回主程序。中断指针有输入中断指针及定时器指针等，输入中断指针表示型式为

$$I \quad \square \quad \square\square$$
$$\textcircled{1} \quad \textcircled{2}$$

其中，①是输入端子号 0～5，分别表示从 X0～X5 输入端子，每个输入端子只能用 1 次；②是中断方式，00 表示下降沿中断，01 表示上升沿中断。

定时器指针表示型式为

$$I \quad \square \quad \square\square$$
$$\textcircled{1} \quad \textcircled{2}$$

其中，①是定时器中断号 6～8，每个定时器只能用 1 次；②是定时器的定时时间，10～99ms。

例如，I101 为输入端子 X1 的信号从"OFF"到"ON"变化时，执行编在 FEND 指令后、以 I101 为标号之后的中断程序，并根据 IRET 指令返回。I610 为每隔 10ms 就执行编在 FEND 指令后、以 I610 为标号之后的中断程序，并根据 IRET 指令返回。

（3）常数。

常数分为 K 和 H 两种进制数，其中 K 表示十进制整数，主要用于指定定时器或计数器的设定值及应用功能指令操作数中的数值，16 位十进制常数的范围为 -32768～+32767，32 位十进制常数的范围为 -2147483648～+2147483647。H 表示十六进制数，主要用于表示应用功能指令的操作数值。16 位十六进制常数的范围为 0～FFFFH，32 位十六进制常数的范围为 0～FFFFFFFFH。

6.4.2 PLC 的基本指令

FX2N系列PLC
的基本指令
（1）

FX2N 系列 PLC 有基本指令 27 条，步进指令 2 条，应用指令 128 种共 298 条。

基本指令是实现 PLC 基本功能（如逻辑运算、顺序控制、定时与计数控制）的指令系统。27 条基本指令可分为六种类型，其基本格式是"操作码＋操作数"。现将各类指令的助记符（操作码）、指令功能、操作数选用范围以及占用程序步数分别介绍如下。

1. 触点取用与线圈输出指令

FX2N系列PLC
的基本指令
（2）

触点取用与线圈输出指令有 LD、LDI、OUT。表 6-7 列出了这 3 条指令的指令助记符、指令功能、操作数及程序步数。

其中，LD、LDI 是从公共母线开始取用常开触点、常闭触点指令；OUT 是线圈逻辑状态位输出指令，但不适用于输入继电器 X。图 6-28 所示为 LD、LDI、OUT 指令的应用。

当用于定时器 T 与计数器 C 时，必须设置常数 K。图 6-29 所示为输出线圈重复使用的程序执行，说明重复使用地址相同的输出线圈 Y3 的输出结果是后面线圈的动作有效。

表 6-7 触点取用与线圈输出指令

指令助记符	指令功能	操作数	程序步数
LD（Load）	从公共母线开始取用常开触点（取）	X、Y、M、S、T、C	1
LDI（Load Inverse）	从公共母线开始取用常闭触点（取反）	X、Y、M、S、T、C	1
OUT	线圈驱动（输出） 线圈并联可连续使用	Y、M、S、T、C （T、C后紧跟常数）	1（Y、M） 2（S、特殊M） 3（T） 3～5（C）

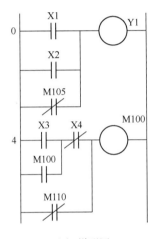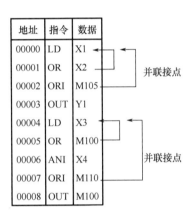

(a) 梯形图　　　　　(b) 语句表

图 6-28　LD、LDI、OUT 指令的应用

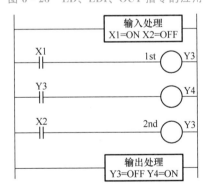

图 6-29　输出线圈重复使用的程序执行

2. 逻辑运算指令

逻辑运算指令有 AND、ANI、OR、ORI、ANB、ORB。表 6-8列出了这6条指令的指令助记符、指令功能、操作数与程序步数。其中，AND、ANI 为单个触点"与"运算指令，OR、ORI 为单个触点"或"运算指令。

表 6 - 8　逻辑运算指令

指令助记符	指令功能	操作数	程序步数
AND	串联一个常开触点（与）	X、Y、M、S、T、C	1
ANI	串联一个常闭触点（与非）	X、Y、M、S、T、C	1
OR	并联一个常开触点（或）	X、Y、M、S、T、C	1
ORI	并联一个常闭触点（或非）	X、Y、M、S、T、C	1
ANB (And Block)	两块电路串联 （块与）	无	1
ORB (Or Block)	两块电路并联 （块或）	无	1

　　两个或两个以上（个数不限）触点并联连接电路称为并联电路块，并联电路块串联用 ANB 指令（无操作数）。两个或两个以上（个数不限）触点串联电路称为串联电路块，串联电路块并联用 ORB 指令（无操作数）。ANB 和 ORB 指令可以连续使用，但不得超过 7 次，因为 PLC 内部堆栈层次为 8 层。使用 ANB 与 ORB 指令时，每个块电路开始都使用 LD 或 LDI 指令。

　　图 6 - 30 至图 6 - 33 所示为 AND、ANI、OR、ORI、ANB、ORB 指令的应用。

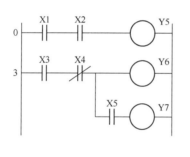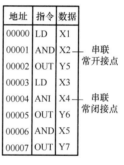

（a）梯形图　　　　　　　（b）语句表

图 6 - 30　AND、ANI 指令的应用

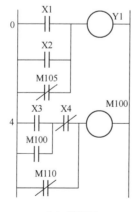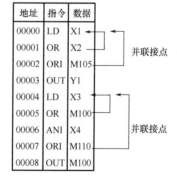

（a）梯形图　　　　　　　（b）语句表

图 6 - 31　OR、ORI 指令的应用

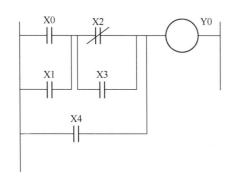

地址	指令	数据
00000	LD	X0
00001	OR	X1
00002	LDI	X2
00003	OR	X3
00004	ANB	
00005	OR	X4
00006	OUT	Y0

(a) 梯形图   (b) 语句表

图 6-32 ANB 指令的应用

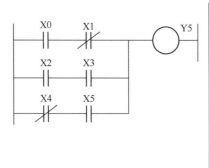

推荐程序			不推荐程序		
地址	指令	数据	地址	指令	数据
00000	LD	X0	00000	LD	X0
00001	ANI	X1	00001	ANI	X1
00002	LD	X2	00002	LD	X2
00003	AND	X3	00003	AND	X3
00004	ORB	←	00004	LDI	X4
00005	LDI	X4	00005	AND	X5
00006	AND	X5	00006	ORB	←
00007	ORB	←	00007	ORB	←
00008	OUT	Y5	00008	OUT	Y5

(a) 梯形图   (b) 语句表

图 6-33 ORB 指令的应用

在图 6-30 中，步序 6 为线圈连续输出纵接串联指令，只要沿扫描顺序纵接，连续输出次数就不受限制。但受图形编程器和打印机的限制，一行不能超过 10 个触点和一个线圈，连续输出不能超过 24 行。

3. 内部信息与器件状态处理指令

内部信息与器件状态处理指令有 MPS、MRD、MPP、PLS、PLF、SET、RST。表 6-9 列出了这 7 条指令的指令助记符、指令功能、操作数及程序步数。

表 6-9 内部信息与器件状态处理指令

指令助记符	指令功能	操作数	程序步数
MPS（Push）	进栈	无	1
MRD（Read）	读栈	无	1
MPP（Pop）	出栈	无	1

续表

指令助记符	指令功能	操作数	程序步数
PLS（Pulse）	信号上升沿微分输出（一个扫描周期）	Y、M（特殊 M 除外）	2
PLF	信号下升沿微分输出（一个扫描周期）	Y、M（特殊 M 除外）	2
SET	被操作元件置位并保持	Y、M、S	1（Y、M） 2（S、特殊 M）
RST（Reset）	被操作元件复位并保持或清零	Y、M、S、 D、V、Z、T、C	1（Y、M） 2（S、T、C、特殊 M） 3（D、V、Z、特殊 D）

其中，MPS、MRD、MPP 称为多重输出指令，用于多重输出电路。可以用 MPS 指令存储触点状态（进栈），需要时可以用 MDR 或 MPP 指令读取。对于同一个触点状态，MRD 指令可以使用多次，读取后栈内容不变，各层内容不移动。而 MPP 指令只能使用一次，读取后栈内容消失（全零）。MPS 与 MPP 必须成对使用且连续使用应少于 11 次。因为 FX2 系列 PLC 中只有 11 个栈寄存器。当使用 MPS 指令进栈时，运算结果被压入栈的第一层，栈中原有内容依次下移。再使用 MPP 指令，当指令弹出第一层内容时，各层内容依次上移。图 6-34 至图 6-37 所示为这组指令的应用。

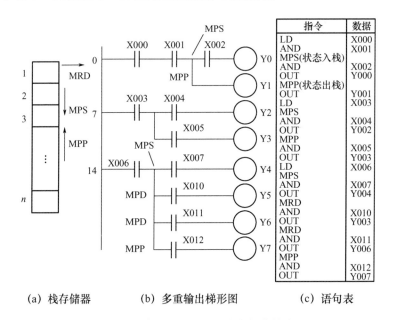

(a) 栈存储器　　　(b) 多重输出梯形图　　　(c) 语句表

图 6-34　栈存储器与多重输出指令的应用

PLS 与 PLF 指令称为脉冲输出指令，被操作元件的脉冲输出宽度为一个扫描周期。其中，PLS 在信号的上升沿输出，PLF 在信号的下降沿输出。PLS 与 PLF 指令不能应用于输入继电器 X、状态器 S 和特殊辅助继电器 X。图 6-38 所示为 PLS、PLF 指令的应用。

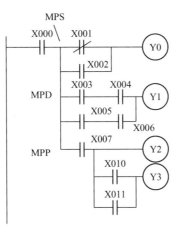

指令	数据
LD	X000
MPS(状态入栈)	
LD	X001
OR	X002
ANB	
OUT	Y000
MRD(状态读栈)	
LD	X003
AND	X004
LD	X005
AND	X006
ORB	
ANB ×	
OUT	Y001
MPP	
AND	X007
OUT	Y002
LD	X010
OR	X011
ANB	
OUT	Y003

(a) 梯形图　　　　　　(b) 语句表

图 6－35　一层栈电路

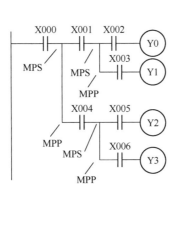

指令	数据
LD	X000
MPS(状态入栈)	
AND	X001
MPS	
AND	X002
OUT	Y000
MPP	
AND	X003
OUT	Y001
MPP	
AND	X004
MPS	
AND	X005
OUT	Y002
MPP	
AND	X006
OUT	Y003

(a) 梯形图　　　　　　(b) 语句表

图 6－36　二层栈电路

　　SET 与 RST 指令称为强迫置位与复位指令，对位元件操作时必须成对使用，对同一元件可以多次使用 SET 与 RST 指令，顺序任意，其状态决定于程序最后的执行结果。

　　图 6－39 所示为 SET、RST 指令应用于位元件。

　　RST 指令也可单独应用于 T、C、D、V、Z 等字元件的清零，如图 6－40 所示。当 X0 接通时，T246 复位，当前值清零，触点复位。在 X1 接通期间，T246 对 1ms 时钟脉冲计数，当累积计数到 1234 时，Y0 动作。32 位双向计数器 C200 根据 M8200 状态对 X4 端子输入脉冲进行加计数（M8200 状态为 0）或减计数（X2 接通，M8200 置 1），当计数值

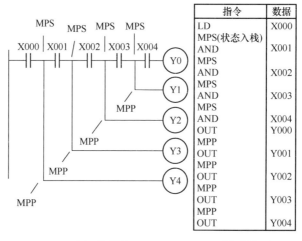

指令	数据
LD	X000
MPS(状态入栈)	
AND	X001
MPS	
AND	X002
MPS	
AND	X003
MPS	
AND	X004
OUT	Y000
MPP	
OUT	Y001
MPP	
OUT	Y002
MPP	
OUT	Y003
MPP	
OUT	Y004

(a) 梯形图　　　　　　　　(b) 语句表

图 6-37　四层栈电路

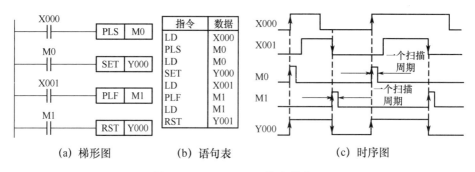

(a) 梯形图　　　　(b) 语句表　　　　(c) 时序图

图 6-38　PLS、PLF 指令的应用

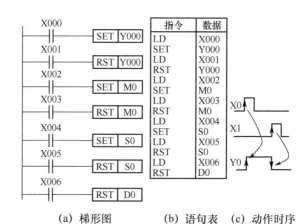

(a) 梯形图　　　(b) 语句表　　(c) 动作时序

图 6-39　SET、RST 指令应用于位元件

达到 D1、D0 存储的设定值时，C200 线圈置位，Y1 置 1，当 X3 接通时 C200 复位，当前值清零，Y1 置 0。

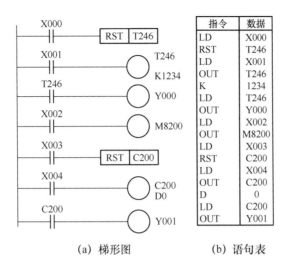

指令	数据
LD	X000
RST	T246
LD	X001
OUT	T246
K	1234
LD	T246
OUT	Y000
LD	X002
OUT	M8200
LD	X003
RST	C200
LD	X004
OUT	C200
D	0
LD	C200
OUT	Y001

(a) 梯形图　　　　　　(b) 语句表

图 6 - 40　RST 指令应用于 T、C 字元件

4. 程序处理指令

程序处理指令有 NOP、END、MC、MCR。表 6 - 10 列出了这 4 条指令的指令助记符、指令功能、操作数及程序步数。

表 6 - 10　程序处理指令

指令助记符	指令功能	操作数	程序步数
NOP	空操作	无	1
END	程序结束回到第 0 步	无	1
MC N 级号 (Master control)	主控电路块起点	Y、M (除特殊 M)	3
MCR N 级号 (Master Control Rest)	主控电路块终点	N (嵌块级号)	2

图 6 - 41 所示为 NOP 指令的应用。用 NOP 指令替换已写入指令，可以改变电路逻辑关系并减少步序号的变更。

在程序中写入 END，表示停止执行 END 后的程序，直接进行输出处理（同时刷新监视时钟）。在程序调试或软件故障分析中，可以用 END 指令分阶段调试与分析，然后分段清除 END 指令。

MC 指令用于连接公共串联触点。编程时，经常会遇到多个线圈同时受一个或一组触点控制。如果在每个线圈的控制电路中都串联相同触点，则多占存储单元，程序长，此时使用 MC 指令更为合理。MCR 为主控复位指令，即 MC 的复位指令，MC 与 MCR 指令必须成对使用。在梯形图中，主控指令 MC 触点与母线相连，并与其他触点垂直。图 6 - 42 所示为 MC、MCR 指令的应用。

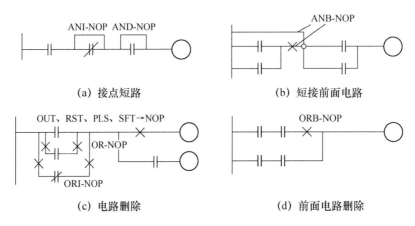

(a) 接点短路　　　　　　　　　　(b) 短接前面电路

(c) 电路删除　　　　　　　　　　(d) 前面电路删除

图 6－41　NOP 指令的应用

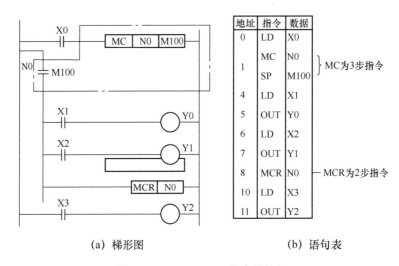

(a) 梯形图　　　　　　　　　　(b) 语句表

图 6－42　MC、MCR 指令的使用

若 M100 为"ON"，则执行 N0 号 MC 指令，公共母线移至 MC 触点之后，执行串联触点后面的程序，直至 MCRN0 指令，MC 复位，公共母线恢复至 MC 触点之前。若 M100 为"OFF"，则不执行 MC 与 MCR 之间的程序，这部分程序中的非积算定时器、用 OUT 指令驱动的元件复位，积算定时器、计数器及用 SET/RST 指令驱动的元件保持当前状态。MC 指令可以嵌套使用，嵌套级 N 的编号按 0～7 顺序依次增大，返回时用 MCR 指令按从大到小顺序逐级解除。特殊用途辅助继电器不能用作 MC 指令的操作元件。

5. 边沿检测脉冲指令

边沿检测脉冲指令有 LDP、LDF、ANDP、ANDF、ORP、ORF。

LDP（取脉冲上升沿）是上升沿检测运算开始指令，LDF（取脉冲下降沿）是下降沿脉冲运算开始指令，ANDP（与脉冲上升沿）是上升沿检测串联连接指令，ANDF（与脉冲下降沿）是下降沿检测串联连接指令，ORP（或脉冲上升沿）是上升沿检测并联连接指令，ORF（或脉冲下降沿）是下降沿检测并联连接指令。

LDP、ANDP、ORP 指令用于检测触点状态变化的上升沿，当上升沿到来时，使其操作对象接通一个扫描周期，又称上升沿微分指令。LDF、ANDF、ORF 指令用于检测触点状态变化的下降沿，当下降沿到来时，使其操作对象接通一个扫描周期，又称下降沿微分指令。这些指令的操作对象有 X、Y、M、S、T、C 等。

图 6-43 所示为 LDP、ORF、ANDP 指令组成的梯形图及其对应语句表。在 X2 的上升沿或 X3 的下降沿，线圈 Y0 接通。线圈 M0 只有在常开触点 M3 接通且 T5 上升沿时才接通。

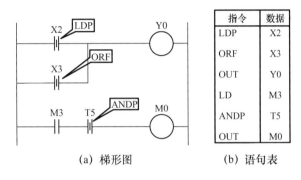

指令	数据
LDP	X2
ORF	X3
OUT	Y0
LD	M3
ANDP	T5
OUT	M0

(a) 梯形图　　　　(b) 语句表

图 6-43　LDP、ORF、ANDP 指令组成的梯形图及其对应语句表

6. 取反指令（INV）

取反指令在梯形图中用一条 45°短斜线表示，其作用是对之前的运算结果取反，该指令无操作元件；空操作 NOP 指令是一条无动作、无操作元件且占一个程序步的指令，在程序中加入 NOP 指令主要为了预留编程过程中追加指令的程序步；结束 END 指令用于标记用户程序存储区的最后一个存储单元，使 END 指令后的 NOP 指令不再运行并返回程序头，提高了 PLC 程序的执行效率。

图 6-44 所示为 INV、END 指令组成的梯形图及其对应语句表。其中，X0 与 X1 的结果由 INV 指令取反，X2 也取反，两者进行或块操作后再取反，最后输出至 Y0。

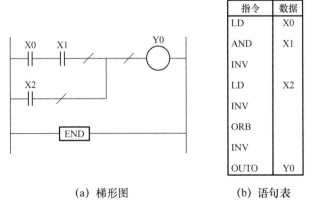

指令	数据
LD	X0
AND	X1
INV	
LD	X2
INV	
ORB	
INV	
OUTO	Y0

(a) 梯形图　　　　(b) 语句表

图 6-44　INV、END 指令组成的梯形图及其对应语句表

6.5 FX2N 系列 PLC 的步进指令

6.5.1 状态流程图的编制方法

1. 步进顺控程序示例

从状态转移图中有代表性地抽出一个状态，每个状态都具有驱动负载、指定转移方向及指定转移条件三个功能。状态转移图及其等效梯形图如图 6-45 所示。用状态转移图或用步进顺控图表达程序都可运行。编程顺序为先进行负载的驱动处理，再进行转移处理。

FX2N系列PLC
的步进指令

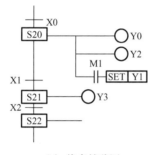

(a) 状态转移图

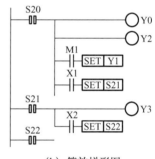

(b) 等效梯形图

图 6-45　状态转移图及其等效梯形图

STL 指令是与主母线连接的常开触点指令，可在子母线里直接连接线圈或通过触点驱动线圈。连接在子母线上的触点使用 LD、LDI 指令。当要返回原来的主母线时，使用 RET 指令。但是，若通过 STL 触点驱动状态 S，则 S 前面的状态自动复位。

状态转移图和步进顺控图表达的是同一个程序，它的优点是可以使编者每次只考虑一个状态，而不用考虑其他状态，使编程更容易，且可以自由选择状态的顺序，不一定按 S 编号的顺序选择，但是必须在一系列 STL 指令的最后写入 RET 指令。

编制程序时，STL 电路中不能用 MC 指令，MPS 指令也不能紧接着 STL 触点使用。

2. 初始状态的编程

在状态转移图起始位置的状态是初始状态，编程时，必须将初始状态编在其他状态之前，S0～S9 可用作初始状态。初始状态最初由 PLC 从 STOP 到 RUN 切换瞬时动作的特殊辅助继电器 M8002 驱动，使 S0 置 1。初始状态也可由其他状态元件驱动，如图 6-46 中用 S23 驱动。开始运行时，必须用其他方法预先驱动初始状态，使之处于工作状态（S23 先置 1）。

除初始状态外的一般状态元件只有在其他状态后加入 STL 指令才能驱动，不能脱离状态而用其他方式驱动。在一系列 STL 指令的最后，必须有 RET 指令。

3. 选择性分支、选择性汇合的编程

（1）选择性分支的编程。

当某个状态的转移条件超过一个时，需要用选择性分支编程。与对一般状态编程一样，先进行驱动处理，再设置转移条件，编程时要由左至右逐个编程，如图6-47所示。

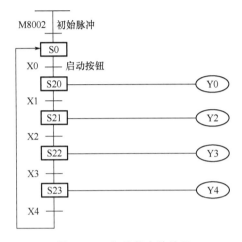

图6-46　初始状态的编程

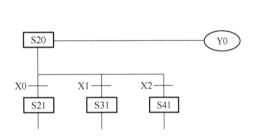

图6-47　选择性分支的编程

（2）选择性汇合的编程。

如图6-48所示，设三个分支分别编制到状态S29、S39、S49，并汇合到状态S50。编程时，先进行汇合前状态的输出处理，再向汇合状态转移，此后由左至右进行汇合转移，以自动生成SFC画面而追加的规则。

在分支、汇合的转移处理程序中，不能用MPS、MRD、MPP、ANB、ORB指令。

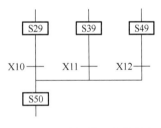

图6-48　选择性汇合的编程

4. 并行分支、并行分支汇合的编程

（1）并行分支的编程。

如果某个状态的转移条件满足，在将该状态置0的同时，需要将若干状态置1，即有几个状态同时工作。这时，可采用并行分支的编程方法，其用户程序如图6-49所示。与一般状态编程一样，先进行驱动处理，然后进行转移处理，转移处理从左到右依次进行。

对于所有的初始状态（S0～S9），每个状态下的分支电路总和不大于16个，并且在每个分支点的分支不多于8个。

（2）并行分支汇合的编程。

汇合前，对各状态的输出处理分别编程，然后从左到右进行汇合处理。设将三条并行分支分别编制到状态S29、S39、S49并汇合到S50，相当于S29、S39、S49相与的关系，如图6-50所示。

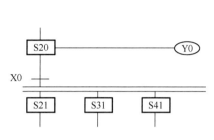

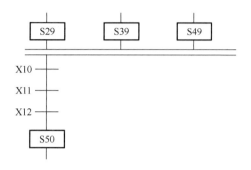

图 6-49 并行分支的编程   图 6-50 并行分支汇合的编程

5. 重复、跳转的编程方法

使用 SFC 语言编制用户程序时，有时需要跳转或重复，用 OUT 指令代替 SET 指令。

（1）部分重复的编程方法。

在一些情况下，需要返回某个状态重复执行一段程序，可以采用部分重复的编程方法，如图 6-51 所示。

（2）同一分支内跳转的编程方法。

在一条分支的执行过程中，有时需要跳过几个状态，执行下面的程序，可以采用同一分支跳转的编程方法，如图 6-52 所示。

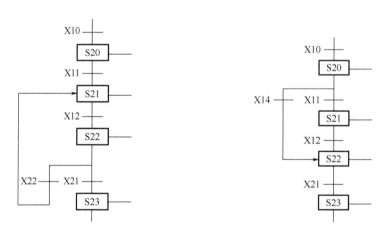

图 6-51 部分重复的编程方法   图 6-52 同一分支内跳转的编程方法

（3）跳转到另一条分支的编程方法。

在一些情况下，要求程序从一条分支的某个状态跳转到另一条分支的某个状态执行，可以采用跳转到另一条分支的编程方法，如图 6-53 所示。

（4）复位处理的编程方法。

使用 SFC 语言编制用户程序时，使某个运行的状态（该状态为 1）停止运行（使该状态置 0）的编程方法如图 6-54 所示。

在图 6-54 中，当状态 S22 为 1 时，若输入 X21 为 1，则将状态 S22 置 0，状态 S23

置1；若输入 X22 为1，则将状态 S22 置0，即该分支停止运行。若要使该支路重新进入运行，则必须使输入 X10 为1。

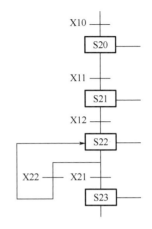

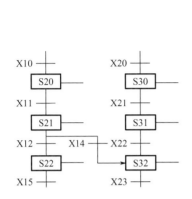

图 6-53　跳转到另一条分支的编程方法　　　　图 6-54　复位处理的编程方法

6.5.2　状态的详细动作说明

1. STL 指令的动作

如图 6-55（a）所示，使用 SFC 语言编程，当 STL 触点接通（ON）时，与其连接的电路运行。当 STL 触点断开（OFF）时，与其连接的电路停止运行，在其负载复位后的一个扫描周期，此部分指令被跳过，不再执行。状态元件不可重复使用。

如图 6-55（b）所示，在状态转移过程中，在一个扫描周期中，可能出现两个状态同时为"ON"的情况，即 S20 和 S21 可能同时为"ON"。如果要求 Y1、Y2 不同时输出，则必须加上联锁，防止 Y1、Y2 同时输出。

如图 6-55（c）所示，相邻状态不能重复使用同一个定时器。因为指令相互影响，所以定时器无法复位。分隔的两个状态（如 S40、S42）可以使用同一个定时器。

在同一信号顺次作为转移条件的场合要用脉冲，如图 6-55（d）所示。当 M0 线圈接通时，S50 刚动作，M1 立即断开，避免状态立即直接转移到 S51，只有下一个 M0 脉冲到来时才能转移到 S51。

2. 对状态各种指令的处理

STL 指令仅对状态元件 S 有效。另外，对状态元件 S 还可以用 LD、LDI、AND、ANI、OR、ORI、OUT、SET、RST 等触点和线圈指令。

如图 6-56（a）所示，即使 S20 驱动 S30 或 S21，S20 也不复位。如果 S20 断开（OFF），则 S30 停止动作，因为 S21 和 S30 不通过 STL 指令而直接由 S20 驱动。在程序中，没用过 STL 指令时，状态 S 可以作为通用辅助继电器使用。

如图 6-56（b）所示，对于 STL 指令后的 S，OUT 指令与 SET 指令具有相同功能，都可以使转移源自动复位，还具有停电自保持功能。但是，OUT 指令在状态转移图中只用于向分离的状态转移，而不用于向相邻的状态转移。编程时，STL 指令触点后不能紧接着使用 MPS 指令。

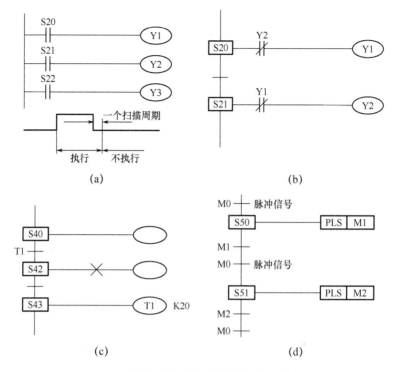

图 6-55　STL 指令的动作

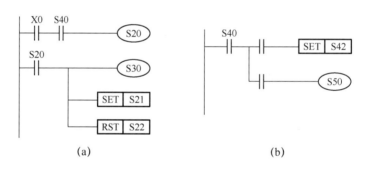

图 6-56　对状态各种指令的处理

6.6　FX2N 系列 PLC 的功能指令

6.6.1　算术运算指令

1. 加法指令（ADD）

ADD 指令操作数及梯形图如图 6-57 所示，在其操作码之前加"D"表示操作数为 32 位的二进制数，在其操作码之后加"P"表示控制线路由"断开"到"闭合"时执行 ADD 指令。源操作数［S1.］作为被加数，［S2.］作为加数，将两数之和放入目的操作数

［D.］。指定源中的操作数必须是二进制数，其最高 bit 为符号位。如果该位为"0"，则表示该数为正；如果该位为"1"，则表示该数为负。

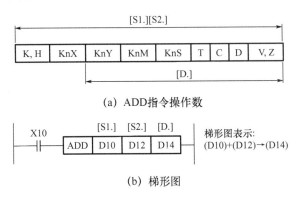

(a) ADD指令操作数

(b) 梯形图

图 6-57　ADD 指令操作数及梯形图

操作数是 16 位二进制数的数据范围为 $-32768\sim+32767$，操作数是 32 位二进制数的数据范围为 $-2147483648\sim+2147483647$。

如果运算结果为"0"，则零标志 M8020 置 1；如果运算结果超过 $+32767$（16 位）或 $+2147483647$（32 位），则进位标志 M8022 置 1；如果运算结果小于 -32768（16 位）或 -2147483648（32 位），则借位标志 M8021 置 1。

在图 6-57（b）中，当常开触点 X10 断开时，不执行加法运算的操作；当常开触点 X10 闭合时，每扫描一次梯形图，都将源操作数［S1.］和［S2.］内的数相加一次，并将两数之和存放在目的操作数［D.］中。

2. 减法指令（SUB）

SUB 指令操作数及梯形图如图 6-58 所示，在其操作码之前加"D"表示操作数为 32 位的二进制数，在其操作码之后加"P"表示控制线路由"断开"到"闭合"时执行 SUB 指令。源操作数［S1.］作为被减数，［S2.］作为减数，将两数之差放入操作数［D.］。与加法指令一样，指定源中的操作数必须是二进制数，其最高位为符号位，如果该位为"0"，则表示该数为正；如果该位为"1"，则表示该数为负。

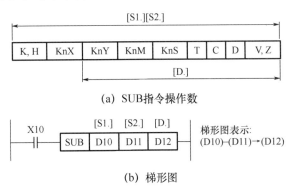

(a) SUB指令操作数

(b) 梯形图

图 6-58　SUB 指令操作数及梯形图

操作数是 16 位二进制数的数据范围为 −32768～＋32767，操作数是 32 位二进制数的数据范围为 −2147483648～＋2147483647。

如果运算结果为 "0"，则零标志 M8020 置 1；如果运算结果超过 ＋32767（16 位）或 ＋2147483647（32 位），则进位标志 M8022 置 1；如果运算结果小于 −32768（16 位）或 −2147483648（32 位），则借位标志 M8021 置 1。

在图 6−68（b）中，当常开触点 X10 断开时，不执行减法运算的操作；当常开触点 X10 闭合时，每扫描一次梯形图，都将源操作数 [S1.] 内的数减去 [S2.] 内的数，并将两数之差存放在目的操作数 [D.] 中。

3. 乘法指令（MUL）

MUL 指令操作数及梯形图如图 6−59 所示。若其操作数 [S1.] 和 [S2.] 为 16 位二进制数，则目标操作数 [D.] 还可以选用变址寄存器 Z。在其操作码之前加 "D" 表示操作数为 32 位二进制数，在其操作码之后加 "P" 表示控制线路由 "断开" 到 "闭合" 时执行 MUL 指令。源操作数 [S1.] 作为被乘数，[S2.] 作为乘数，将两数之积放入目的操作数 [D.] 指定的字软设备以及紧随其后的字软设备。

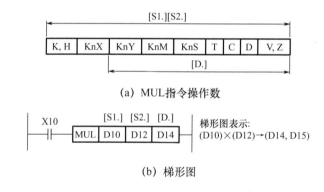

(a) MUL指令操作数

(b) 梯形图

图 6−59　MUL 指令操作数及梯形图

若源操作数 [S1.] 和 [S2.] 为 16 位二进制数，则存放积的是两个 16 位字软设备，如图 6−59（b）梯形图所示，将 D10、D12 两个 16 位二进制数的积存放在 D14、D15 两个字软设备中；若操作源 [S1.] 和 [S2.] 为 32 位二进制数，则存放积的是 4 个 16 位字软设备。各操作数的其他规定与 ADD 指令相同，不再赘述。

4. 除法指令（DIV）

DIV 指令操作数及梯形图如图 6−60 所示。若源操作数 [S1.] 和 [S2.] 为 16 位二进制数，则目标操作数 [D.] 还可以选用变址寄存器 Z。在其操作码之前加 "D" 表示操作数为 32 位二进制数，在其操作码之后加 "P" 表示控制线路由 "断开" 到 "闭合" 时执行 DIV 指令。源操作数 [S1.] 作为被除数，[S2.] 作为除数，将两数之商放入目的操作数 [D.] 指定的字软设备，余数存放在紧随其后的字软设备。

各操作数的其他规定与 ADD 指令相同，不再赘述。在图 6−60（b）中，当常开触点 X10 断开时，不执行除法运算操作；当常开触点 X10 闭合时，每扫描一次梯形图，都将 D10 内的数除以 D12 内的数，商放在 D14 中，余数放在 D15 中。

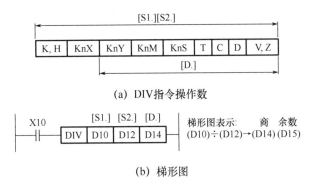

(a) DIV指令操作数

梯形图表示：　商　余数
(D10)÷(D12)→(D14)(D15)

(b) 梯形图

图 6 - 60　DIV 指令操作数及梯形图

5. 加 "1" 指令（INC）

INC 指令操作数及梯形图如图 6 - 61 所示。在其操作码之前加 "D" 表示操作数为 32 位二进制数，在其操作码之后加 "P" 表示控制线路由 "断开" 到 "闭合" 时执行 INC 指令。

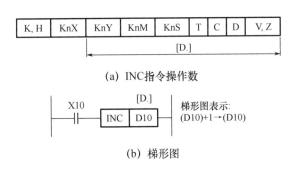

(a) INC指令操作数

梯形图表示：
(D10)+1→(D10)

(b) 梯形图

图 6 - 61　INC 指令操作数及梯形图

各操作数的其他规定与 ADD 指令相同，不再赘述。在图 6 - 61（b）中，当常开触点 X10 断开时，不执行加 "1" 运算操作；当常开触点 X10 闭合时，每扫描一次梯形图，都将 D10 内的数加 "1"，将结果存入 D10。假如 D10 内的数为 16 位二进制数 +32767，则加 "1" 就变成了 -32768；假如 D10 内的数为 32 位二进制数 +2147483647，则加 "1" 就变成了 -2147483648。在 INC 指令中，没有特殊线圈 M8020、M8021、M8022 作为零标志、借位标志和进位标志。

6. 减 "1" 指令（DEC）

DEC 指令操作数及梯形图如图 6 - 62 所示。在其操作码之前加 "D" 表示操作数为 32 位二进制数，在其操作码之后加 "P" 表示控制线路由 "断开" 到 "闭合" 时执行 DEC 指令。

各操作数的其他规定与 ADD 指令相同，不再赘述。在图 6 - 62（b）中，当常开触点 X10 断开时，不执行减 "1" 运算操作；当常开触点 X10 闭合时，每扫描一次梯形图，都将 D12 内的数减 "1"，将结果存入 D12。假如 D12 内的数为 16 位二进制数 -32768，则减

机电传动控制

"1"就变成了＋32767；假如 D12 内的数为 32 位的－2147483648，则减"1"就变成了＋2147483647。在 DEC 指令中，没有特殊线圈 M8020、M8021、M8022 作为零标志、借位标志和进位标志。

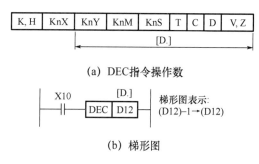

(a) DEC指令操作数

(b) 梯形图

图 6-62　DEC 指令操作数及梯形图

6.6.2　比较指令

1. 两数比较指令（CMP）

CMP 指令操作数及梯形图如图 6-63 所示。在其操作码之前加"D"表示操作数为 32 位二进制数，在其操作码之后加"P"表示控制线路由"断开"到"闭合"时执行 CMP 指令。源操作数［S1.］和［S2.］都被看作二进制数的最高位为符号位，如果该位为"0"，则表示该数为正；如果该位为"1"，则表示该数为负。目的操作数［D.］由三个位软设备组成，梯形图中标明的是首地址，另外两个位软设备紧随其后。例如，在图 6-63（b）中，目的操作［D.］由 M0 和紧随其后的 M1、M2 组成，当执行 CMP 指令，即常开触点 X10 闭合时，每扫描一次该梯形图，都比较两个源操作数［S1.］和［S2.］。

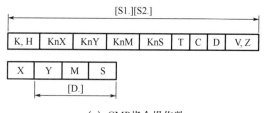

(a) CMP指令操作数

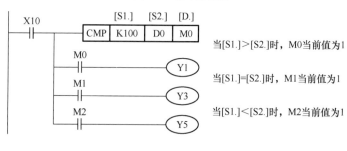

(b) 梯形图

图 6-63　CMP 指令操作数及梯形图

比较结果如下。

当 [S1.]>[S2.] 时，M0 当前值为 1；

当 [S1.]=[S2.] 时，M1 当前值为 1；

当 [S1.]<[S2.] 时，M2 当前值为 1。

执行 CMP 指令后，即使其控制线路断开，目的操作数的状态也保持不变，除非用 RST 指令复位。

2. 区间比较指令（ZCP）

ZCP 指令操作数及梯形图如图 6 - 64 所示。在其操作码之前加 "D" 表示操作数为 32 位二进制数，在其操作码之后加 "P" 表示控制线路由 "断开" 到 "闭合" 时执行 ZCP 指令。源操作数 [S1.] 和 [S2.] 确定区间比较范围，无论是 [S1.]>[S2.] 还是 [S1.]<[S2.]，执行 ZCP 指令时，都是将较大的数看作为 [S2.]。例如，[S1.]=K200，[S2.]=K100，执行 ZCP 指令时，将 K100 视为 [S1.]，K200 视为 [S2.]。所有源操作数都被看作二进制数，其最高位为符号位，如果该位为 "0"，则表示该数为正；如果该位为 "1"，则表示该数为负。目的操作数 [D.] 由三个位软设备组成，梯形图中表明的是首地址，另外两个位软设备紧随其后。例如，在图 6 - 64（b）中，目的操作数 [D.] 由 M0 和紧随其后的 M1、M2 组成，当执行 ZCP 指令，即常开触点 X10 闭合时，每扫描一次该梯形图，都将 [S.] 内的数与源操作数 [S1.] 和 [S2.] 进行比较。

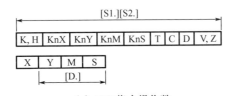

（a）ZCP指令操作数

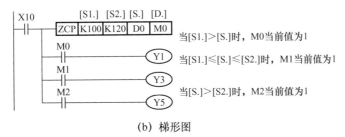

（b）梯形图

图 6 - 64　ZCP 指令操作数及梯形图

比较结果如下。

当 [S1.]>[S.] 时，M0 当前值为 1；

当 [S1.]≤[S.]≤[S2.] 时，M1 当前值为 1；

当 [S.]>[S2.] 时，M2 当前值为 1。

执行 ZCP 指令后，即使其控制线路断开，目的操作数的状态也保持不变，除非用 RST 指令复位。

6.6.3 特殊功能指令

传送（MOV）指令操作数及梯形图如图 6-65 所示。在其操作码之前加"D"表示操作数为 32 位二进制数，在其操作码之后加"P"表示控制线路由"断开"到"闭合"时将源操作数［S1.］内的数据传送到目的操作数［D.］。如果源操作数［S.］内的数据是十进制常数，则 CPU 自动将其转换成二进制数并传送到目的操作数［D.］。

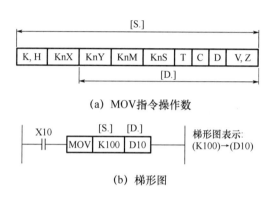

(a) MOV 指令操作数

(b) 梯形图

图 6-65　MOV 指令操作数及梯形图

在图 6-65（b）中，当常开触点 X10 断开时，不执行传送操作；当常开触点 X10 闭合时，每扫描一次梯形图，都将源操作数［S.］的 K100 自动转换成二进制数，并传送到数据寄存器 D10。

6.6.4 数制转换指令

1. 二—十进制转换指令（BCD）

BCD 指令操作数及梯形图如图 6-66 所示。在其操作码之前加"D"表示操作数为 32 位二进制数，在其操作码之后加"P"表示控制线路由"断开"到"闭合"时执行 BCD 指令。

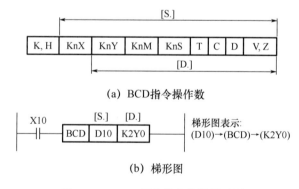

(a) BCD 指令操作数

(b) 梯形图

图 6-66　BCD 指令操作数及梯形图

在图 6-66（b）中，当常开触点 X10 断开时，不执行 BCD 指令；当常开触点 X10 闭合时，每扫描一次梯形图，都将源操作数 D10 内的二进制数转换成十进制数（BCD 码）

并传送到目的操作数 K2Y0。若 BCD/BCD（P）指令执行中，即源操作数为 16 位二进制数，则转换后的十进制数不能超过 0～9999，否则出错；若（D）BCD/（D）BCD（P）指令执行中，即源操作数为 32 位二进制数，则转换后的十进制数不能超出 0～99999999，否则出错。

2. 十一二进制转换指令（BIN）

BIN 指令操作数及梯形图如图 6-67 所示。在其操作码之前加"D"表示操作数为 32 位二进制数，在其操作码之后加"P"表示控制线路由"断开"到"闭合"时执行 BIN 指令。

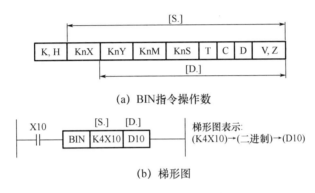

(a) BIN指令操作数

(b) 梯形图

图 6-67　BIN 指令操作数及梯形图

在图 6-67（b）中，当常开触点 X10 断开时，不执行 BIN 指令；当常开触点 X10 闭合时，每扫描一次梯形图，都将源操作数（K4X10）中的 4 位 X10～X17、X20～X27 的 BCD 码转换成二进制数，并传送到目的操作数 D10。如果源操作数不是 BCD 码，就会出错，M8067 为"ON"。因为在处理前常数 K 会被转换成二进制数，所以它不能作为本指令的操作数据元件。

6.6.5　解码和编码指令

1. 解码指令（DECO）

DECO 指令操作数及梯形图如图 6-68 所示。在其操作码之后加"P"表示控制线路由"断开"到"闭合"时执行 DECO 指令。如果目的操作数［D.］选用字软设备 T、C 或 D，则应使常数 $n≤4$，常数 n 表明参与该指令的源操作数有 n 位，目的操作数有 $2n$ 位。

在图 6-68（b）中，源操作数［S.］为 X0，目的操作数［D.］为 M10，常数 $n=3$，表明解码指令对三位开关量输入 X0、X1 和 X2 进行解码，其结果将使 M10～M17 中的某位置 1。当常开触点 X10 断开时，不对 X0、X1 和 X2 进行解码；当常开触点 X10 闭合时，每扫描一次梯形图，都对 X0、X1 和 X2 进行解码。如果 X0 为 1，X1 为 1，X2 为 0，即源操作数是"1＋2＝3"，M10 以下第三个元件 M13 被置 1，则解码结果将 M13 置 1，如图 6-69 所示。如果 X0、X1 和 X2 均为 1，则解码结果将 M17 置 1；如果 X0、X1 和 X2 均为 0，则解码结果将 M10 置 1。执行解码操作后，即使控制线路断开，其解码结果也保持不变，除非用 RST 指令复位。

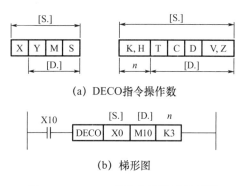

(a) DECO指令操作数

(b) 梯形图

图 6-68　DECO 指令操作数及梯形图

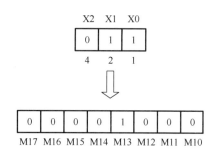

图 6-69　解码操作过程

2. 编码指令（ENCO）

ENCO 指令操作数及梯形图如图 6-70 所示。在其操作码之后加"P"表示控制线路由"断开"到"闭合"时执行 ENCO 指令。如果源操作数 [S.] 选用字软设备 T、C、D、V 或 Z，则应使常数 $n \leqslant 4$，常数 n 表明参与该指令的源操作数有 $2n$ 位，目的操作数有 n 位。

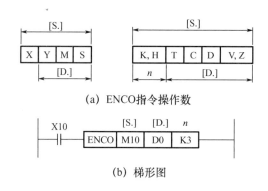

(a) ENCO指令操作数

(b) 梯形图

图 6-70　ENCO 指令操作数及梯形图

在图 6-70（b）中，源操作数 [S.] 为 M10，目的操作数 [D.] 为 D0，常数 $n=3$，表明编码指令对逻辑线圈 M10～M17 进行编码，并将结果存入 D0。当常开触点 X10 断开时，不对 M10～M17 进行编码；当常开触点 X10 闭合时，每扫描一次梯形图，都对 M10～M17 进行编码。如果 M10 为 1，M11～M17 均为 0，则将 0 存入 D0；如果 M14 为 1，M10～M13、M15～M17 均为 0，则将 4 存入 D0。如果 M10～M17 中有两个或两个以上为 1，则只有最高位的逻辑线圈的 1 有效，即自动对高位优先编码。

6.6.6　数据输入、输出指令

七段译码指令（SEGD）是显示十六进制数的指令，其操作数及梯形图如图 6-71 所示。在其操作码之后加"P"表示控制线路由"断开"到"闭合"时执行 SEGD 指令。

在图 6-71（b）中，当常开触点 X10 断开时，不执行 SEGD 指令；当常开触点 X10 闭合时，每扫描一次梯形图，都将数据寄存器 D0 中 16 位二进制数的低 4 位所表示的十六进制译成驱动与输出端 Y0～Y7 连接的七段数码管的控制信号，其中 Y7 始终为 0。

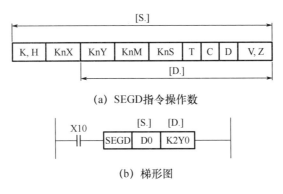

(a) SEGD指令操作数

(b) 梯形图

图 6-71　SEGD 指令操作数及梯形图

6.7　PLC 控制系统的设计

6.7.1　概述

1. PLC 的应用领域

自 1969 年美国数字设备公司根据美国通用汽车公司用于汽车生产线要求的 PLC 技术招标指标研制出第一台 PLC 以来，PLC 的发展速度十分惊人，PLC 生产厂家为了确保产品市场，投入了大量研制经费，不断开发出功能更强、性能更完美的 PLC 及相应的特殊功能模块。在微电子技术迅速发展的今天，PLC 的发展主要表现在下述几个方面。

（1）I/O 智能化。纯开关量 I/O 口向智能化、可编程 I/O 口发展。

（2）通信能力。单台 PLC 控制向 PLC 网络控制发展。

（3）编译能力。机器指令、梯形图编程向高级语言编程发展。

PLC典型电路

（4）提高响应速度。固定周期集中输入/输出向可设定周期集中输入/输出和瞬间输入/输出方向发展。

（5）提高运行速度。采用更高速的 CPU，PLC 的运行速度和处理数据速度提高。

（6）结构。PLC 向微型化和标准模块化方向发展。

如今 PLC 演绎成适用于不同控制要求的低、中、高档机型系列，特别是中、高档 PLC 具有适应各种典型控制要求的功能模块，成为当前工业界普遍应用的自动控制器，适用于单机控制、多机控制和集散控制，其应用几乎涉及所有领域的中、大型设备的自动控制中。

2. PLC 应用于工业自动控制的基本设计方法与步骤

PLC 应用于工业自动控制是 PLC 电气自动控制中的一个领域，PLC 控制系统的设计首先必须符合电气控制设计的规范，其次应充分考虑 PLC 的特殊性。在软、硬件的结合方面，应充分发挥 PLC 的软件功能，使系统的技术、经济指标更加优越。

一般电气控制装置设计分为三个阶段：初步设计、技术设计和产品设计。

（1）初步设计。

初步设计是研究系统和电气控制装置的组成，寻找最佳控制方案的初始阶段，也是技术设计的依据。初步设计可由机械设计人员和电气设计人员共同提出；也可由机械设计人员提供机械结构资料和工艺要求，由电气设计人员完成。

初步设计阶段应根据系统技术指标和机械设计人员提出的要求，尽可能搜集国内外同类产品的有关资料，并进行详细的分析比较，积极、慎重地采用新技术、新工艺，对某些新技术、新工艺、新结构、新组件等进行必要的原理性试验或提出试验大纲，提出系统中必须采用的专用元件的技术要求。

① 初步设计需确定的相关内容。

a. 设备名称、用途、工艺过程、技术性能、传动参数及现场工作条件。

b. 供电电网种类：电压等级、频率和容量。

c. 对电气控制的特殊要求（如控制方式、自动化程度、工作循环组成、电气保护等）。

d. 系统分辨率、控制精度、超调量及控制对象特性和执行机构选择。

e. 有关操作及显示要求。

f. 投资费用、研制工作量和周期估算。

② PLC 作为系统控制器的主要特点。

a. 可靠性高、抗干扰能力强，便于实现机电一体化。

b. 构成的控制系统的开发周期短，调试方便。

c. 模块组合灵活、柔性强，设计人员可根据系统控制要求和技术指标合理选用相应档次的 PLC，配制相应的功能模块，并可根据系统发展需要扩充功能。

d. 模块化结构便于系统在线维护，以缩短维修时间。

e. 丰富的指令系统便于系统在尽可能少改动硬件的情况下改变生产工艺。

如果系统技术指标对上述几方面有较高的要求，则可优先考虑采用 PLC 作为系统的控制器。

在初步设计阶段，主要递交上级部门或用户的一份总体方案设计报告，它是技术设计和产品设计的依据。只有在总体方案正确的前提下，实现系统各项技术指标才有保障。如果在技术设计中只有某个细节或环节设计不当，则可通过试验和改进来达到设计要求。但总体方案错误会导致整个设计失败。因此，在初步设计阶段，必须认真做好调研，根据系统技术、经济指标及现有条件进行综合分析并作出决策。

（2）技术设计。

技术设计是根据经审批的初步设计中提出的内容和方案，最终完成电气控制设计工作的阶段。

① 技术设计需完成的内容。

a. 在系统设计过程中，对某些重要环节进行必要的试验，写出试验报告，如 PLC 编程中的某些特殊要求、新型传感器的测试结果等。

b. 绘制电气控制的电气原理图（包括 PLC 的 I/O 接口）。

c. 编写系统参数计算书。

d. 选择整个系统的电气元件，提出专用元器件的技术指标，编写元件明细表。

e. 设计电气箱、控制面板等电气系统结构件及总装接线图。

f. 编写 PLC 内部元件分配表、软件流程图、梯形图或助记符程序。

g. 编写技术设计说明书（介绍系统原理、主要技术指标）和运行、操作、维护说明书。

② PLC 控制部分设计步骤说明。PLC 控制系统设计步骤流程图如图 6-72 所示。

a. 确定受控对象与 PLC 间的信号关系。例如，应从受控对象和外部输入 PLC 的信号（如按钮、行程开关等开关量信号或温度、压力等模拟量信号）；这些信号与 PLC 输入口的匹配情况（如电平、信号变化速率等）；是否要对现场信号作进一步处理，或考虑哪些信号需从 PLC 输出到受控对象（如受控对象执行机构、状态显示等）；输出信号与执行机构的匹配情况，以及整个 PLC 控制占用的输入点数、输出点数。

b. 根据控制要求的复杂程度、控制精度估计用户程序的容量、数据区容量、定时器、计数器数量及相应的内部元件。

c. 选择 PLC 机型和模块配置的主要依据是①、②条款中涉及的硬件要求，同时从控制功能和数据处理要求方面考虑 PLC 指令系统的功能。一般情况下，在初步设计阶段，PLC 的输入点数、输出点数应留出 20% 余量。

d. 根据选用的 PLC 及给定的元件地址范围（如输入、输出、计数器、定时器、数据区等），赋予使用元件相应名称和地址（绘制地址表），以避免编程过程中重复使用而出错。元件分配原则是将同类信号的地址连贯安排，以便处理信息时提高数据存取速度。分配输入端、输出端时应考虑系统布线、安全性及驱动电源的类型和幅值等因素，合理配置。

e. 根据受控对象的控制及有关动作转换逻辑，绘制 PLC 的控制流程图。

f. 由控制流程图编写相应控制功能的 PLC 用户程序（梯形图或助记符）。

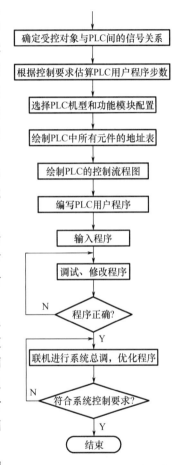

图 6-72　PLC 控制系统设计
步骤流程图

g. 将编写的用户程序输入 PLC，可以在简易编程器中输入助记符程序来完成程序输入工作，或者用图形编程器或计算机等专用设备输入程序，经串行通信口写入 PLC 的用户程序内存。

h. 在空载情况下，输入与实际负载工作相似的模拟信号，观察 PLC 运行时的输出指示及模拟负载响应情况，采用分段调试程序方法（插入 END 指令），逐步调试、修改、完善程序，直至符合系统控制要求。

i. 将控制系统与受控负载相连，经局部调试后进行系统总调，逐步修改、完善系统设计中存在的不足，直至系统工作符合技术指标要求。

（3）产品设计。

产品设计是根据技术设计中的系统电路图，柜、台、箱的布局图和元器件明细表转化设计成供生产用的总装配图，部件、组件、单元装配图、接线图及有关结构设计。限于篇幅，这里不展开论述。

3. PLC 使用注意事项

（1）电源。

PLC 电源通常采用交流 110V、交流 220V 和直流 24V，使用时务必注意电源类型和幅值，若使用不当，则会直接损坏 PLC 的电源模块。

一般电气控制设备都具有电源接通控制和急停控制功能。从系统可靠性考虑，当处理紧急停止时，尽管 PLC 都能由程序控制输出点断开来切断负载，但 PLC 的输出电路应在 PLC 外部切断控制。电源控制线路可参考图 6-73。

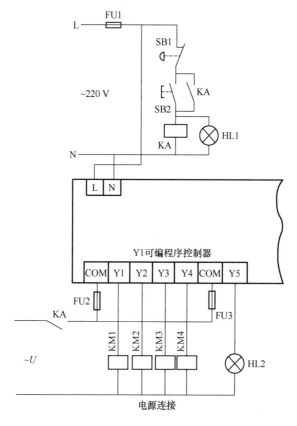

图 6-73　电源控制线路

由于 PLC 的输出电路不具有内部短路保护功能，因此，为防止因负载短路等而烧坏输出点，需在输出回路加熔断器作短路保护，应根据输出元件选用熔断器类型。例如，输出为继电器元件，可选用普通熔断器；输出为晶体管或晶闸管元件，应选用快速熔断器。

市场上许多型号的 PLC 内部都提供直流 24V 电源，该电源的容量较小，其输出电流一般在几百毫安以内。内部电源主要是用于集电极开路（OC 门）传感器的电源。实际使用时，必须考虑电源容量，对传感器等负载而言，PLC 内部的直流 24V 电源对外提供的容量随扩展元件的增加而减小，一般不允许内部直流 24V 电源与其他直流 24V 电源并联。

（2）输入端连接。

PLC 的输入有多种形式，正确、合理地配线是 PLC 正常工作的首要条件。若输入端连接不当，则不但会影响 PLC 输入信号的接收，而且会直接损坏 PLC 的输入接口电路。常用 PLC 输入电路有无电压汇流输入电路 [图 6-74（a）]、交/直流汇流输入电路 [图 6-74（b）]、交流汇流输入电路 [图 6-74（c）]，PLC 输入端连接必须根据输入电路形式而定。

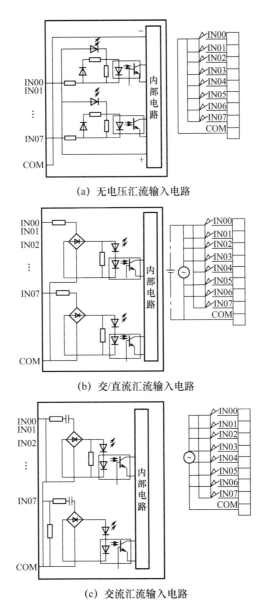

(a) 无电压汇流输入电路

(b) 交/直流汇流输入电路

(c) 交流汇流输入电路

图 6-74　PLC 输入电路

连接时，应注意以下几个问题。

① 输入回路是否需要接电源。

② 电源类型（交流/直流）。

③ 电源的幅值和极性要求。

根据以往经验，一般选择无电压汇流形式，这种输入电路使用较方便。

在实际应用中，许多传感器采用集电极开路输出方式来匹配接口电平。使用这类传感器时，必须在集电极上加驱动电源。由于设计 PLC 产品时已考虑这种应用形式，因而在PLC 内部增加了可向外部传感器供电的电源。

（3）输入点数统计。

统计系统所需输入点数，简单方法是统计输入 PLC 的信号数作为 PLC 输入点需求量，然而实际应用中必须考虑系统成本，尽可能减少输入点数。因为有些信号是在某个特定条件下（如手动状态下的指令信号不会出现在自动工作状态）出现的。因此，设计系统硬件时，可根据系统控制的不同工作状态，将信号划分到相应的程序模块中，在保证输入信号正确可靠的前提下，合理地使多个信号共用一个输入通道。例如，系统中有两个分属不同程序块的输入信号，其软件流程图及硬件图如图 6 - 75 所示。

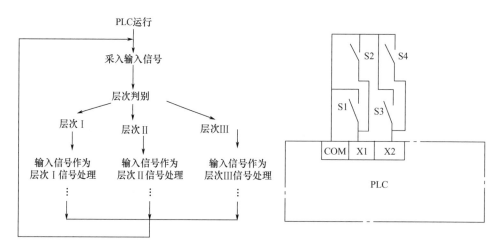

图 6 - 75　软件流程图及硬件图

如果不能保证系统中的信号出现在相应程序块运行阶段，简单地套用上述方法，系统就会因输入信号混淆而出错。因此，较严谨的方法是采用信号选通控制方式，可避免共用通道信号间相互干扰而误动作，如图 6 - 76 所示。当需采集 K1、K2、K3 信号时，将 Y1 置 1，KA 线圈得电，输入端的 COM1 与 COM 连接，选通 K 类信号，同时 COM2 与 COM 断开，SQ 类信号无法输入；反之，将 Y1 置 0，COM2 与 COM 连接，COM1 与 COM 断开，选通 SQ 类信号。

（4）输出端连接。

与 PLC 输入端连接相似，开关量输出端的连接也取决于输出电路的结构。确定控制负载后，以负载所需电源类型及控制动作频率为依据，选择 PLC 相应的输出模块。一般可选择三种模块，即继电器、晶体管、晶闸管。其中，晶体管允许的工作频率最高，晶闸

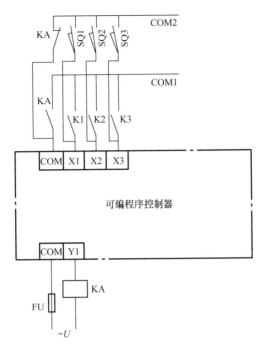

图 6 - 76　信号选通

管次之，继电器允许的工作频率最低。PLC输出电路如图6-77所示。

连接输出端时应注意如下三点。

① 负载电源类型（交流/直流）。

② 负载电源的幅值和极性要求。

③ 负载容量和性质。

PLC输出端对电源有具体要求，必须按照要求选用。例如选用晶闸管元件为输出模块，如果误用直流电源，那么输出晶闸管一旦触发就无法关断。另外，还要根据输出负载的性质考虑采取相应保护电路。如图6-78所示，当感性负载中的电流突然中止（输出由"ON"到"OFF"）时产生一个很高的尖峰电压，若不抑制该尖峰电压，则可能损坏输出模块。

（5）输出点统计。

PLC的输出点具有一定的带载能力。在输出元件负载容量允许的情况下，可直接驱动负载。若负载需多副触点或输出点驱动容量不足，则通常由PLC输出点驱动接触器线圈或其他执行元件，从而驱动负载。一般情况下，PLC控制几个负载（不同时通断），就需要几个输出点。若考虑今后系统功能扩展，则可增加一定余量的输出点备用。

（6）用户程序内存占用量估算。

用户程序内存必须具有系统掉电保持功能（系统掉电后仍能保持内存）。常用的内存有EPROM、EEPROM和带锂离子蓄电池供电的RAM。一些微型PLC和小型PLC的存储容量是固定的（不可扩充），为1~2KB，内存容量与PLC的I/O点数成正比。中、大型PLC的指令系统较丰富，用户程序除与I/O点数相关外，还与功能指令数量密切相关。

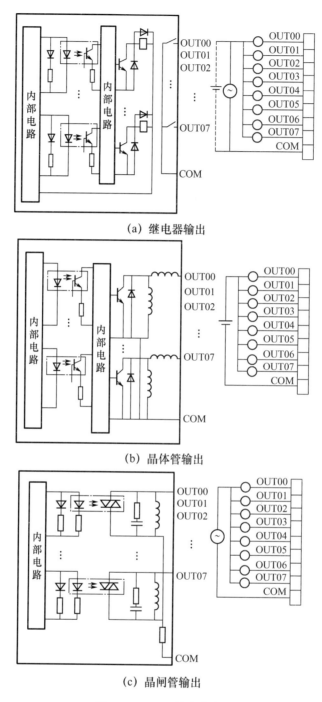

(a) 继电器输出

(b) 晶体管输出

(c) 晶闸管输出

图 6 - 77　PLC 输出电路

由指令系统可知，PLC 的一条基本指令一般占用一步，而有的一条功能指令占用十几步。因此，中、大型 PLC 的用户程序内存可按 1KB、2KB、3KB、4KB、8KB 等单位扩充，用户在配置 PLC 内存时可按下式估算用户程序步数：

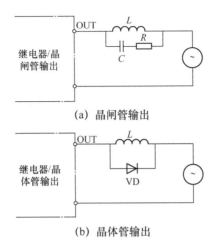

（a）晶闸管输出

（b）晶体管输出

图 6-78 输出保护电路

$$A=(1+K1)\times 输出点数+(2+K2)\times 计时器点数+(3+K3)\times 计数器点数+$$
$$功能指令数\times K4$$

实际选用时考虑 25% 余量

$$A'=(1+0.25)\times A$$

式中，K1 为平均组成驱动输出点的点数（梯形图中控制一个 OUT 指令左侧的控制逻辑平均点数），根据程序可取 5～10；K2 为平均组成驱动计时器的点数，根据程序可取 2～5（括号内数值 2 为计时器输出指令步数）；K3 为平均组成驱动计数器的点数，根据程序可取 1～5（括号内数值 3 为计数器输出指令步数）；K4 为功能指令平均步数，根据程序可取 7～13。

6.7.2 PLC 的编程方法及程序设计注意事项

PLC 是专为工业控制开发的一种控制器。由于其程序编制、安装、调试及维护工作主要由电气技术人员和高级电工承担，因此 PLC 从硬件结构到操作系统的设计都以尽可能地使用户快速掌握为原则。PLC 常用的编程方法有两种，即命令语句表达式（指令助记符）编程和与电气原理图十分相似的梯形图编程。

1. 命令语句表达式编程

（1）基本格式。

许多超小型 PLC 产品没有使用阴极射线管（cathode ray tube，CRT）的显示器，用户编制的程序用一系列 PLC 指令语句表达控制逻辑关系，并通过简易编程器将指令逐条输入 PLC 内存。PLC 的指令与微型计算机的汇编指令相似，每条指令都规定了 CPU 处理信息和数据的方法。不同型号的 PLC 指令不同，但表达式大致相同。

PLC的编程方法及程序设计注意事项

PLC 指令的形式为"操作码+操作数"，其中操作码指定执行的功能，操作数指定执行某功能操作所需数据的地址（字地址或位地址）及运算处理结果的存放地址。

（2）编程规则。

① 程序以指令列按顺序编制，在无跳转指令的情况下，PLC 按顺序逐条由上至下地执行指令，执行到最后一条结束指令（END）后，再从头开始循环。因此，指令语句的顺序与控制逻辑有密切关系，随意颠倒、插入或删除指令都会引起程序控制逻辑出错或程序出错。

② 操作数必须是机器允许使用范围内的数值，若超出允许使用范围则引起程序出错（有些 PLC 在输入指令时具有操作数超出允许使用范围出错提示功能）。

③ 命令语句表达式编程与梯形图编程相互对应，两者可以相互转换、一一对应。

2. 梯形图编程

梯形图是在电气控制系统中的常用继电接触器原理图基础上演变而来的，两者术语有所不同，但含义相似。表 6-11 列出了继电系统和 PLC 系统的术语关系。严格地讲，这些术语的确切含意是不同的。

表 6-11　继电系统和 PLC 系统的术语关系

继电系统术语	触点	线圈	常开触点	常闭触点	时间继电器
PLC 系统术语	输入或条件	输出或工作位	通常断开条件	通常闭合条件	计时器

（1）梯形图的基本结构。

梯形图是在原电气控制系统中的继电接触器电气原理图的基础上演变而来的。梯形图由多个梯级组成，每个输出元素（指令）构成一个梯级。每个梯级由梯形图最左侧的垂线（母线）出发，沿着分支安排控制触点（常开、常闭），组成输出执行指令的控制逻辑，这些控制逻辑决定了右侧输出元素（指令）的执行时间和执行方法。一个梯级的梯形图如图 6-79所示。可见，梯形图与电气原理图相似，它是 PLC 的主要编程方法。

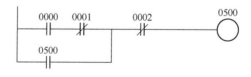

图 6-79　一个梯级的梯形图

（2）梯形图的编程规则及注意事项。

实际上，PLC 是一种由微处理器构成的工业控制器。其工作原理及方式与计算机相同，具有计算机的若干特点。一般情况下，只要程序不超过 PLC 的存储容量，可用于串联或并联的逻辑条件数就是无限制的。梯形图应尽可能多地用条件将程序描述清楚，编制梯形图程序时应充分考虑以下问题。

① 几个串联支路并联，应将触点多的串联支路安排在梯级的上面（图 6-80）；几个并联回路串联，应将触点多的并联回路安排在左面（图 6-81）。按这种规则编制的梯形图的用户程序步数少、程序扫描时间短。

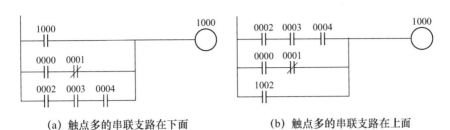

(a) 触点多的串联支路在下面　　　　　(b) 触点多的串联支路在上面

图 6－80　梯形图的画法一

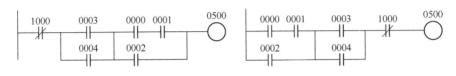

(a) 触点多的并联支路在右面　　　　　(b) 触点多的并联支路在左面

图 6－81　梯形图的画法二

图 6－80（a）程序　　　　图 6－80（b）程序

LD　1000　　　　　　　　LD　0002

LD　0000　　　　　　　　AND　0003

AND NOT 0001　　　　　　AND　0004

OR LD　　　　　　　　　　LD　0000

LD　0002　　　　　　　　AND NOT　0001

AND　0003　　　　　　　OR LD

AND　0004　　　　　　　OR　1000

OR LD　　　　　　　　　　OUT　1000

OUT　1000

可见，图 6－80（a）和图 6－80（b）中的梯形图控制功能完全相同，但图 6－80（a）中的梯形图程序比图 6－80（b）多一条 OR LD 指令。

图 6－81（a）程序　　　　图 6－81（b）程序

LD NOT　1000　　　　　　LD　0000

LD　0003　　　　　　　　AND　0001

OR　0004　　　　　　　　OR　0002

AND　LD　　　　　　　　LD　0003

LD　0000　　　　　　　　OR　0004

AND　0001　　　　　　　AND　LD

OR　0002　　　　　　　　AND　NOT　1000

AND　LD　　　　　　　　OUT　0500

OUT　0500

同样，图 6－81（a）的梯形图程序比图 6－81（b）多一条 AND LD 指令。

② 梯形图编程可采用相应 PLC 的梯形图编程软件，如三菱公司的 MEDOC 软件、欧

姆龙公司的 LSS 软件。但在手工绘制梯形图时应注意：触点应画在水平线上，而不应画在垂线上；不包含触点的分支应画在垂线上，而不应画在水平线上，以便识别触点逻辑组合和对输出及指令执行的路径。如图 6-82 所示，图 6-82（a）无法采用逻辑指令编程，修改后的图 6-82（b）成为逻辑相同的可编程梯形图。如图 6-83 所示，将图 6-83（a）的梯形图按梯形图规则修改后，成为便于编程和控制路径清晰的图 6-83（b）。

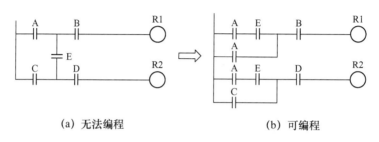

(a) 无法编程　　　　　　　　　　　(b) 可编程

图 6-82　梯形图的画法三

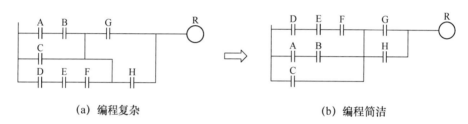

(a) 编程复杂　　　　　　　　　　　(b) 编程简洁

图 6-83　梯形图的画法四

③ 梯形图编程和命令语句表达式编程具有一一对应关系。必须按照从左到右、自上而下的原则将梯形图转换成命令语句。编写复杂梯形图时，常需要将梯形图分割成大的逻辑块，再将大的逻辑块分割，直到分割的若干块可以直接使用"与""或"指令。对逻辑块程序仍按上述原则，先连接小一些的逻辑块，再连接大一些的逻辑块，连接时采用相应"逻辑块与"或"逻辑块或"命令。以图 6-84 所示梯形图为例，其编程顺序如图 6-85 所示。

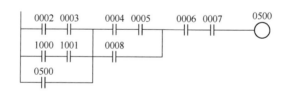

图 6-84　梯形图示例

④ 指令安排顺序和位置对程序执行结果有影响，尽管 PLC 执行指令的速度极高，但毕竟只能一条一条地执行指令，一旦程序启动运行，CPU 就自上而下循环扫描，检查所有条件并执行所有与母线相连的指令，执行到 END 指令后从头开始循环扫描。编程时，将指令按适当顺序放置相当重要。例如指令中要用到某个字（数据），在执行该指令前应将要用的数据送入该字，如果先执行该指令再送数据，则指令执行的结果就会出错。同样，即使程序中只处理开关量，也不能简单地按电气原理图方式编程，控制信号与响应信

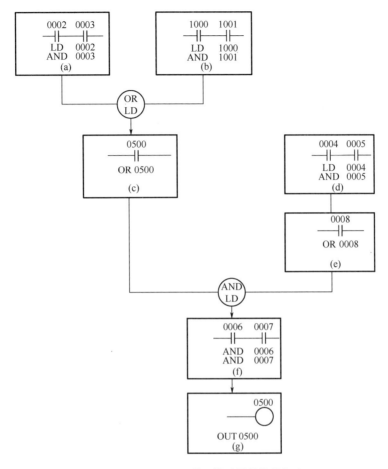

图 6-85　图 6-84 所示梯形图的编程顺序

号安排顺序、信号是否需要集中过渡处理等都可能影响程序的输出结果。例如图 6-86（a）中程序段 A 的设计意图是每隔一小时使计数器 CNT04 接通一次，程序中利用定时器 T00 每 1min 接通一次的脉冲信号作为计数器 CNT04 的 CP 端输入，CNT04 计满 60 次后发出脉冲信号。如果从一般电气原理图角度看，程序段 A 是能正常工作的。因为电气线路上，无论触点安排在线路上方还是线路下方，任一元件动作都能同时进行电路切换。但按照 PLC 梯形图的工作原理，当程序正好执行到 c 或 d 瞬间时，T00 定时时间到，T00 常开触点闭合，计数器 CNT04 的 CP 端信号有效，计数器 CNT04 作减一计数；在程序执行到 b、e、f、s、g、h、b 点之前或 h 点之后的任一瞬间，T00 定时时间到，计数器 CNT04 均不能得到 T00 接通的 CP 脉冲信号。例如，程序扫描到计数器 CNT04 指令时，T00 定时时间未到，CP 端信号为零，接着 T00 计时时间到，其常开触点闭合，常闭触点断开，在下一个扫描周期中的 b 点，LD NOT T00 将 T00 的 1 取非，得到 0，执行 OUT T00 指令时将 T00 复位，T00 常开触点打开，常闭触点闭合，计数器 CP 端仍无 1 信号输入，计数器 CNT04 将漏计 T00 一次脉冲信号而产生定时错误。如果对程序略作修改，加入一个集中过渡信号，程序就能正常运行了，如图 6-86（b）所示。

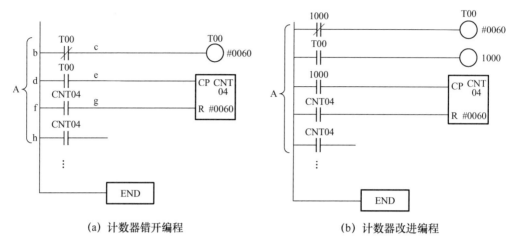

(a) 计数器错开编程　　　　　　　(b) 计数器改进编程

图 6-86　编程分析

⑤ 信号电平有效和跳变有效问题。在 PLC 指令中，有些指令条件是以信号跳变为执行条件的，它与电平触发有本质区别。例如 PLC 指令系统中的移位指令和计数器计数、移位 CP 信号和计数器计数 CP 信号均为跳变触发有效。如图 6-87 所示，当 0001 输入信号保持电平不变（无论是高电平 1 还是低电平 0）时，移位寄存器和计数器状态也保持不变。仅当 0001 输入端上次采样信号为 0、本次采样信号为 1 时，移位寄存器移位一次，计数器 CNT04 作减一计数。同样，在 PLC 的功能指令中，一般指令都为电平有效，若需要指令在执行条件满足后仅执行一次，则必须用微分执行功能，如三菱 FX 系列 PLC 在相应功能指令后加"P"，欧姆龙 H 系列 PLC 在功能指令前加@，该指令就成为只执行一次的微分功能指令。分析图 6-88（a）和图 6-88（b）中的程序可了解微分执行功能的用途。设输入信号 X3 接通且接通时间为 n 个扫描周期（一般无法精确控制接通时间），则图 6-88（a）所示程序 D0 中的内容为 $(D0) + n \cdot (D1)$，而图 6-88（b）所示程序中 D0 的内容为 $(D0) + (D1)$。两个程序看似相同，但结果不同，编程时应注意。

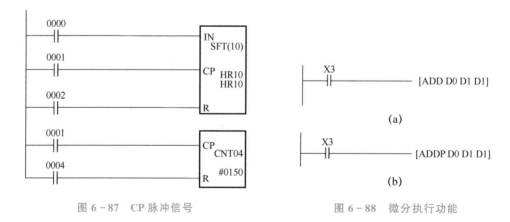

图 6-87　CP 脉冲信号　　　　　　图 6-88　微分执行功能

⑥ 有效输入信号的电平保持时间。PLC 的工作方式采用集中采样、集中输出形式，如图 6-89 所示。PLC 运行时扫描周期为 T，其中 t_1 为输入采样阶段，t 为程序指令执行

阶段，t_2 为输出阶段，即 $T=t_1+t+t_2$。如果输入信号电平保持时间 $t_i<T$，那么 PLC 不能保证采集到这个输入信号。如果要保证输入信号有效，输入信号的电平保持时间就必须大于 PLC 工作扫描周期。

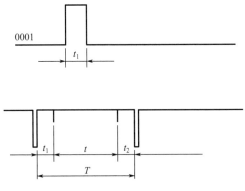

图 6-89 输入信号与扫描周期的关系

　　⑦ 线圈重复输出问题。PLC 具有线圈重复输出出错提示功能（用户程序中出现了同一编号元素至少输出两次的情况）。

　　一般来说，PLC 用户程序中不允许出现重复输出编程，其原因是 PLC 在执行程序时将运行结果存入相应元素的映像寄存器，如果同一编号元素在一个扫描周期中输出两次以上，即对该元素进行了两次以上运算输出，当运算结果不一致时，最后输出状态就取决于后一次写入映像寄存器的运行结果。然而两种情况下的"重复输出"是允许的。第一种情况对输出继电器而言，如果能保证一次扫描只执行一次输出，这种"重复输出"就是允许的。如图 6-90 所示，虽然程序段 A 和程序段 B 中都有 OUT Y501 指令，但程序执行过程中不可能在一个扫描周期中同时执行程序段 A 和程序段 B，从而保证 PLC 一次扫描只刷新 Y501 输出继电器一次（跳步指令执行条件互为非的关系），这种编程方式是允许的。第二种情况是信号过渡，如将内部辅助继电器用作中间继电器起信号过渡功能时是允许重复输出的，如图 6-91 所示。

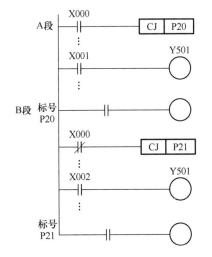

图 6-90 输出继电器"重复输出"示例

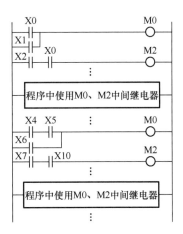

图 6-91 重复使用 M0、M2

⑧ 用户程序加密。用户程序是用户根据 PLC 控制系统的特殊控制要求编制的程序，受控设备在此程序控制下按照程序设计的生产工艺要求运行。要使设备正常运行，系统的软件和硬件都必须正常运行。为防止软件被错误修改或窃取，中、高档 PLC 均具有 Password 设置功能，一旦为 PLC 系统设置 Password，进入或复制用户程序就必须输入正确 Password，否则无法进入或修改用户应用程序。由于不同 PLC 生产厂家生产的 PLC 种类各异，因此 Password 设置方法不完全相同。为便于读者了解设置过程，下面介绍三菱 FX 系列 PLC 的 Password 设置方法。

在 FX2 联机操作方式下，用户程序保护级别有以下三种。

a. 禁止全部操作级：A×××××××。

b. 防盗级：B×××××××。

c. 防止误写入级：C×××××××。

每个 Password 都以字母 A、B、C 开始，表明保护级别，后 7 位为十六进制数，用户可根据需要选用。表 6-12 列出了各保护级的功能。

表 6-12　各保护级的功能

功能		保护级			备注
		禁止全部操作级	防盗级	防止误写入级	
程序	读取	×	×	0	
	写入	×	×	×	
	插入	×	×	×	
	删除	×	×	×	
监测	软元件监测	×	0	0	
	导通检查	×	×	0	
	动作状态监视	×	0	0	0：可使用
测试	当前值变更	×	0	0	×：不可使用
	设定值变更	×	×	×	
方式项目单	参数	×	×	×	
	程序检查	×	×	0	
	软元件变换	×	×	×	
	传送	×	×	×	
	锁存清除	×	0	0	

Password 设置步骤如图 6-92 所示。

设定默认约定时，将光标对准 YES，按 GO 键；设定参数设置时，将光标对准 NO，按 GO 键。

变更存储器容量设置时，将光标对准要变更的内存容量数，再按 GO 键确认。

设置 Password 时，将光标对准 ENTER，输入 Password A/B/C×××××××，按 GO 确认。

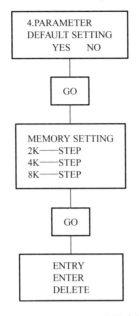

图 6 - 92　Password 设置步骤

删除 Password 时，将光标对准 DELETE，输入设置的 Password，再按 GO 键确认。若用户忘记 Password，则无法读取或修改用户程序，只能删除全部程序后重新输入。在联机 Online 方式项目单上选择第 4 项参数栏（4. PARAMETER）。

本章小结

本章介绍了 PLC 的常用编程语言，并且以三菱 FX2N 系列小型 PLC 为例介绍了 PLC 的基本指令、步进指令和功能指令的格式、功能、使用方法，举例说明了应用这些指令设计用户程序的步骤。对于相同 PLC 控制系统，可以用不同的编程语言、不同的编程方法、不同类型的指令编制用户程序来达到相同控制目的。

梯形图、状态转移图及指令语句是常用的编程语言，它们之间可以等效转换，要求熟练掌握。

习　　题

6 - 1　什么是 PLC？与继电器控制和微型计算机控制相比，它的主要优点是什么？

6 - 2　PLC 基本单元（主机）由哪几部分组成？各部分的作用分别是什么？

6 - 3　PLC 内部存储空间可分为哪几部分？各部分的存储内容分别是什么？

6 - 4　FX2N 系列 PLC 内部供编程使用的软器件有哪几种？分别有什么用途？

6 - 5　PLC 采用什么工作方式？其特点是什么？

6-6　什么是编程语言？PLC 常用的编程语言有哪几种？

6-7　梯形图与继电器控制线路图有哪些异同点？

6-8　FX2N 系列 PLC 的基本指令有哪几条？功能分别是什么？写出图 6-93 所示梯形图的语句表。

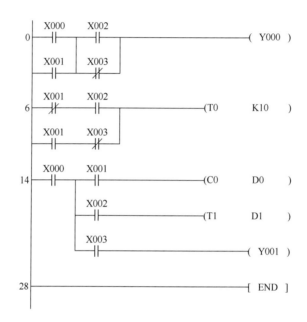

图 6-93　题 6-8 梯形图

6-9　FX2N 系列 PLC 的步进指令有几条？分别有什么用途？写出图 6-94 所示状态转移图的等效梯形图和指令语句表。

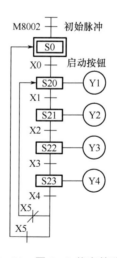

图 6-94　题 6-9 状态转移图

6-10　FX2N 系列 PLC 的功能指令有几条？分别有什么用途？如何计算功能指令块的程序步数？写出图 6-95 所示梯形图的指令语句表。

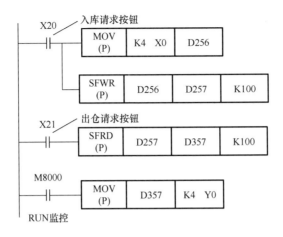

图 6-95 题 6-10 梯形图

6-11 设计一个控制交流电动机正转、反转和停止的用户程序，要求从正转运行到反转运行的切换有 2s 延时。

6-12 有一条 PLC 控制的产品检验传输线，当产品传送到 A 点，光电开关 ST1 发出信号且 ST2 检查产品是否合格。若 ST1＝1，ST2＝1，则为合格产品，传送带将产品送到成品箱内。若 ST1＝1，ST2＝0，则为次品，传送带运行 3s 到 B 点停止运行，机械手将次品送到次品箱内。机械手的动作顺序如下：伸出$\xrightarrow{1s}$夹紧$\xrightarrow{1s}$旋转$\xrightarrow{1s}$放松$\xrightarrow{1s}$缩回$\xrightarrow{1s}$旋转$\xrightarrow{1s}$返回原位等待。机械手一旦复位经 1s 延时，传送带就自动启动运行。机械手的动作由液压电磁阀（均为单向阀）控制（线圈得电动作、失电复位）。启动和停止运行由面板上的按钮控制。试设计其用户程序。

6-13 试设计一个用户程序，要求按下启动按钮后，Y0～Y47 共 40 个输出中，每次有 2 个为 1，每隔 6s 变化 1 次，即先是 Y0，Y1 为 1，6s 切换成 Y2、Y3 为 1（Y0、Y1 变为 0），依此类推，直至 Y46、Y47 为 1，6s 后重新开始，循环 100 次后自动停止运行。要求分别采用基本指令、步进指令和功能指令设计该用户程序。

第7章
其他常用 PLC 简介

 本章教学目的及要求

(1) 熟悉西门子 PLC 分类及 SIMATIC S7-1200/1500 PLC 的特点。

(2) 了解欧姆龙小型 PLC 的特点。

(3) 了解施耐德电气有限公司 PLC 的特点。

(4) 熟悉台达公司 PLC 的特点。

(5) 熟悉和利时公司 PLC 的特点。

7.1　西门子公司的 PLC

7.1.1　概述

西门子公司生产的 PLC 在我国应用广泛，在冶金、化工、印刷等领域都有应用。西门子公司的 PLC 产品包含 LOGO、SIMATIC S7-200、SIMATIC S7-300、SIMATIC S7-400、工业网络、人机界面/人机接口（human machine interface，HMI）、工业软件等。西门子 SIMATIC S7 系列 PLC 体积小、速度高、标准化，具有网络通信能力，功能强，可靠性高，可分为微型 PLC（如 SIMATIC S7-200）、小规模性能要求的 PLC（如 SIMATIC S7-300）和中、高性能要求的 PLC（如 SIMATIC S7-400）等。

LOGO 和 SIMATIC S7-200 是超小型 PLC，适合单机控制或小型系统的控制，适用于自动检测、监测及控制等；SIMATIC S7-300 是模块化小型 PLC，可用于直接控制设备，可以监控多个下一级 PLC，还适用于控制中、大型控制系统，能满足中等性能要求的应用；SIMATIC S7-400 可进行较复杂的算术运算和复杂的矩阵运算，还可用于直接控制设备、监控多个下一级 PLC。

西门子公司陆续推出了 SIMATIC S7-1200 和 SIMATIC S7-1500 两个型号的 PLC。

SIMATIC S7 - 1200 是紧凑型 PLC，它是 SIMATIC S7 - 200 的升级版，具有模块化、结构紧凑、功能全面等特点，能够保障现有投资的长期安全。它采用的芯片处理速度高，接近 SIMATIC S7 - 300 的水平；而且经过测试，SIMATIC S7 - 1200 与 SIMATIC S7 - 300 的计算速度基本一致，大幅度领先于 SIMATIC S7 - 200。SIMATIC S7 - 1200 的 CPU 工作存储器性能远超 SIMATIC S7 - 200 的存储器，支持存储卡的容量甚至超过 SIMATIC S7 - 300 支持的存储卡容量，PROFINET 接口是标配，具有全面的集成工艺功能，可以作为一个组件集成在完整的综合自动化解决方案中。

SIMATIC S7 - 1500 是大、中型 PLC，专为中高端设备和工厂自动化设计，拥有卓越的系统性能，并集成一系列功能（如运动控制、工业信息安全、故障安全功能等）。

7.1.2 SIMATIC S7 - 1200/1500 PLC 的特点

1. SIMATIC S7 - 1200 PLC

SIMATIC S7 - 1200 PLC 如图 7 - 1 所示。

SIMATIC S7 - 1200 PLC 的主要特点如下。

（1）可扩展模块，最多可以扩展 11 个模块（具体数目取决于 CPU 型号）。其中，在 PLC 主体最多可以扩展 3 个通信模块，在右侧最多可以扩展 8 个 SM 模块。

（2）RJ - 45 接口成为标配，使得编程和调试更加方便。RJ - 45 接口可直接用作 PROFINET 接口（与 CPU 型号和 CPU 版本有关）。

（3）在 PLC 上添加一个板卡扩展接口，可以连接信号板卡（signal board，SB）、通信板卡（communication board，CB）、电池板卡（battery board，BB）。

（4）可以在 PLC 上插入 SD 卡。SD 卡有三种用途：传递程序、传递固件升级包、为 CPU 的内部载入存储器（load memory）拓展。即使没有插入 SD 卡，PLC 也依然可以使用。

（5）以 TIA 博途为编程软件，可以应用所有软件专为本设备设计的新功能。

2. SIMATIC S7 - 1500 PLC

SIMATIC S7 - 1500 PLC 如图 7 - 2 所示。

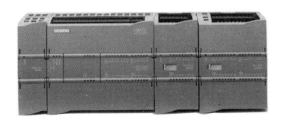

图 7 - 1　SIMATIC S7 - 1200 PLC

图 7 - 2　SIMATIC S7 - 1500 PLC

SIMATIC S7 - 1500 PLC 有如下特点。

（1）CPU 显示模块。可以在 CPU 模块上添加一个 CPU 显示模块。显示模块上方是一个彩色液晶显示屏，下方是按钮。按钮由上、下、左、右四个方向键和分布于左下和右下的两个按钮组成。方向键用于选择菜单，左下按钮的功能等于当前屏幕左下方显示的文字，通常为返回上一菜单的功能。右下按钮的等于当前屏幕右下方显示的文字，通常为确认功能。CPU 显示模块可以用于查看 CPU 的状态和诊断信息、对 CPU 进行简单的参数设置、查看和修改变量。显示模块本身是一个选件。

（2）卡槽与安装。SIMATIC S7 - 1500 PLC 与 SIMATIC S7 - 300 PLC 类似，使用纯机械背板且背板上不带任何电子元器件，不需要硬件组态，使用时将所有模块固定在背板上。模块与模块之间使用 U 形连接器连接。在一台 SIMATIC S7 - 1500 PLC 机架上最多可安装 32 个模块（包含 CPU 模块和电源模块），其中槽号从 0 开始计数，电源模块为 0 号槽（slot 0），CPU 模块为 1 号槽（slot 1）。

（3）PROFIBUS 和 PROFINET。所有型号 PLC 均配有 PROFIBUS 和两端交换机（有两个 PROFINET 接口，两个接口之间连接内置交换机）。部分型号 PLC 配有 PROFIBUS 总线接口。

（4）PS 电源模块和 PM 电源模块。在机架上，需要将电源安装在 CPU 模块的左侧。SIMATIC S7 - 1500 PLC 的电源模块有两种形式——PS 和 PM。若使用 PS 电源模块，SIMATIC 模块通过 U 形连接器连接到 CPU 模块。电源通过背板（各模块的 U 形连接器）传递给各模块。使用时，需要将电源模块组态在项目中。电源被组态后，TIA 博途软件会自动计算背板上各模块的电源消耗。如果计算出供电问题，就给予相应的错误提示。若使用 PM 电源模块，则与 SIMATIC S7 - 300 PLC 的电源使用方式类似。该模块无须组态，只需从模块上取下 DC 24V 电源并用导线连接到需要接入电源模块上即可。

（5）SD 卡的使用。SIMATIC S7 - 1500 PLC 只有在插入一个 SD 卡的情况下才可以使用，它没有内部载入存储器，而将外部插入的 SD 卡作为载入存储器。

（6）使用 TIA 博途软件编程，可以应用所有软件专为本设备设计的新功能。

7.2 欧姆龙小型 PLC

7.2.1 概述

欧姆龙集团始创于 1933 年，在起步阶段除生产定时器外，一度专门生产保护继电器。这两种产品的制造成为欧姆龙集团的起点。为了适应时代的发展，在集团成立 50 周年时，集团名称与品牌名称实现了统一，改为"欧姆龙株式会社"。通过不断创造新的社会需求，欧姆龙集团率先研发生产了无触点接近开关、电子自动感应信号机、自动售货机、车站自动售检票系统、癌细胞自动诊断等一系列产品与设备系统。

7.2.2　CP1H PLC 的特点

CP1H PLC 主机总体结构如图 7-3 所示。

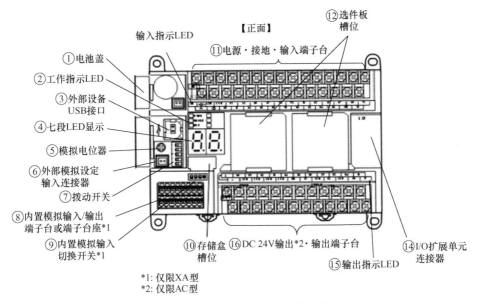

图 7-3　CP1H PLC 主机总体结构

CPU 单元为系统的核心，其主机上配备了七段数码管、外部设备 USB 接口、模拟电位器、外部模拟设定输入、电池、存储盒等。I/O 扩展单元连接器提供了现场输入/输出设备与 CPU 的接口电路。另外，CPU 单元还提供了 RS-232C 接口和 RS-422A/485 接口，可根据需要配置 RS-232C 选件板或 RS-422A/485 选件板。CP1H PLC 属于小型PLC，使用 USB 接口与上位机通信，采用梯形图功能块的结构文本编程语言编程、多任务编程模式、多个协议宏服务接口，易联网，拥有多路高速计数与多轴脉冲输出。CP1H PLC 具有与 CS/CJ 系列 PLC 相似的先进控制功能，其特点和功能如下。

（1）处理速度高。CP1H PLC 的 CPU 执行基本指令的速度为 0.1 微秒/条，执行 MOV 指令的速度为 0.3 微秒/条，分别是 CPM2A 的 6 倍和 26 倍。相应地，系统管理、I/O 刷新时间和外部设备服务所需时间大幅度缩短。

（2）程序容量与 I/O 容量大。CP1H PLC 的程序存储最大容量为 20K 字，数据存储器（DM 区）的存储最大容量为 32K 字，为复杂程序和接口单元、通信及数据处理提供了充足的内存。

（3）采用整体式结构。CP1H PLC 采用整体式结构，体积小且功能完备，大幅度提升了空间利用率。

（4）软、硬件的兼容性好。CP1H PLC 采用 CX-P6.1 编程软件，配有 FA 综合工具包 CX-ONE，可以实现 PLC 与外部设备的结合。

（5）系统扩展性好。CP1H PLC 最多可以连接 7 个 I/O 扩展单元，每个 I/O 扩展单元都有 40 个 I/O 点，加上 CPU 单元内置的 40 个 I/O 点，CP1H PLC 最多可以处理 320 个 I/O 点。

（6）高速性能强。CP1H PLC 的 CPU 单元具有模拟量输入/输出功能、高速中断输入功能、高速计数功能和可调占空比的高频脉冲输出功能，可以实现 A/D 与 D/A 转换、精确的定位控制和速度控制以及高速处理约 400 条指令。

（7）功能块程序编程语言简单。用户可以根据实际需求自行创建相应的功能块，将标准的多个电路编制在一个功能块中，只要将其插入梯形图主程序并在输入/输出中设定参数，就可以方便地反复调用复杂电路，大大减少程序编制与调试的工作量及编码错误，增强可读性。

（8）程序组织模式结构化。CP1H PLC 可将程序划分为最多 32 个实现不同控制功能的循环任务段，并提供了电源断开中断、定时中断、I/O 中断和外部 I/O 中断 4 类 256 个中断任务，这种任务式的程序组织模式提高了大型程序开发效率、调试和维护更加简便、改善了系统的响应性能。

（9）串行通信能力强。CP1H PLC 最多可以装两个串行通信接口（可选择 R2－232C 或 RS－422A/485 选件板），可以方便地实现与可编程终端、变频器、温度控制器、智能传感器及 PLC 的连接。其中 MODBUS－RTU 简易主站功能可以实现对变频器速度的控制，串行 PLC 连接功能可以将 9 台 CP1H PLC 连接通信，每台 CP1H PLC 之间都可以实现 10 个通道以内的数据传送。

（10）USB 通信方式简单。CP1H PLC 通过外围设备 USB 端口与上位机连接，利用 CX－P6.1 编程软件与计算机进行编程与监视，通信方式简单。

总之，CP1H PLC 具有功能强、速度高、体积小、使用范围广等特点。

7.3 施耐德电气有限公司的 PLC

7.3.1 概述

施耐德电气有限公司（以下简称施耐德公司）的总部位于法国吕埃，它为 100 多个国家的能源及基础设施、工业、数据中心及网络、楼宇和住宅市场提供整体解决方案，在住宅应用领域拥有强大的市场能力。

1836 年：施耐德兄弟接管处于困境的 Creusot 铸造厂，并于两年后成立 Schneider & Cie 公司。

1891 年：已成为专业武器制造商的施耐德公司开始进军电力市场，对自身进行了改革创新。

1919 年：施耐德公司在德国和东欧国家建立了基地。在随后的几年里，施耐德公司与西屋（Westinghouse）电气公司结盟，拓展了自身业务范围，可以进行发电站、电气设备和电力机车的生产制造。

1949 年：第二次世界大战后，施耐德公司逐渐转向建筑、钢铁和电力行业。为实现公司业务的多样化及打开新的市场，施耐德公司进行了整体的结构重组。

1981—1997 年：施耐德公司脱离钢铁和造船行业，通过战略性收购将业务集中于电气行业。

1999 年：通过并购欧洲配电业第二大巨头——Lexel，施耐德公司在超终端领域取得了巨大发展。5 月，集团改名为施耐德电气，更加明确地强调了公司专业致力于电气领域。改名之后的施耐德公司采取加速发展、提高市场竞争力的战略。

2000—2005 年：随着自身结构的发展和公司合并政策的贯彻，施耐德公司在新的市场细分［不间断电源（uninterrupted power supply，UPS）、运动控制、楼宇自动化和安全等］中进行了定位。

2010 年至今：施耐德公司进一步巩固其在软件、关键电力与智能电网应用领域的地位。

7.3.2　施耐德 M258 PLC

施耐德 M258 PLC 是施耐德公司推出的自动化产品，具有超高运算速度、超大容量内存、超大存储空间；同时，在价格方面与其他品牌相比占上风，很多企业都选择这款 PLC。

施耐德 M258 PLC 具有模拟量功能、高速计数器功能、位置控制功能、通信功能。

对于需要处理模拟量传感器/执行器（电压或电流）、温度传感器或 PID 控制传感器数据功能的设备，施耐德 M258 PLC 运动控制器提供了完整、丰富的扩展模块（"一体化"或"切片式"）以及编程功能。为了尽量减少设备种类、缩短装配时间和降低成本，所有型号为 TM258 L4L 的施耐德 M258 PLC 都标配 4 路电压或电流模拟量输入（12 位分辨率），可提供 2 通道、4 通道或 6 通道以及 12 位分辨率或 16 位分辨率的不同扩展模块。施耐德 M258 PLC 功能强大，能够连接 200 个模拟量 I/O 和（或）温度模块，从而减少了对设备需求的限制。

为了满足设备的生产效率要求，施耐德 M258 PLC 内置 8 路高速计数及 4 个反射输出，每个通道的计数频率都达到 200kHz。TM258L 控制器配备的内置高速计数和 CANopen 主站现场总线使之快速、轻松地提供成本低廉、高性能的多轴功能，最大限度地提高设备的生产效率。SoMachine V2.0 软件提供了专门为运动控制功能设计的 PLCopen 功能块，可以确保快速、可靠地开发应用程序。此外，可选择多种高速计数模块，以适应设备的特定需求。

施耐德 M258 PLC 在位置控制方面有多种选择：创建 Lexium 32 伺服驱动器控制序列，使用离散量 I/O 实现通信；或创建应用程序，并通过 TM258L 本体集成的 CANopen 现场总线主站控制 Lexium 32 伺服驱动器和（或）SD3 步进驱动器。

所有施耐德 M258 PLC 型号都内置 RJ-45 以太网口（10/100Mbit/s，MDI/MDIX），支持 Ethernet TCP Modbus、Ethernet IP Device、SoMachine V2.0。此外，所有施耐德 M258 PLC 都内置 Web Server 和 FTP Server；并且基于 MAC 地址的默认地址，可以通过 DHCP 服务器或 BOOTP 服务器为控制器分配 IP 地址。施耐德 M258 PLC 拥有内置 CANopen 主站。可以在 125kbit/s～1Mbit/s 之间配置该总线，最多支持 63 个从设备。基于 CANopen 的架构，可以连接分布式 I/O 模块，使传感器和执行器实现就近连接，从而节省接线成本和接线时间，并且可以与不同的设备（如变频器、伺服驱动器等）通

信。将 CANopen 组态工具集成到 SoMachine V2.0 软件中，可以导入 EDS 格式的标准描述文件。

所有施耐德 M258 PLC 都可配置为 RS‐232 接口或 RS‐485 接口的串行链路（标配），并且集成两种使用较广的协议——主或从 Modbus ASCⅡ/RTU，字符串（ASCII）。

7.4 台 达

7.4.1 概述

台达（DELTA）成立于 1971 年，总部位于我国台湾省台北市，为全球提供电源管理及散热解决方案。1992 年，台达在广东省东莞市石碣镇设立仲权电子厂，并在上海投资成立负责市场营销与服务网络建设的中达电通股份有限公司（以下简称中达电通）。多年来，台达的发展日益根深叶茂，业务运营全面涵盖研发、生产、销售与服务。截至 2022 年年底，台达共设有广东东莞、江苏吴江、安徽芜湖、湖南郴州四个主要生产基地；30 多处研发中心与实验室，超 2300 名研发工程师，68 个运营网点，员工总数超 4 万。

凭借创新技术、持续强化工程研发设备与精良测试仪器，台达持续推出高效、节能、可靠的产品与解决方案。其子公司中达电通深入了解客户运营环境及各行业的工艺需求，为客户提出完整解决方案。为满足客户不间断运营的需求，中达电通除设有完整的分支机构、技术服务与维修网点外，其训练有素的技术服务团队能为客户提供定制化、全方位的售前服务、售中服务与可靠的售后保障。

在营收持续成长的同时，台达不遗余力地实践可持续发展。基于对环境保护的承诺，台达注重运营场所的能源管理及提升能源使用效率。通过结合企业核心能力，台达积极参与并赞助各类社会公益活动，范围涵盖环境教育、绿色建筑推广、人才培育、学术研发等。台达以持续行动为社会与环境作出的贡献屡获肯定，包括连续 12 年入选道琼斯可持续发展指数之"世界指数"；2020 年与 2022 年 CDP 全球环境信息研究中心年度评比荣获"气候变化"与"水安全管理"双"A"评级，并连续 6 年荣获供应链参与领导者。

台达 DVP 系列 PLC 以高速、稳健、高可靠度应用于许多工业自动化机械上；除具有快速执行逻辑运算、丰富指令集、多元扩展功能卡等特色外，还支持多种通信规范，使工业自动控制系统联成一个整体。其具有高效、快速的运算处理能力以及多元化周边扩展和丰富指令集等优势，产品有高阶中型 PLC‐AH500、多功能泛用型 PLC‐AS 系列。

台达鼓励员工创新，自 2008 年起设立"台达创新奖"，奖项包含专利、新产品、制造及新商业模式与流程四大类别，每年表扬优异的创新成果，并提供专利申请与获证奖励。为适应新经济环境并提升研发能量，台达于 2013 年成立"台达研究院"，发展智能制造、智能学习与生命科学等领域的物联网服务与解决方案，并以开放创新模式与产学研生态体系协作，开创新契机，助力产业转型升级。2022—2023 年，台达连续两年入选科睿唯安全球百强创新机构，全球专利布局深获国际评比肯定。截至 2022 年年底，台达全球专利获准总数累计超过 15000 多件，其中 2022 年获准专利 1070 件。

7.4.2　台达 AH 系列 PLC

台达 AH 系列 PLC 为高端应用领域提供了自动化系统解决方案。台达 AH 系列 PLC 采用全面模块化设计，在台达研发技术的基础上开发输出进阶的功能，并采用高度整合的软件和接口。其除了具备丰富的功能块、高性价比、多元扩展功能等，还具备优异的系统延伸扩展性。台达 AH 系列 PLC 具备专用的运动控制 CPU，通过 EtherCAT 等运动控制网络连接伺服驱动器，可进行高速度、高精度的机器控制，为高端应用领域的产业与终端客户节省建构成本，提供具有竞争力的解决方案。

7.4.3　台达 AS 系列 PLC

台达 AS 系列 PLC 是专为自动化设备设计的高性能泛用型控制器。其采用台达自行开发的 32 位 SoC CPU，效能大幅度提升，最多可扩展 32 个模块或最大 1024 点 I/O；具有强大的定位控制功能，可同时支持最多 8 轴 CANopen 运动网络/6 轴 200kHz 脉冲控制，适用于电子制造、机械加工、食品包装、纺织设备等行业。

7.4.4　台达 DVP 系列 PLC

台达 DVP 系列 PLC 以高速、高可靠性应用于各种工业自动化机械，具有执行逻辑运算快速、指令集丰富、多元扩展功能及性价比高等特点，并且支持多种通信规范。

7.5　和利时

7.5.1　概述

和利时（HollySys）创建于 1993 年，它是全球智能化系统解决方案主力供应商。其公司总部位于北京，在我国杭州和西安及新加坡设有研发、生产、服务办公基地，在国内数十个中心城市及印度、马来西亚、印度尼西亚等地设有分支机构或办事处。和利时的业务由工业智能化、交通智能化、食药智能化三大板块构成。自创立以来，和利时始终坚持自主创新，为用户提供定制化的整体解决方案、稳定可靠的产品和全生命周期的服务，帮助用户提升市场竞争力。

（1）工业智能化领域。

和利时是全厂自动化整体解决方案专家。工业智能化产品家族、强大的方案和系统集成能力、定制化的设计及施工调试服务应用于流程制造和离散制造领域的关键装备及重要工程，在多个细分行业市场占据优势地位。

（2）交通智能化领域。

和利时交通智能化业务涵盖干线铁路、市域（郊）铁路、城市轨道交通、公路等领域。作为国内领先的交通控制系统解决方案和服务提供商，和利时曾荣获多项国家级、省部级及国家级行业协会的奖励和荣誉，主持或参与数十项国家发展和改革委员会、科学技术部、工业和信息化部、国家铁路集团、国家铁路局及北京市的重大科研项目，参与制定

多项轨道交通领域国家标准。

（3）食药智能化领域。

和利时是医疗和食药生产数字化整解决方案专家。在中药配方颗粒调剂智能化、中药饮片调剂煎煮智能化、智能化包装、食药数字化工厂、餐饮数字化等细分领域，和利时为用户提供整体解决方案和专业化产品，提升了医院中药房、中药饮片代煎中心和食药生产企业的智能化水平及运营效率。

7.5.2　和利时 LE 系列 PLC

LE 系列 PLC 是和利时推出的高性能中小型 PLC 产品，适合中小型工业装备控制和分布式远程监控应用。和利时 LE 系列 PLC 集小型 PLC 产品紧凑的结构和中型 PLC 产品丰富的功能优势于一体，最大可支持 20 个本地 I/O 单元或远程 I/O 单元；CPU 模块本体支持专用数据储存卡和批量加密下载，具备强大的运动控制和模拟控制能力，并支持用户自定义功能扩展；提供多种通信模块，支持现场总线、无线网络和工业以太网接口。

LE 系列 PLC 的主要特点如下。

（1）丰富的控制功能。

和利时 LE 系列 PLC 采用 32 位高性能嵌入式处理器，具备逻辑控制、时序控制、运动控制、模拟控制等功能，支持加密的用户自定义功能块。

（2）强大的开发环境。

和利时 LE 系列 PLC 采用和利时研制的具有自主知识产权的 AutoThink 组态编程软件，符合 IEC 61131-3 标准，具备网络化 PLC 工程管理、图形化组态、编译下装、在线仿真和调试等功能，为用户和集成商提供易操作、易维护和更具兼容性的编程开发环境。

7.5.3　和利时 LK 系列 PLC

和利时 LK 系列 PLC 遵循 IEC 61131 标准，通过了 IEC 61508 SIL2 认证，符合国家网络安全等级保护要求；具备物理信号 I/O、物联网设备互联、工业现场总线和网络接口、逻辑控制、时序控制、模拟控制、运动控制等功能，可满足大规模、高可靠性自动化控制和安全保护应用的要求。和利时 LK 系列 PLC 采用自主可控技术，系统硬件、编程组态软件和在线控制软件满足严格的国产化要求。和利时还可为不同工业领域提供个性化的解决方案，提供高速度、高质量的定制 PLC 或专用控制系统设计和制造服务。

和利时 LK 系列 PLC 的主要特点如下。

（1）可靠性高。

和利时 LK 系列 PLC 支持双机架或单机架冗余方式，双机架之间采用双通道千兆光纤实现主备处理器实时同步；支持多种模式的自诊断，在主处理器发现故障后自动无扰切换到备用处理器，以保证生产过程。

（2）信息安全。

和利时 LK 系列 PLC 符合国家网络安全等级保护要求，可以提供采用可信计算技术的主控单元和网络单元，具备采用国家商用密码管理办公室发布的国产密码算法的加密通信功能。

（3）自主化。

和利时 LK 系列 PLC 可提供采用国产多核 CPU 和关键芯片的主控模块及 I/O 模块，拥有完整的组态编程软件和在线控制软件知识产权，支持国产操作系统，满足严格的自主化要求。

（4）规模大。

和利时 LK 系列 PLC 支持跨地域的网络远程部署模式，本地 I/O 单元、扩展 I/O 单元和远程 I/O 单元可达 120 组，每组 I/O 单元最多拥有 128 个 I/O 通道。

（5）网络化。

和利时 LK 系列 PLC 支持 MODBUS、MODBUS/TCP、CAN、IEC 60870 - 101/103/104、PROFIBUS、RTEX、EtherCAT、PowerLink 等常见现场总线和工业以太网协议。

本章小结

本章主要介绍了主流 PLC 生产厂家的概况及其 PLC 产品的特点。

西门子公司的 PLC 应用范围广泛。欧姆龙公司是生产可编程序控制器的厂家，其产品的基本性能、结构及通信联网能力不断提高。施耐德公司是较早进入我国的国外商家。近几十年，国产品牌发展迅速，台达及和利时均凭借深厚的研发能力、专业的技术和实时的全球服务不断提升竞争力。

习　　题

7-1　西门子公司 PLC 的分类及其特点是什么？

7-2　欧姆龙公司小型 PLC 的特点是什么？

7-3　施耐德公司 PLC 的特点是什么？

第 8 章
机电传动控制设计范例

 本章教学目的及要求

（1）掌握 PLC 控制系统设计的主要内容。

（2）掌握 PLC 控制系统设计的基本步骤。

（3）熟悉带运输机的 PLC 控制系统设计、用 PLC 技术改造普通车床的电气控制系统、PLC 在机械手搬运控制系统中的应用、变频恒压供水控制系统的设计。

8.1 概　　述

PLC 系统设计是机电传动控制系统中的重要内容。本章主要讲解 PLC 控制系统设计。

8.1.1 问题提出

PLC 技术主要应用于自动化控制工程中，如何综合运用前面所学知识，根据实际工程要求合理构建控制系统呢？下面介绍组成 PLC 控制系统的一般方法。

8.1.2 PLC 控制系统设计的主要内容与基本步骤

1. PLC 控制系统设计的主要内容

（1）拟定 PLC 控制系统设计的技术条件。技术条件一般以设计任务书的形式呈现，它是整个设计的依据。

（2）选择电气传动形式和电动机、电磁阀等执行机构。

（3）选定 PLC 类型。

（4）编制 PLC 的 I/O 分配表或绘制 I/O 端子接线图。

（5）根据系统设计的要求编写软件规格说明书，然后采用相应的编程语言（常用梯形图）进行程序设计。

（6）了解并遵循用户认知心理学，重视人机界面的设计，增强人与机器的关系。

（7）设计操作台、电气柜及非标准电气元件。

（8）编写设计说明书和使用说明书。

可根据具体任务适当调整上述内容。

2. PLC 控制系统设计的基本步骤

PLC 控制系统设计的基本步骤如下。

（1）深入了解和分析被控对象的工艺条件及控制要求。

① 被控对象就是受控的机械、电气设备、生产线或生产过程。

② 控制要求主要指控制的基本方式、应完成的动作、自动工作循环的组成、必要的保护和联锁等。对较复杂的控制系统，还可将控制任务分成几个独立部分，化繁为简，以利于编程和调试。

（2）确定 I/O 设备。

根据被控对象对 PLC 控制系统的功能要求，确定系统所需用户 I/O 设备。常用的输入设备有按钮、选择开关、行程开关、传感器等，常用的输出设备有继电器、接触器、指示灯、电磁阀等。

（3）选择合适的 PLC 类型。

根据确定的 I/O 设备，统计所需输入信号和输出信号的点数，选择合适的 PLC 类型，包括型号、容量、I/O 模块、电源模块等。

（4）分配 I/O 点。

分配 PLC 的 I/O 点，编制 PLC 的 I/O 分配表或者绘制 I/O 端子接线图。接着进行 PLC 程序设计，同时可进行控制柜或操作台的设计和现场施工。

绘制电动机的主电路图及 PLC 外部的其他控制电路图，接在 PLC 输入端的电气元件一律为常开触点，如停止按钮等。绘制 PLC 及 I/O 设备的供电系统图，输入电路一般由 PLC 内部提供电源，输出电路根据负载的额定电压外接电源。

（5）设计梯形图。

根据工作功能图或状态流程图等设计出梯形图，即编程。这一步是整个应用系统设计的核心，也是比较难的步骤。要设计好梯形图，不但要熟悉控制要求，而且要有一定的电气设计实践经验。

（6）将程序输入 PLC。

使用简易编程器将程序输入 PLC 前，需要将梯形图转换成指令助记符，以便输入。当使用 PLC 的辅助编程软件在计算机上编程时，可通过上位机、下位机的连接电缆将程序下载到 PLC。

（7）进行软件测试。

将程序输入 PLC 后，需进行测试工作。由于在程序设计过程中难免会有疏漏，因此，在将 PLC 连接到现场设备之前需进行软件测试，以排除程序中的错误，同时为整体调试

打好基础，缩短整体调试的周期。

（8）应用系统整体调试。

在 PLC 软、硬件设计和控制柜及现场施工完成后，可以对整个系统进行联机调试，如果控制系统由多个部分组成，则应先进行局部调试，再进行整体调试；如果控制程序的步序较多，则可先进行分段调试，再连接起来进行总调试。要逐一排除调试中发现的问题，直至调试成功。

（9）编制技术文件。

系统技术文件包括设计说明书、电气原理图、电器布置图、电气元件明细表、梯形图。

<h2>8.1.3　PLC 硬件系统设计</h2>

1. PLC 型号的选择

在作出系统控制方案的决策之前，要详细了解被控对象的控制要求，从而决定是否选用 PLC 控制。在控制系统逻辑关系较复杂（需要大量中间继电器、时间继电器、计数器等）、工艺流程和产品改型较频繁、需要进行数据处理和信息管理（如数据运算、模拟量的控制、PID 调节等）、要求系统有较高的可靠性和稳定性、准备实现工厂自动化联网等情况下，需使用 PLC 控制。国内外众多生产厂家提供了具有多种功能的 PLC，只有合理选择才能达到经济实用的目的。一般选择 PLC 型号时要以满足系统功能需要为宗旨，不要盲目贪大求全，以免造成投资和设备资源浪费，可从以下几个方面考虑。

（1）根据 I/O 点数选择。

盲目选择点数多的 PLC 型号会造成一定的浪费。要先弄清楚控制系统的 I/O 总点数，再按实际所需总点数的 15%～20% 留出备用量（为系统的改造等留有余地），从而确定所需 PLC 的 I/O 点数。

一些高密度输入点的模块对同时接通的输入点数有限制，一般同时接通的输入点不得超过总输入点的 60%，PLC 每个输出点的驱动能力是有限的，有的 PLC 每个输出点的输出电流因负载电压的不同而不同。一般 PLC 的允许输出电流随环境温度的升高而降低。

PLC 的输出点有共点式、分组式和隔离式三种接法。采用隔离式接法的各组输出点之间可以采用不同的电压种类和电压等级，但这种 PLC 平均每点的价格较高。如果输出信号之间不需要隔离，则应选择共点式接法和分组式接法。

（2）根据存储容量选择。

只能粗略估算存储容量。在仅控制开关量的系统中，可以用输入总点数乘以 10 字/点＋输出总点数乘以 5 字/点估算；计数器/定时器按（3～5）字/个估算；有运算处理时，按(5～10)字/量估算；在有模拟量输入/输出的系统中，可以按每输入（或输出）一路模拟量需（80～100）字存储容量估算；有通信处理时，按每个接口 200 字以上的数量粗略估算。最后，一般按估算容量的 50%～100% 留出备用量。对缺乏经验的设计者，选择存储容量时要留出更大备用量。

（3）根据 I/O 响应时间选择。

PLC 的 I/O 响应时间包括输入电路延迟、输出电路延迟和由扫描工作方式引起的时间延迟（一般为 2～3 个扫描周期）等。对控制开关量的系统，PLC 的 I/O 响应时间一般都能满足实际工程的要求，可不必考虑。但对控制模拟量的系统，特别是闭环系统，需要考虑 I/O 响应时间。

（4）根据输出负载的特点选择。

不同的负载对 PLC 的输出方式有不同的要求。例如，对动作频繁的感性负载，应选择晶体管或晶闸管输出型 PLC，而不应选用继电器输出型 PLC。继电器输出型 PLC 有许多优点，如导通压降小、有隔离作用、价格低、承受瞬时过电压和瞬时过电流的能力较强、负载电压灵活（可交流、可直流）、电压等级范围大等。对动作不频繁的交、直流负载，可以选择继电器输出型 PLC。

（5）根据在线编程和离线编程选择。

离线编程是指主机和编程器共用一个 CPU，通过编程器的方式选择开关来选择 PLC 的编程、监控和运行状态。在编程状态下，CPU 只为编程器服务，而不对现场进行控制，如专用编程器编程。在线编程是指主机和编程器各有一个 CPU，主机 CPU 完成对现场的控制，在每个扫描周期末尾与编程器通信，编程器把修改的程序发给主机，在下一个扫描周期主机将按新的程序对现场进行控制。计算机辅助编程既能实现离线编程又能实现在线编程。采用在线编程时需购置计算机，并配置编程软件。

（6）根据是否联网通信选择。

若 PLC 控制的系统需要联入工厂自动化网络，则 PLC 需要具有通信联网功能，即要求 PLC 具有连接其他 PLC、上位机及阴极射线管等的接口。大、中型 PLC 都具有通信联网功能，大部分小型 PLC 也具有通信联网功能。

（7）根据 PLC 结构形式选择。

在功能和 I/O 点数相同的情况下，整体式 PLC 比模块式 PLC 价格低。但模块式 PLC 具有功能扩展灵活、维修方便（换模块）、容易判断故障等优点，可按实际需要选择 PLC 的结构形式。

2. 分配 I/O 点

一般输入点和输入信号、输出点和输出控制是一一对应的。分配后，按系统配置的通道与触点号分配给每个输入信号和输出信号，即进行编号。有时两个信号共用一个输入点，应在接入输入点前，按逻辑关系接好线（如两个触点先串联或先并联），再接到输入点。

（1）确定 I/O 通道范围。

不同型号的 PLC，其 I/O 通道的范围不同，应根据 PLC 型号查阅相应手册选择。

（2）内部辅助继电器。

内部辅助继电器不对外输出，不能直接连接外部器件，而是在控制其他继电器、定时器/计数器时起数据存储或数据处理的作用。从功能上讲，内部辅助继电器相当于传统电气控制柜中的中间继电器。未分配模块的输入/输出继电器以及链接继电器等均可作为内部辅助继电器。根据程序设计的需要，应合理安排 PLC 的内部辅助继电器。在设计说明书中，应详细列出各内部辅助继电器在程序中的用途，避免重复使用。

（3）分配定时器/计数器。

PLC 的定时器/计数器数量分别参见有关操作手册。

<h3>8.1.4　PLC 软件系统设计</h3>

软件就是编写满足生产控制要求的 PLC 用户程序，即绘制梯形图或编写指令语句表。PLC 软件系统设计的原则如下。

（1）逻辑关系简单明了，易编程。如继电器的触点可使用无数次，只要在实现某个逻辑功能的地方就可随时使用，使编制的程序具有可读性，但要避免使用不必要的触点。

（2）在保证程序功能的前提下，尽量减少指令和程序的运行时间。

<h3>8.1.5　PLC 控制系统设计的注意事项</h3>

1. 输入信号处理

（1）输入设备采用两线式传感器（如接近开关）时，由于漏电流比较大，因此可能会产生错误的输入信号，要在输入端并联一个旁路电阻。

（2）输入信号由晶体管提供，要求晶体管截止电阻大于 $10\mathrm{k}\Omega$、导通电阻小于 800Ω。

2. PLC 的安全保护及提高可靠性的措施

（1）短路保护。

由于负载发生短路容易烧坏 PLC，因此与继电器控制电路一样，要在负载回路中安装熔断器。

（2）感性 I/O 处理。

当 I/O 端口连接感性元件时：①对直流电路，应在两端并联续流二极管，如图 8-1（a）所示，通常选择额定电流为 1A 的续流二极管，其额定电压应大于电源电压的 3 倍；②对交流电路，应并联阻容电路，以抑制电路断开时产生的电弧对 PLC 的影响，如图 8-1（b）所示，电阻取 $50 \sim 120\Omega$，电容取 $0.1 \sim 0.47\mu\mathrm{F}$，电容的额定电压应大于电源峰值电压。

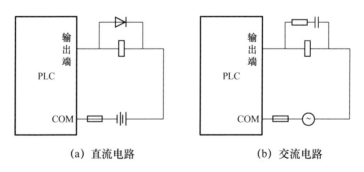

（a）直流电路　　　　　　　（b）交流电路

图 8-1　感性 I/O 处理

（3）安装与布线。

PLC 应远离强干扰源，如大功率可控硅装置、高频焊机等。PLC 不能与高压电器安装在同一个开关柜内，并且在开关柜内 PLC 应远离动力线（二者间距应大于 200mm）。若与 PLC 装在同一开关柜内的不是由 PLC 控制的电感性元件（如接触器的线圈），则应并联 RC 消弧电路。

（4）PLC 的接地。

PLC 应与其他设备分开接地或接到同一接地端，禁止通过其他设备接地，以免产生干扰。接地线的截面面积应大于 $2mm^2$。

8.2　带运输机的 PLC 控制系统设计

带运输机又称带式输送机，它既是一种连续运输机械又是一种通用机械。党的二十大报告指出，加快发展物联网，建设高效顺畅的流通体系，降低物流成本。带运输机广泛应用在港口、电厂、钢铁企业、水泥、粮食及轻工业的生产线，既可运送散装物料又可运送成品，为建设高效顺畅的流通体系提供了技术保障。在现代集散控制系统中，PLC 成为一种重要的基本控制单元，其在工业控制领域中的应用前景极其广阔。

8.2.1　带运输机的控制要求

图 8-2 所示为原材料带运输机示意图。原材料从料斗经过 PD1、PD2 两台带运输机送出；电磁阀 M0 控制从料斗向 PD1 供料；PD1 和 PD2 分别由电动机 M1 和 M2 控制。

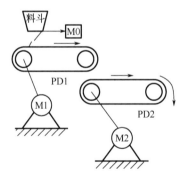

图 8-2　原材料带运输机示意图

1. 控制要求

（1）初始状态。

料斗、带运输机 PD1 和带运输机 PD2 全部处于关闭状态。

（2）启动操作。

启动时，为避免在前段运输带上造成物料堆积，要求逆物料流动方向按一定的时间间隔顺序启动。其操作步骤如下：带运输机 PD2→延时 5s→带运输机 PD1→延时 5s→料斗 M0。

（3）停止操作。

停止时，为使运输带上没有残余物料，要求沿物料流动方向按一定的时间间隔顺序停止。其停止顺序如下：料斗→延时 10s→带运输机 PD1→延时 10s→带运输机 PD2。

（4）故障停车。

在带运输机的运行中，若带运输机 PD1 过载，则应同时关闭料斗和带运输机 PD1，带运输机 PD2 应在带运输机 PD1 停止 10 s 后停止。若带运输机 PD2 过载，则应关闭带运输机 PD1、带运输机 PD2 和料斗 M0。

（5）要求采用三菱 FX 系列 PLC 实现控制。

2. I/O 地址分配表

I/O 地址分配表见表 8-1。

表 8-1　I/O 地址分配表

项目	输入地址	项目	输出地址
起动按钮	X000	M0 料斗控制	Y000
停止按钮	X001	M1 接触器	Y001
M1 热继电器	X003	M2 接触器	Y002
M2 热继电器	X004		

8.2.2　PLC 程序设计

（1）根据带运输机控制要求设计的功能图如图 8-3 所示。

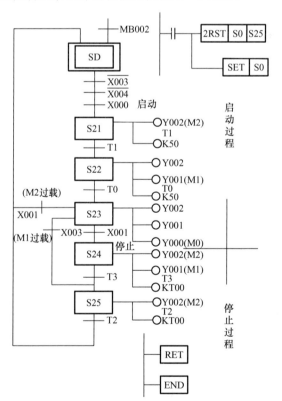

图 8-3　带运输机的功能图

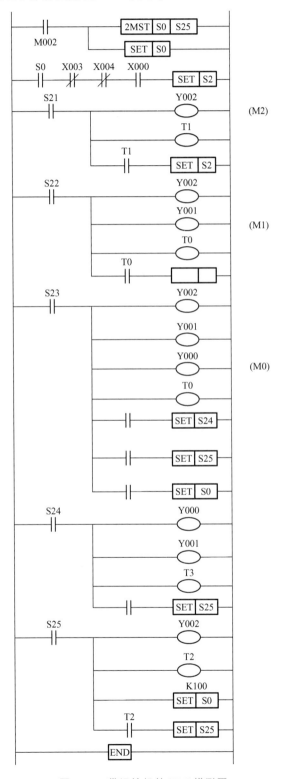

（2）带运输机的 PLC 梯形图如图 8-4 所示。

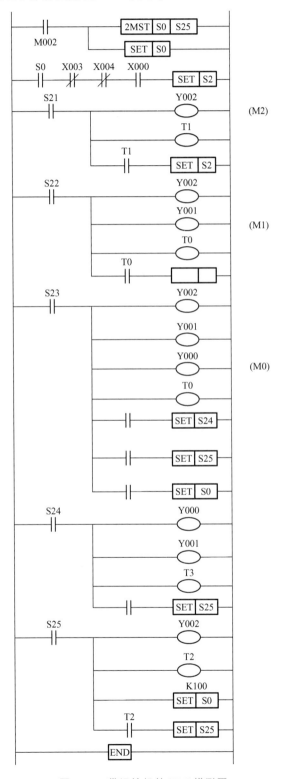

图 8-4　带运输机的 PLC 梯形图

(3) 指令语句表见表 8 - 2。

表 8 - 2　指令语句表

步序数	助记符	操作数	步序数	助记符	操作数
0000	LD	M8002	0020	OUT	Y000
0001	ZRST		0021	OUT	Y001
		S0	0022	OUT	Y000
		S25	0023	LD	X001
0002	SET	S0	0024	SET	S24
0003	STL	S0	0025	LD	X003
0004	LDI	X003	0026	SET	S25
0005	ANI	X004	0027	LD	X004
0006	AND	X000	0028	SET	S0
0007	SET	S21	0029	STL	S24
0008	STL	S21	0030	OUT	Y002
0009	OUT	Y002	0031	OUT	Y001
0010	OUT	T1	0032	OUT	T3
		K50			K100
0011	LD	T1	0033	LD	T3
0012	SET	S22	0034	SET	S25
0013	STI	S22	0035	STE	S25
0014	OUT	Y002	0036	OUT	Y002
0015	OUT	Y001	0037	OUT	T2
0016	OUT	T0			K100
		K50	0038	LD	T2
0017	LD	T0	0039	SET	S0
0018	SET	S23	0040	RET	
0019	STL	S23	0041	END	

8.3　用 PLC 技术改造普通车床的电气控制系统

中、小型企业及高校实习工厂的许多机床和设备仍是传统继电器-接触器控制系统的产品，其技术落后、可靠性低、工作效率低、诊断和排除故障困难，严重影响企业的生产效率及正常的实验教学。党的二十大报告指出，加快建设制造强国、质量强国、航天强国、交通强国、网络强国、数字中国。实施产业基础再造工程和重大技术装备攻关工程。对传统加工机床、冲压、锻造等设备进行 PLC 改造，有助于提高产品质量、节约成本、提高智能化水平。

8.3.1　C650 型普通车床的电气控制要求

C650 型普通车床是一种使用广泛的金属切削机床，其电气主电路图如图 8-5 所示。其中，M1 为主轴电动机；M2 为冷却泵电动机；M3 为刀架快速移动电动机；KM1～KM4 为交流接触器；FR1、FR2 为热继电器的热元件；KS 为速度继电器；FU1～FU3 为熔断器。

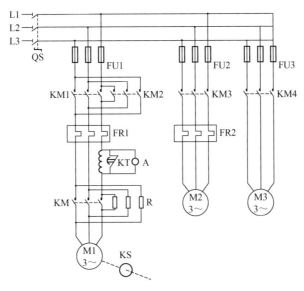

图 8-5　C650 型普通车床的电气主电路图

电气控制要求如下。

（1）主轴电动机选用笼型异步电动机，采用直接启动。

（2）主轴要求有正反转，为了调整对刀，还需实现点动控制。

（3）停车和点动完毕均要求反接制动。为了防止频繁点动时大电流造成电动机过载以及限制反接制动电流，在点动和反接制动主电路串联限流电阻 R。

（4）车削加工时，若刀具及工件温度过高，则需要冷却（配备冷却泵电动机）。

（5）刀架快速移动，由另一台电动机拖动。

（6）为主轴电动机和冷却泵电动机设置短路保护、过载保护。因快速移动电动机只需短时间工作，故不设置过载保护。

（7）为了监视主轴电动机的负载情况，在主轴电路中通过互感器接入电流表。

8.3.2　PLC 控制电路

为实现 C650 型普通车床的电气控制要求，选择三菱公司生产的 FX2N - 24MR 型 PLC。

1. I/O 地址分配表

I/O 地址分配表见表 8-3。

表 8-3　I/O 地址分配表

现场输入信号	输入地址号	现场输出信号	输出地址号
总停止按钮 SB1	X1	短接制动电阻接触器 KM	Y0
主轴电动机 M1 的点动按钮 SB2	X2	主电动机 M1 的正转交流接触器 KM1	Y1

现场输入信号	输入地址号	现场输出信号	输出地址号
主轴电动机 M1 的正转按钮 SB3	X3	主电动机 M1 的反转交流接触器 KM2	Y2
主轴电动机 M1 的反转按钮 SB4	X4	冷却泵电动机 M2 的启停交流接触器 KM3	Y3
冷却泵电动机 M2 的停止按钮 SB5	X5	快速移动电动机 M3 的启停交流接触器 KM4	Y4
冷却泵电动机 M2 的启动按钮 SB6	X6	时间继电器 KT	Y10
快速移动电动机 M3 的启停位置开关 SQ	X7		
速度继电器的正转常开触点 SR1	X10		
速度继电器的反转常开触点 SR2	X11		

2. I/O 接线图

I/O 接线图如图 8-6 所示。

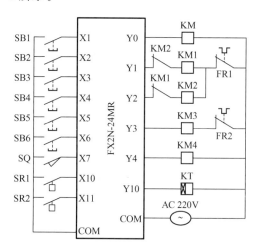

图 8-6 I/O 接线图

3. PLC 梯形图

PLC 梯形图如图 8-7 所示。

(1) PLC 梯形图控制分析。

① 调整对刀过程。合上 QS，按下 SB2，X2 接通，Y1 动作，使 KM1 吸合，M1 串联限流电阻点动；松开 SB2，X2 断开，M1 停转，实现点动调整车床位置。

② 刀架快速移动过程。合上 QS，扳动进给操纵手柄，压合 SQ，X7 接通，Y4 动作，KM4 吸合，M3 启动运行，刀架向指定方向快速移动。

③ 车床工作过程。合上 QS，按下 SB3，X3 接通，Y0 动作，KM 吸合限流电阻 R，同时 M10 动作，Y1 动作，KM1 吸合，M1 正转启动运行，开始车削加工。要停车时，按下 SB1，X1 接通，X1 常闭触点断开，除 M1、M2 外的线圈均释放。松开 SB1，受惯性作

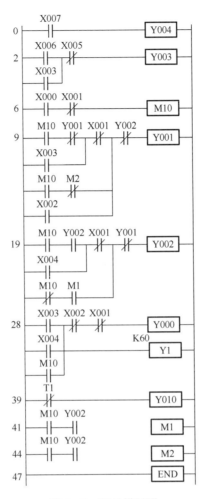

图 8-7　PLC 梯形图

用，SR1 仍闭合，X10 接通，使 M1 线圈接通，Y2 线圈接通，KM2 吸合，M1 电源反接并串联限流电阻实现反接制动。当速度接近零时，SR1 断开，KM2 释放，M1 停转。

④ 如果在车削加工过程中工件需要使用冷却液，就按下 SB6，X6 接通，Y3 线圈得电，KM3 吸合，M2 工作，开始供给冷却液。要停车时，按下 SB5。

⑤ 当电动机过载时，FR1 或 FR2 常闭触点断开，切断电源，电动机停转。

⑥ 反转工作过程与正转工作过程相同。

（2）PLC 梯形图的特点。

① 为了避免 M1 正反转时造成相间短路，除采用程序上软继电器的触点联锁外，还在 KM1 和 KM2 线圈支路上采用接触器常闭触点的电路联锁。

② 为了防止合上 QS 后有人转动卡盘，使速度继电器的常开触点 X10（或 X11）闭合，造成 Y1 或 Y2 吸合，M1 突然启动而造成事故，引入内部辅助继电器的 M1、M2。在 M1 或 M2 没有接通的情况下，即使速度继电器的常开触点闭合，电动机 M1 也不可能运转。

8.4　PLC 在机械手搬运控制系统中的应用

党的二十大报告指出，实施产业基础再造工程和重大技术装备攻关工程，支持专精特新企业发展，推动制造业高端化、智能化、绿色化发展。机械手是在机械化生产、自动化生产过程中发展起来的装置，它是一种具有感知、决策、执行功能的制造装备。它可在空间抓、放、搬运物体等，动作灵活多样，广泛应用在工业生产等领域。应用 PLC 控制机械手能实现规定的工序动作，不仅可以提高产品的质量与产量，而且对保障人身安全、改善劳动环境、减轻劳动强度、提高劳动生产率、节约原材料消耗、降低生产成本有重要意义。

8.4.1　机械结构和控制要求

图 8-8 所示为将工件由 A 处传送到 B 处的机械手示意图。机械手的上升/下降和左行/右行由双线圈二位电磁阀推动气缸实现。其中，上升与下降对应的电磁阀线圈分别为 YV1 与 YV2，左行与右行对应的电磁阀线圈分别为 YV3 与 YV4。如果某个电磁阀线圈通电，就一直保持现有机械动作，直到相对的另一线圈通电。气动机械手的夹紧、松开动作由只有一个线圈的两位电磁阀驱动的气缸实现，线圈 YV5 断电夹住工件，线圈 YV5 通电松开工件，以防止停电时工件跌落。机械手的工作臂都设有上限位开关 SQ1、下限位开关 SQ2、左限位开关和 SQ3、右限位开关 SQ4，夹持装置不带限位开关，它通过一定的延时来表示夹持动作完成。机械手初始状态为图 8-8 所示位置，工件位于 A 处，机械手在 A 处上方且处于松开状态，即 YV5 通电，其他线圈全部断电。

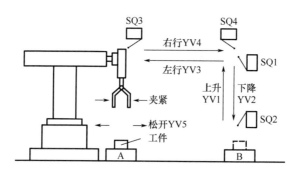

图 8-8　机械手示意图

机械手的操作面板如图 8-9 所示。机械手具有手动、回原位、单步、单周期、连续五种工作方式，通过开关 SA 选择。在手动工作方式下，使用操作按钮（SB5、SB6、SB7、SB8、SB9、SB10、SB11）点动执行相应的动作；在单步工作方式下，每按一次启动按钮 SB3 都向前执行一步动作；在单周期工作方式下，机械手在原位，按下启动按钮 SB3，自动执行一个工作周期的动作，最后返回原位（如果在动作过程中按下停止按钮 SB4，则机械手停在该工序，再按下启动按钮 SB3，机械手从该工序开始继续工作，最后停在原位）；在连续工作方式下，机械手在原位，按下启动按钮 SB3，机械手连续重复工作（如果按下停止按钮 SB4，则机械手运行到原位后停止）；在回原位工作方式下，按下回原位按钮 SB11，机械手自动回到原位。

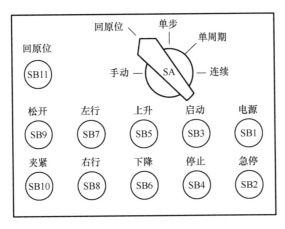

图 8 - 9   机械手的操作面板

8.4.2   PLC 的 I/O 点分配

图 8 - 10 所示为 PLC 的 I/O 接线图。PLC 控制系统共有 18 个输入设备和 5 个输出设备，分别占用 FX2N - 48MR 型 PLC 的 18 个输入点和 5 个输出点。为了保证在紧急情况（包括 PLC 发生故障）下可靠地切断 PLC 的负载电源，设置了交流接触器 KM。PLC 开始运行时，按下电源按钮 SB1，KM 线圈得电并自锁，KM 主触点接通，为输出设备提供电源；出现紧急情况时，按下急停按钮 SB2，KM 主触点断开。

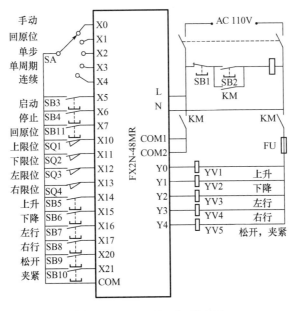

图 8 - 10   PLC 的 I/O 接线图

8.4.3 PLC程序设计

1. 程序的总体结构

图8-11所示为机械手系统PLC梯形图的总体结构。图中程序分为公用程序、自动程序、手动程序和回原位程序四个部分，其中自动程序包括单步、单周期和连续工作的程序，因为它们的工作都是按照相同顺序进行的，所以将它们合在一起编程更加简单。采用跳转指令可使自动程序、手动程序和回原位程序不同时执行。假设选择手动工作方式，则X0为"ON"、X1为"OFF"，此时PLC执行公用程序后跳过自动程序到P0处。由于X0常闭触点断开，因此执行手动程序到P1处；又由于X1常闭触点闭合，因此又跳过回原位程序到P2处。假设选择回原位工作方式，则X0为"OFF"、X1为"ON"，跳过自动程序和手动程序而执行回原位程序。假设选择单步、单周期或连续工作方式，则X0、X1均为"OFF"，执行自动程序后，跳过手动程序和回原位程序。

2. 各部分程序设计

（1）公用程序。

公用程序如图8-12所示。左限位开关X12、上限位开关X10的常开触点和表示机械手松开的Y4常开触点的串联电路接通时，辅助继电器M0变为"ON"，表示机械手在原位。公用程序用于处理自动程序和手动程序的相互切换，当系统处于手动工作方式时，必须将除初始步外的各步对应的辅助继电器（M11~M18）复位，同时将表示连续工作状态的M1复位，否则当系统从自动工作方式切换到手动工作方式又返回自动工作方式时，可能出现同时有两个活动步的异常情况，引起错误的动作。当机械手处于原点状态（M0为"ON"），在开始执行用户程序（M8002为"ON"）、系统处于手动状态或回原点状态（X0或X1为"ON"）时，初始步对应的M10被置位，为进入单步、单周期和连续工作方式做准备。如果此时M0为"OFF"，则M10被复位，初始步为不活动步，系统不能在单步、单周期和连续工作方式下工作。

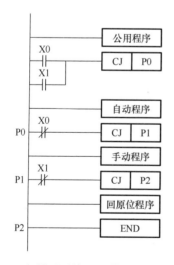

图8-11 机械手系统PLC梯形图的总体结构

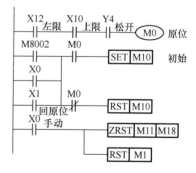

图8-12 公用程序

（2）自动程序。

图 8-13 所示为自动程序的功能图表。采用通用指令编程方式设计的自动程序如图 8-14 所示。系统在连续、单周期（非单步）工作方式下工作，X2 常闭触点接通，M2（转换允许）为"ON"，串联在各步电路中的 M2 常开触点接通，允许步与步之间的转换。假设选择的是单周期工作方式，则 X3 为"ON"，X1 和 X2 常闭触点闭合，M2 为"ON"，允许转换。在初始步按下启动按钮 X5，在 M11 的电路中，M10、X5、M2 常开触点和 X12 常闭触点均接通，M11 为"ON"，系统进入下降步，Y1 为"ON"，机械手下降；

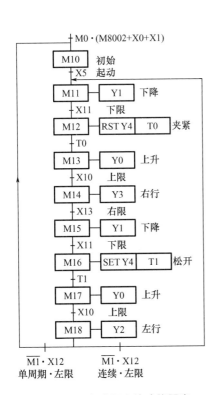

图 8-13 自动程序的功能图表

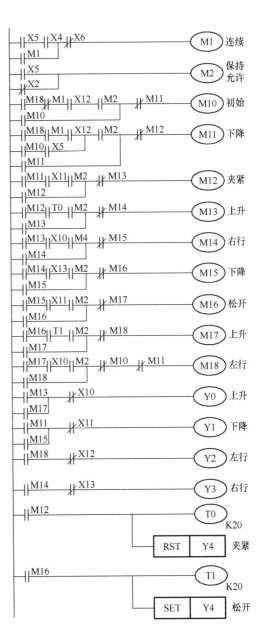

图 8-14 自动程序

机械手碰到下限位开关 X11 时，M12 变为"ON"，转换到夹紧步，Y4 被复位，工件被夹紧；同时 T0 得电，2s 后 T0 的定时时间到，其常开触点接通，系统进入上升步。系统这样一步一步地工作，当机械手在步 M18 返回最左边时，X4 为"ON"，此时不是连续工作方式，M1 处于"OFF"状态，满足转换条件$\overline{M1}$·X12，系统返回并停留在初始步 M10。在连续工作方式下，X4 为"ON"，在初始状态按下启动按钮 X5，与单周期工作方式相同，M11 变为"ON"，机械手下降，同时控制连续工作的 M1 为"ON"，后面的工作过程与单周期工作方式相同。当机械手在步 M18 返回最左边时，X12 为"ON"，因为 M1 为"ON"，满足转换条件 M7·X4，系统返回步 M11，并周而复始地工作下去。按下停止按钮 X6 后，M1 变为"OFF"，但是系统不会立即停止工作，在完成当前工作周期的全部动作后，在步 M18 返回最左边，左限位开关 X12 为"ON"，满足转换条件$\overline{M1}$·X12，系统返回并停留在初始步。

（3）手动程序。

手动程序如图 8-15 所示。手动工作时，用 X14、X15、X16、X17、X20、X21 对应的 6 个按钮控制机械手的上升、下降、左行、右行、松开、夹紧。为了保证系统安全运行，在手动程序中设置一些必要的联锁，如上升与下降之间、左行与右行之间的互锁；上升、下降、左行、右行的限位；上限位开关 X10 的常开触点与控制左行、右行的 Y2 和 Y3 的线圈串联，使得机械手只有上升到最高位置时才能左右移动，以防止机械手在较低位置运行时与其他物体碰撞。

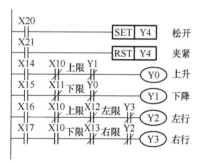

图 8-15 自动程序

如果系统处于单步工作方式，则 X2 为"ON"，其常闭触点断开，"转换允许"辅助继电器 M2 在一般情况下为"OFF"，不允许步与步之间的转换。假设系统处于初始状态，则 M10 为"ON"，按下启动按钮 X5，M2 变为"ON"，使 M11 为"ON"，系统进入下降步。松开启动按钮后，M2 变为"OFF"。在下降步，Y0 得电，机械手降到下限位开关 X11 处时，与 Y0 线圈串联的 X11 常闭触点断开，使 Y0 线圈断电，机械手停止下降。X11 常开触点闭合后，如果没有按启动按钮，则 X5 和 M2 处于"OFF"状态，直到按下启动按钮，M5

和 M2 变为"ON"，M2 常开触点接通，转换条件 X11 使 M12 接通，M12 得电并保持，系统由下降步进入夹紧步。以后在完成某步操作后，只有按一次启动按钮系统才能进入下一步。在输出程序部分，X10～X13 常闭触点是为单步工作方式设置的。以下降为例，小车碰到限位开关 X11 后，与下降步对应的辅助继电器 M11 不会立即变为"OFF"，如果 Y0 线圈不与 X11 常闭触点串联，则机械手不能停在下限位开关 X11 处，还会继续下降，可能造成事故。

（4）回原位程序。

图 8-16 所示为回原位程序。在回原位工作方式（X1 为"ON"）下，按下回原位按钮 X7，M3 变为"ON"，机械手松开并上升。当机械手上升到上限位开关时，X10 为"ON"。当机械手左行到左限位处时，X12 变为"ON"，左行停止并将 M3 复位。此时原

点条件满足，M0 为"ON"。在公用程序中，初始步 M0 被置位，为进入单步、单周期、连续工作方式做准备。

3. 程序综合与模拟调试

由于设计各部分程序时已经考虑各部分之间的关系，因此只要将公用程序（图 8-12）、自动程序（图 8-14）、手动程序（图 8-15）和回原位程序（图 8-16）按照机械手程序的总体结构（图 8-11）综合起来，就成为机械手控制系统的 PLC 程序。模拟调试时，可先分别调试各部分程序，再调试全部程序；也可直接调试全部程序。

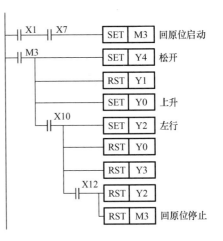

图 8-16　回原位程序

8.5　变频恒压供水控制系统的设计

供水系统属于高层住宅中的基础设施，与生产生活密切相关。党的二十大报告指出，深入实施新型城镇化战略，推进以人为核心的新型城镇化，实施城市更新行动，加强城市基础设施建设，打造宜居、韧性、智慧城市。传统的恒速泵加压供水、水塔高位水箱供水、气压罐供水方式普遍存在效率、可靠性、自动化程度低等缺点，难以满足当前的经济和生活需要。变频恒压供水控制系统有效解决了上述问题。

8.5.1　变频恒压供水系统的结构及原理

PLC 控制的变频恒压供水系统是一种新的供水方式。变频恒压供水系统主要由变频器、PID 控制器、压力传感器、水泵机组和 PLC 等组成。其主要任务是利用变频器控制水泵，从而实现管网水压的恒定以及变频水泵与工频水泵的切换，同时传输数据。其中，PLC 实现逻辑控制，变频器实现水泵电动机的无级调速控制。变频恒压供水系统的结构框图如图 8-17 所示，多台水泵并联供水，根据水压，通过 PLC 和变频器调节水泵数量，在全流量范围内，结合变频水泵的连续调节和工频水泵的分级调节，使供水压力始终保持为设定值。

变频恒压供水系统的工作原理如图 8-18 所示。传感器采集供水压力并传输给系统，变频器的 A/D 转换模块将模拟量转换为数字量，同时将压力设定值转换为数字量，两个数据同时经过 PID 控制模块进行比较。PID 根据变频器的设置处理数据，并以运行频率的形式控制输出数据处理结果。PID 控制模块具有比较和差分功能，如果供水压力低于设定压力，变频器就提高运行频率，并且可以根据压力变化速率进行差分调节。PLC 根据变频器输出的水压信号控制交流接触器组对水泵电动机进行工频与变频的切换运行。

8.5.2　电气主电路设计

变频恒压供水系统的电气控制主电路如图 8-19 所示。三相交流电为水泵电动机的工

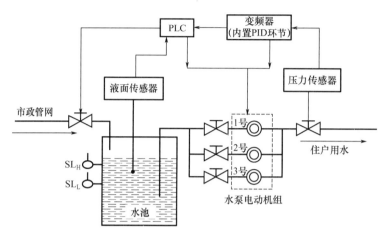

图 8-17 变频恒压供水系统的结构框图

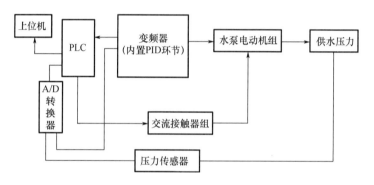

图 8-18 变频恒压供水系统的工作原理

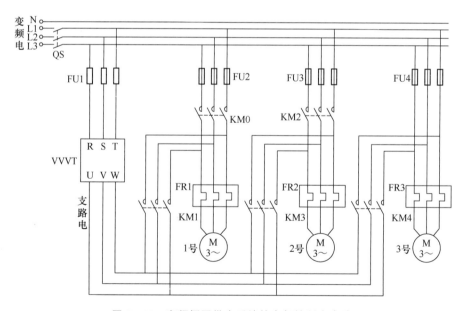

图 8-19 变频恒压供水系统的电气控制主电路

频运行及变频器的接通提供电源，变频器接通提供水泵电动机的变频调速运行，采用三台水泵电动机（1 号、2 号、3 号）进行控制，KM0、KM2 分别为 1 号水泵电动机、2 号水泵电动机工频运行时接通电源的控制接触器；KM1、KM3、KM4 分别为 1 号水泵电动机、2 号水泵电动机、3 号水泵电动机变频运行时接通电源的控制接触器；FU1、FU2、FU3、FU4 为变频器 VVVF 和三台水泵电动机主电路的熔断器；QS 为主电路的总开关；FR1、FR2、FR3 分别为三台水泵电动机过载保护用热继电器。

8.5.3　控制系统的 I/O 点及地址分配

控制系统的输入点数有 15 个，输出点数有 11 个，为使后续工艺改进与功能扩充留有余地，需增加 10%～20% 余量。考虑 PLC 产品本身规格，选择 FX2N‑32MR 型 PLC，其总数有 32 哥。I/O 信号的名称、代码及地址编号见表 8‑4。

表 8‑4　I/O 信号的名称、代码及地址编码

输入信号	地址单元	输出信号	地址单元
手动和自动切换按钮	X0	变频器启动	Y0
自动运行启动按钮	X1	1 号水泵电动机变频控制运行接触器	Y1
紧急停机按钮	X2	1 号水泵电动机工频控制运行接触器	Y2
压力低于设定值达到信号	X3	2 号水泵电动机变频控制运行接触器	Y3
压力高于设定值到达信号	X4	2 号水泵电动机工频控制运行接触器	Y4
水池水位下限信号	X5	3 号水泵电动机变频控制运行接触器	Y5
水池水位上限信号	X6	变频器报警指示灯	Y6
变频器故障报警信号	X7	变频器报警蜂鸣器	Y7
1 号水泵电动机变频运行（手动）	X10	市政管网电磁阀	Y10
1 号水泵电动机工频运行（手动）	X11	PID 有效端	Y11
2 号水泵电动机变频运行（手动）	X12		
2 号水泵电动机工频运行（手动）	X13		
3 号水泵电动机变频运行（手动）	X14		
手动停止按钮	X15		

8.5.4　控制流程图设计

设计图 8‑20 所示的控制流程图。变频恒压供水系统有手动和自动两种模式。在手动模式下，1 号水泵电动机、2 号水泵电动机可分别工频运行，1 号水泵电动机、2 号水泵电动机、3 号水泵电动机可分别变频运行，停止使用同一个按钮控制。在自动模式下，PLC 根据变频器输出的水压信号和频率情况，控制交流接触器组对水泵进行工频与变频的切换运行。

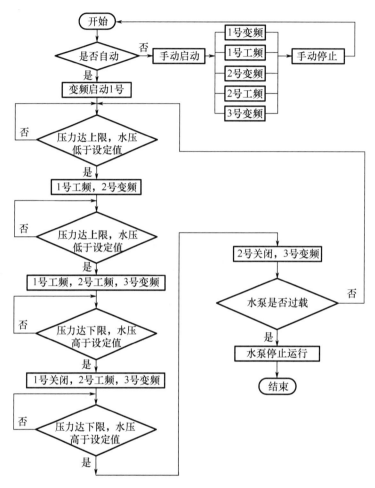

图 8-20 控制流程图

8.5.5 PLC 外部接线图设计

图 8-21 所示为 PLC 外部接线图。本例只是一个教学示例，实际使用时还需考虑其他因素，如直流电源的容量、电源方面的抗干扰措施、输出方面的保护措施、系统保护措施等。

根据上述软硬件设计方案设计由 PLC、变频器及三台水泵组成的变频恒压供水控制系统，其既可实现通过变频水泵的连续调节又可实现工频水泵的分级调节，并采用内置 PID 环节，水压波动小，确保恒压供水；能够对水泵组实现自动化控制，从而实现变频恒压供水，在一定程度上解决了稳定性和资源浪费的问题；设计方法简单，扩展灵活，适用于多种场合。

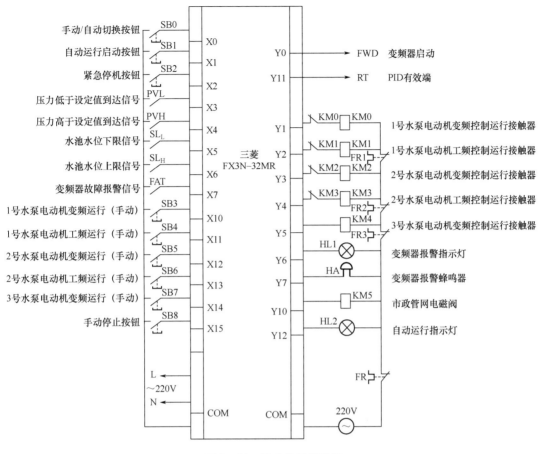

图 8-21 PLC 外部接线图

本章小结

本章主要介绍了 PLC 控制系统设计的主要内容和基本步骤，其中基本步骤如下：深入了解和分析被控对象的工艺条件及控制要求，确定 I/O 设备，选择合适的 PLC 类型，分配 I/O 点，设计梯形图，将程序输入 PLC，进行软件测试，应用系统整体调试，编制技术文件。本章通过 PLC 在机械手搬运控制系统中的应用、用 PLC 技术改造普通车床的电气控制系统、带运输机的 PLC 控制系统设计三个示例，进一步解释了以上内容。

习　题

8-1　设计彩灯顺序控制系统。控制要求如下。

（1）A 亮 1s，灭 1s；B 亮 1s，灭 1s。

（2）C 亮 1s，灭 1s；D 亮 1s，灭 1s。

（3）A、B、C、D 亮 1s，灭 1s。

（4）循环 3 次。

8-2　设计电动机正反转控制系统，控制要求如下：正转 3s，停 2s，反转 3s，停 2s，循环 3 次。

8-3　使用 PLC 对自动售汽水机进行控制，控制要求如下。

(1) 此售货机可投入 1 元、5 角硬币，投币口为 LS1，LS2。

(2) 当投入的硬币总值大于或等于 6 元时，汽水指示灯 L1 亮，此时按下汽水按钮 SB，汽水口 L2 出汽水，12s 后自动停止。

(3) 不找钱，不结余，下一位投币后程序重新开始。

试设计 I/O 口，画出 PLC 的 I/O 口硬件连接图并进行连接；画出状态转移图或梯形图。

8-4　有一台带运输机传输系统，分别用电动机 M1、M2、M3 带动，控制要求如下：按下启动按钮，先启动最后一台带运输机 M3，经 5s 后依次启动带运输机 M1、M2。正常运行时，M3、M2、M1 均工作。按下停止按钮，先停止第一台带运输机 M1，送料完毕后，依次停止其他带运输机。

(1) 写出 I/O 分配表。

(2) 画出梯形图。

8-5　使用传送机将大、小球分类并分别传送的系统。

左上为原点，按启动按钮 SB1，其动作顺序如下：下降→吸收（延时 1s）上升→右行→下降→释放（延时 1s）→上升→左行。其中，SQ1 为左限位开关；SQ3 为上限位开关；SQ4 为小球右限位开关；SQ5 为大球右限位开关；SQ2 为大球下限位开关；SQ0 为小球下限位开关。注意，机械壁下降时，若吸住大球，则下限位 SQ2 开关接通，将大球放到大球容器中；若吸住小球，则下限位 SQ0 开关接通，将小球放到小球容器中。

试设计 I/O 分配表；画梯形图；写出指令语句表。

8-6　某系统有手动和自动两种工作方式。现场输入设备如下：6 个行程开关（SQ1～SQ6）和 2 个按钮（SB1～SB2）仅供自动程序使用，6 个按钮（SB3～SB8）仅供手动程序使用，4 个行程开关（SQ7～SQ10）为手动程序、自动程序共用。现有 CPM1A-20CDR 型 PLC，其有 12 个输入点（00000～00011），是否可以使用？若可以，则画出相应的外部输入硬件接线图。

8-7　设计一个汽车库自动门控制系统，具体控制要求如下：当汽车到达车库门前时，超声波开关接收汽车到来信号，车库门上升，当上升到顶点碰到上限开关时停止上升，汽车驶入车库后，光电开关发出信号，车库门电动机反转，车库门下降，当碰到下限开关时车库门电动机停转。试画出 I/O 设备与 PLC 的接线图，设计出梯形图并调试。

8-8　电动机正反转控制线路。控制要求如下：正反转启动信号 X1、X2，停车信号 X3，输出信号 Y2、Y3；具有电气互锁和机械互锁功能。

8-9　6 盏灯正方向顺序全通、反方向顺序全灭控制。控制要求如下：接启动信号 X0，6 盏灯（Y0～Y5）依次亮起，间隔时间为 1s；接停车信号 X1，灯反方向（Y5～Y0）依次全灭，间隔时间为 1s；接复位信号 X2，六盏灯立即全灭。

8-10　设计喷泉电路。控制要求如下：喷泉有 A、B、C 三组喷头。喷泉启动后，首先 A 组喷 5s；然后 B、C 同时喷，5s 后 B 停，再 5s 后 C 停；接着 A、B 喷，2s 后 C 也喷，持续 5s 后全部停，再 3s 后重复上述过程。说明：A（Y0），B（Y1），C（Y2），启动信号为 X0。

8-11 设计工作台自动往复控制程序。控制要求如下：正、反转启动信号 X0、X1，停车信号 X2，左、右限位开关 X3、X4，输出信号 Y0、Y1；具有电气互锁和机械互锁功能。

8-12 6盏灯单通循环控制。控制要求如下：接启动信号 X0，6盏灯（Y0~Y5）依次循环亮起，每盏灯亮 1s。停车信号 X1，6盏灯全灭。

8-13 气压成型机控制。控制要求如下：开始时，冲头处在最高位置（XK1 闭合）。按下启动按钮，电磁阀 1DT 得电，冲头向下运动，碰到行程开关 XK2 时，1DT 失电，加工 5s。5s 后，电磁阀 2DT 得电，冲头向上运动，碰到行程开关 XK1，冲头停止运动。按下停车按钮，立即停车。启动信号 X0，停车信号 X1，XK1（X2），XK2（X3），1DT（Y0），2DT（Y1）。

8-14 设计通电和断电延时电路（图 8-22）。

8-15 用 3 个开关（X1、X2、X3）控制一盏灯 Y0，当 3 个开关全通或者全断时灯亮，其他情况灯灭。（使用比较指令）

8-16 送料小车控制系统（图 8-23）。控制要求如下：小车有 3 种运动状态，即左行、右行、停车。现场有 6 个要求小车停止的位置，即行程开关 SQ1~SQ6。控制台有 6 个相应的请求停止信号 SB1~SB6，分别与 6 个行程开关对应。当小车不在指定位置时发出故障报警，要求系统停止运行。系统还有一个启动按钮和一个停止按钮。

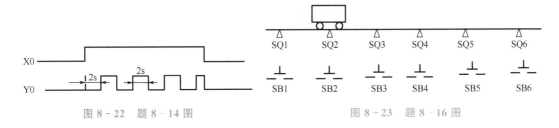

图 8-22 题 8-14 图   图 8-23 题 8-16 图

8-17 物流检测系统。控制要求如下：图 8-24 中有 3 个光电传感器 BL1、BL2、BL3。BL1 检测有无次品到来，若有次品到则状态"ON"。BL2 检测凸轮的凸起，凸轮每转一圈都发出一个移位脉冲，因为物品的间隔是一定的，所以每转一圈都有一个物品到来，BL2 实际上是一个检测物品到来的传感器。BL3 检测有无次品

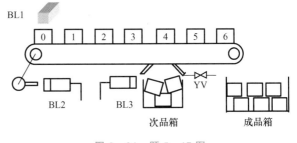

图 8-24 题 8-17 图

落下，手动复位按钮 SB1 未画出。当次品移到第 4 位时，电磁阀 YV 打开，使次品落到次品箱。若无次品，则将物品移到成品箱，从而完成正品和次品分开的任务。

（1）完成程序设计。

（2）在机器上调试。

第 9 章
"机电传动控制" 课程设计

本章教学目的及要求

（1）掌握常用电气控制系统的设计方法，培养学生发现问题、解决问题的基本能力。

（2）熟悉常用电气元件、机电传动控制装置的设计方法，培养学生具备工程设计能力。

（3）培养学生理论联系实际的设计思想，使其综合运用理论知识，结合生产实际进行设计实践。

（4）了解工程师在机电传动控制系统设计方面应具备的基本技能，并进行机电传动控制系统设计的基本技能训练，从而全面提升设计能力。

9.1 课程设计要求、设计方法及举例

教育、科技、人才是全面建设社会主义现代化国家的基础性、战略性支撑。必须坚持科技是第一生产力、人才是第一资源、创新是第一动力，深入实施科教兴国战略、人才强国战略、创新驱动发展战略，开辟和发展新领域、新赛道，不断塑造和发展新动能、新优势。学生要能胜任电气控制系统的设计工作，按要求完成好设计任务，仅掌握电气设计的基础知识是不够的，必须经过反复实践，进入生产现场，不断积累经验。课程设计是实践性教学环节，也是一项初步的工程训练。通过1～2周的设计工作，学生可了解一般电气控制系统的设计要求、设计内容和设计方法。课程设计题目不要太大，尽可能取自生产实际中的电气控制装置。

电气设计包含原理设计与工艺设计两个方面，都不能忽视，在高等院校教学中尤其要重视工艺设计。学生初次从事设计工作，对工艺设计的要求不能过高，无须要求面面俱到。设计工作量、设计说明书等要求与毕业设计有较大区别。课程设计具有练习性质，不强调将设计结果直接用于生产。

课程设计原则上应做到一人一题和自由选题，在几个人共选一个课题的情况下，各人的设计要求及工艺设计内容、绘图种类应有所区别。要强调独立完成，以学生自身的独立工作为主，以教师指导帮助为辅。在设计过程中，适当组织有针对性的参观，并配以有助于开拓设计思路的讲座。

9.1.1　课程设计的目的和要求

1. 课程设计的目的

课程设计的目的是通过某生产设备电气控制系统的设计实践，了解一般电气控制系统的设计过程、设计要求、设计内容和设计方法。课程设计也有助于复习、巩固所学内容，达到灵活应用的目的。由于电气设计必须满足生产设备和生产工艺要求，因此，设计之前必须了解生产设备的用途、结构、操作要求和工艺过程，从而培养从事设计工作的整体观念。

课程设计应强调以能力培养为主，并注意提高多方面能力，主要包括以下几方面。

（1）独立工作能力和创造力。

（2）综合运用专业知识及基础知识，解决实际工程技术问题的能力。

（3）查阅图书资料、产品手册和工具书的能力。

（4）工程绘图能力。

（5）编写技术报告和编制技术资料的能力。

在课程设计教学中，应以学生为主体，充分发挥其自主性和创造精神。

2. 课程设计的要求

课程设计的要求如下。

（1）接受设计任务并选定课题后，应根据设计要求和应完成的设计内容，拟定设计任务书和工作计划，确定各阶段应完成的工作量，妥善安排时间。

（2）在确定方案过程中主动提出问题，以获得教师的帮助，提倡广泛讨论，做到思路开阔、依据充分。在具体设计过程中，要求多想、少问，要经过计算确定参数。

（3）绘制的电气图纸必须符合国家标准规定，包括线条、图形符号、项目代号、回路标号、技术要求、标题栏、明细表以及图纸的折叠和装订。

（4）要求设计说明书语句通顺、简练，字迹端正、整洁。

（5）应在规定时间内完成设计任务。

（6）在条件允许的情况下，对设计电路进行试验论证。

9.1.2　课程设计的任务

课程设计要求以设计任务书的形式表达，由学生拟订。设计任务书应包含以下内容。

（1）设备的名称、用途、基本构造、工作原理以及工艺过程的简单介绍。

（2）拖动方式、运动部件的动作顺序、动作要求和控制要求。

（3）联锁要求和保护要求。

（4）照明、指示、报警等辅助要求。

（5）应绘制的图纸。

（6）设计说明书要求。

原理设计的中心任务是绘制电气原理图和选用电气元件。工艺设计的目的是得到电气设备制造所需图纸，其类型和数量很多，主要以电气设备总体配置图、电器板电气元件布置图、接线图、控制面板布置图、电气控制箱以及主要加工零件（如电气安装底板、控制表板等）为练习对象，只要求学生完成部分图纸。电气原理图及工艺图纸均应按要求绘制，应在电器板电气元件布置图上标注总体尺寸、安装尺寸和相对位置尺寸。接线图的编号应与电气原理图一致，要标明组件的进出线编号、配线规格、进出线的接线方式（采用端子板或接插件）。

9.1.3　课程设计的方法及步骤

接到设计任务书后，需进行原理图设计和工艺设计。

1. 原理图设计步骤

（1）根据要求拟订设计任务。

（2）根据拖动要求设计主电路。绘制主电路时，可从以下几方面考虑。

① 每台电动机的控制方式都应根据容量及拖动负载性质考虑启动要求，选择适当的启动线路。对一般小容量（7kW 以下）且启动负载不大的电动机，可直接启动；对大容量电动机，应考虑降压启动。

② 根据运动要求确定转向控制。

③ 根据每台电动机的工作制确定是否设置过载保护或过电流控制措施。

④ 根据拖动负载及工艺要求确定停车时是否需要制动控制，并确定制动方式。

⑤ 设置短路保护及其他必要的电气保护。

⑥ 考虑其他特殊要求，如调速要求、主电路参数测量、信号检测等。

（3）根据主电路的控制要求设计控制回路。

① 正确选择控制电路电压的种类及大小。

② 根据每台电动机的启动、运转、调速、制动及保护要求，依次绘制控制环节（选择适当的基本单元控制线路）。

③ 设置必要的联锁（包括同一台电动机各动作之间及各电动机之间的动作联锁）。

④ 设置短路保护及设计任务中要求的位置保护（如极限位、越位、相对位置等保护）、电压保护、电流保护和物理量（如温度、压力、流量等）保护。

⑤ 根据拖动要求设计特殊要求控制环节，如自动抬刀、变速与自动循环等控制。

⑥ 按需要设置应急操作。

（4）根据照明、指示、报警等要求设计辅助电路。

（5）总体检查、修改、补充与完善。

① 校核各动作控制是否满足要求、是否有矛盾或遗漏。

② 检查接触器、继电器、主令电器的触点使用是否合理、是否超过电气元件允许的数量。

③ 检查联锁要求能否实现。

④ 检查各种保护是否完善。

⑤ 检查由误操作引起的后果与防范措施。

（6）计算必要的参数。

（7）正确、合理地选择电气元件，按规定格式编制电气元件目录表。

（8）根据完善后的设计草图，按 GB/T 6988《电气技术用文件的编制》系列标准绘制电气原理图，并按 GB/T 5094《工业系统、装置与设备以及工业产品 结构原则与参照代号》系列标准标注电气元件的项目代号，GB/T 4026—2019《人机界面标志标识的基本和安全规则 设备端子、导体终端和导体的标识》的要求对线路进行统一编号。

2. 工艺设计步骤

（1）根据电气设备的总体配置及电气元件的分布情况和操作要求划分电气组件，绘制电气控制系统的总装配图和总接线图。

（2）根据电气元件的型号、外形尺寸、安装尺寸绘制每个组件（如电器板、按制面板、电源、放大器等）的电气元件布置图。

（3）根据电气元件布置图及电气原理图编号绘制组件接线图，统计组件进出线的数量、编号及组件的连接方式。

（4）绘制并修改工艺设计草图后，按机械制图、电气制图要求绘制工程图纸。按照设计过程和设计结果编写设计说明书及使用说明书。

9.1.4 课程设计举例

一、电镀车间专用行车电气控制装置设计

（一）设计任务书

1. 专用设备基本情况

某厂电镀车间为提高工效、促进生产自动化和减轻劳动强度，制造了一台专用伞自动起吊设备，采用长距离控制，起吊质量大且在 500kg 以下，吊物是待电镀及表面处理的产品零件。电镀车间专用行车的结构与工作流程如图 9-1 所示。

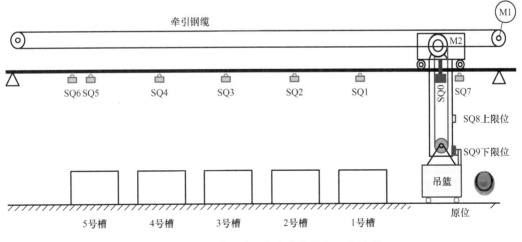

图 9-1 电镀车间专用行车的结构与工作流程

在电镀生产线侧，工人将待加工零件装入吊篮并发出信号，专用行车提升并自动逐段前进。按工艺要求，在需要停留的槽处停止并自动下降，停留一段时间（预先按工艺调定各槽停留时间）后自动提升，如此完成电镀工艺规定的所有工序，直至生产线末端自动返回原位，卸下处理好的零件，重新装料并发出信号，进入下一个加工循环。

不同零件的镀层要求和工艺过程是不同的。为了节省场地、适应批量生产的需要、提高设备利用率和取得最大经济效益，还要求该设备的电气控制系统针对不同工艺流程（如镀锌、镀铬、镀镍等）具备程序预选和程序修改能力。

该设备的机械结构与普通小型行车结构类似，跨度较小，但要求停位准确，以便吊篮入槽。工作时，除具有自动控制的大车前后运动与吊物升降运动外，还有调整吊篮位置的小车左右运动。

生产线上的槽数由用户综合电镀工艺的需要确定，电镀种类越多，槽越多。为简化设计过程，在本设计中暂定 5 个槽，停留时间由用户根据工艺要求确定。

2. 拖动情况

专用行车的小车、大车及吊篮均由三相交流异步电动机（型号为 JO2 - 12 - 4，额定功率为 0.8kW，额定电流为 1.99A，额定转速为 1410r/min，额定电压为 380V）分散拖动，并采用一级机械减速。

3. 设计要求

（1）控制装置具有程序预选功能（按电镀工艺确定需要停留工位），上、下装卸零件时能自动进行整个电镀工艺。

（2）要求前后运动、升降运动停位准确。前后运动、升降运动及左右运动之间有联锁作用。

（3）采用长距离控制，整机电源及各动作要有相应指示。

（4）应有极限位置保护和其他必要的电气保护措施。

（5）绘制电气原理图，选择电气元件，编制电气元件目录表。

（6）绘制接线图、电器板电气元件布置图、控制面板布置图等工艺图纸。

（7）编制设计说明书和使用说明书。

（二）设计过程

1. 总体方案选择

（1）左右运动、前后运动及升降运动分别由电动机 M1、M2、M3 控制。

（2）前后运动与升降运动停止时采用能耗制动，以保证停位准确。在平移过程中，电动机 M3 采用电磁抱闸制动，以保证安全。

（3）固定于轨道一侧的限位开关发出位置控制指令信号，并采用调节挡铁的方法保证吊篮与槽相对位置的准确性。

（4）延时继电器控制制动时间与各槽停留时间。

（5）采用串入或短接位置指令信号的方法实现程序可调。

（6）电动机 M2、M3 采用自动控制连续运转，通过热继电器实现过载保护；左右运动为调整运动，短时工作无过载保护。

（7）采用带指示灯的控制按钮，以显示设备运动状态。

（8）主电路及控制电路通过熔断器实现短路保护。通过限位开关实现三个方向的位置保护。

（9）将电气控制箱置于专门的操作室。电器板与控制板以及电气控制箱与执行系统采用接线板进出线方式连接。

2. 设计电气控制原理图

（1）主电路设计。

① 接触器 KM1、KM2、KM3、KM4、KM5、KM6 分别控制电动机 M1、M2、M3 的正反转。

② 电动机 M2、M3 通过热继电器 FR1、FR2 实现过载保护。电动机 M2 采用点动短时工作，不设过载保护。

③ 通过熔断器 FU1 实现短路保护，并通过隔离开关 QS 进行电源控制。

④ 为保证停位准确，考虑前后运动与升降运动由同一型号电动机控制且不会同时工作（相互有联锁作用），停车时可采用同一个直流电源实现能耗制动。直流电源可由低压交流电源经单相桥式整流得到。在能耗制动回路中没有单独的短路保护，而由熔断器 FU2、FU4 实现短路保护。

⑤ 考虑吊有一定质量的吊物，在行车运动中，需设置电磁铁抱闸制动控制。三相电磁铁 YA 与 M3 并联，当 M3 线圈得电时，YA 工作，松开抱闸，允许升降运动；当 M3 线圈失电时，YA 释放，抱闸制动，使吊篮稳定停留在空中，以安全地平移。

根据以上设计原则，绘制图 9-2 所示电镀车间专用行车控制线路的主电路。

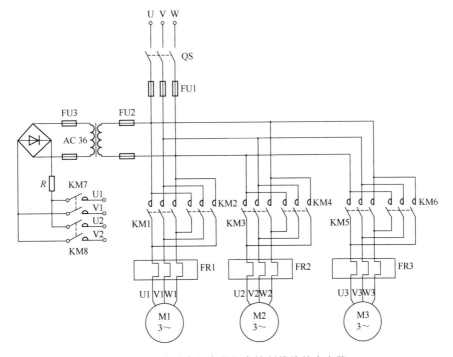

图 9-2 电镀车间专用行车控制线路的主电路

（2）控制电路设计。

① 吊篮的左右运动由 KM1、KM2 控制 M1 的正反转实现。

当 M1 正转时吊篮左移，当 M1 反转时吊篮右移，采用点动控制，两地操作（控制操作台或现场操作）。在吊篮前后运动与升降运动中，不允许左右运动，可串联 KA1～KA4 常闭触点，以实现联锁。固定于左右两端的限位开关 SQ6、SQ7 可实现左右极限位置保护。

② 根据电镀工艺要求，行车前进运动与升降运动为自动控制，其控制过程如下：按下 SB11，KM3 及 KA1 吸合，行车前进。当运行至需要停留的位置（如 1 槽）时，运动挡铁压下固定于道轨一侧的行程开关 SQ1，SQ1 常闭触点串联在 M2 控制回路中，使 KM3、KA1 失电，M2 停转，同时 KA1 常闭触点及 SQ1 常开触点接通前进制动回路，KM7、KT1 得电，使 M2 制动行车准确停在 1 槽。制动时间由 KT1 控制，停留时间由 KT4 控制。若工艺要求无须在 1 槽停留，则扳动开关 SA1，使其常开触点闭合、常闭触点打开，行车继续前进。在 M2 制动的同时，KM7 常开触点接通 KM6 与 KA4，使 M3 正转，吊篮下降至下极限位置，限位开关 SQ11 受压，使 KM6 失电。SQ11 常开触点接通下降制动回路，迅速停车。零件在槽内停留时间由时间继电器 KT4 自动控制，KT4 延时闭合触点接通 KM5、KA3，使 M3 反转，吊篮上升，当吊篮上升到上极限位置时压下 SQ10，M3 停转。SQ10 常开触点接通上升制动回路，KM8 和 KT2 得电，在制动的同时，KM8 常开触点接通行车前进控制回路。如此循环，直至按工艺要求完成零件的电镀过程，行车到达终点，压下 SQ8，行车自动停止前进，同时 SQ8 常开触点接通 KM4、KA2，行车自动回到原位。

进退与升降之间，KA1、KA2 及 KA3、KA4 常闭触点与对方控制回路串联，实现联锁。

过载保护可由将 FR1、FR2 常闭触点串联在 M2、M3 的控制回路中实现。

③ 根据控制要求，KM3～KM6 的副触点不够，因而采用并联 KAL～KA4 中间继电器的方法。

④ 根据设备调整需要，进退及升降时应有连续运转控制和点动控制。

⑤ FU5 对控制电路进行短路保护。

⑥ 为节省控制变压器，控制电压直接采用电网电压。

根据以上要求，设计图 9-3 所示电镀车间专用行车控制电路。

（3）辅助电路设计。根据设计要求，设计图 9-4 所示电镀车间专用行车辅助电路。合上电源开关 QS，指示灯 HL0 亮，表示控制系统通电。

在生产过程中，HL7～HL10（在 SQ11～SQ14 中）指示灯显示行车的前后、升降运动状态，HL1～HL5 指示灯显示行车停留位置。

（4）按设计要求检查各动作程序、保护、联锁等，全部符合要求后，即可绘制电气原理图。

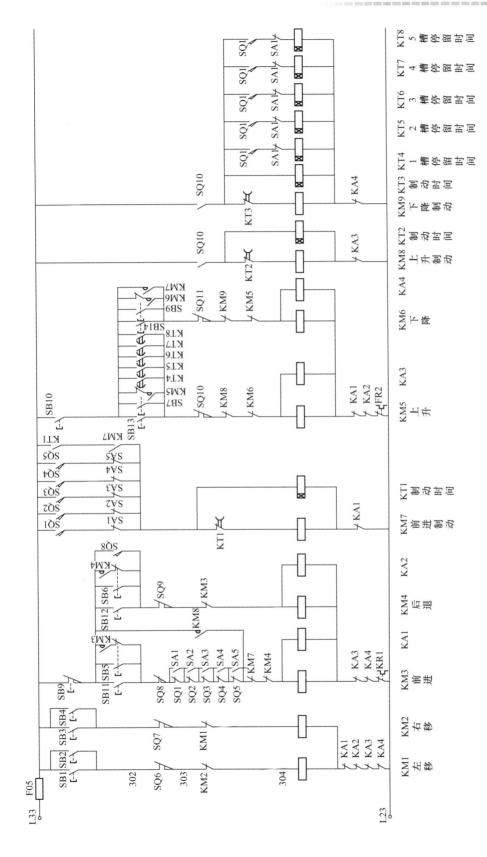

图 9-3 电镀车间专用行车控制电路

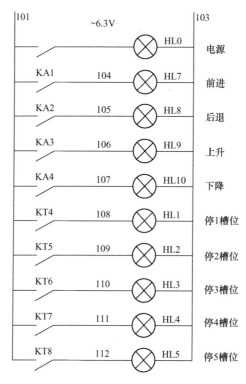

图 9-4　电镀车间专用行车辅助电路

（5）主要参数计算。

① 熔断器 FU2 的额定电流。

$$I_{RN} \geqslant 7I_N/2.5 = \frac{7 \times 1.99\text{A}}{2.5} \approx 5.6\text{A}$$

式中：I_{RN} 为熔断器 FU2 的额定电流；I_N 为电动机的额定电流。

选用 $I_{RN}=6$A，其余熔断器的额定电流选用 2A。

② 能耗制动参数计算。

制动电流 $I_D=1.5I_N=1.5 \times 1.99\text{A} \approx 3$A

直流电压 $U_D=I_D R=(3 \times 10)\text{V}=30$V（$R$ 为定于两相电阻，$R \approx 10\Omega$，实测或查有关手册得到）

整流变压器三次侧交流电流

$$I_2=3\text{A}/0.9 \approx 3.33\text{A}$$
$$U_2=30\text{V}/0.9 \approx 33.3\text{V}$$

整流变压器容量 $S=I_2 U_2=(3.33 \times 33.3)\text{W} \approx 111$W

（6）选择电气元件，编制电气元件目录表（在标题栏上方）。

3. 设计工艺图纸

按设计要求设计电气装置总体配置图、电器板电气元件布置图及接线图。

（1）根据控制要求和电气设备的结构，确定电气元件的总体配置情况。在本设计中，在电气控制箱外部，分布于生产线上的电气元件有电动机、制动电磁铁、限位开关等。在电器板上安装的电气元件有熔断器、接触器、中间断电器、热断电器、变压器、整流堆等。

（2）分别为电气原理图的主电路及控制电路编号。

（3）根据电气元件的分布与电气原理图编号，绘制电气设备的接线图，如图 9-5 至图 9-7 所示，并应在图中标明各电气部分的接线号及接线方式、安装走线方式、导线及安装要求等。

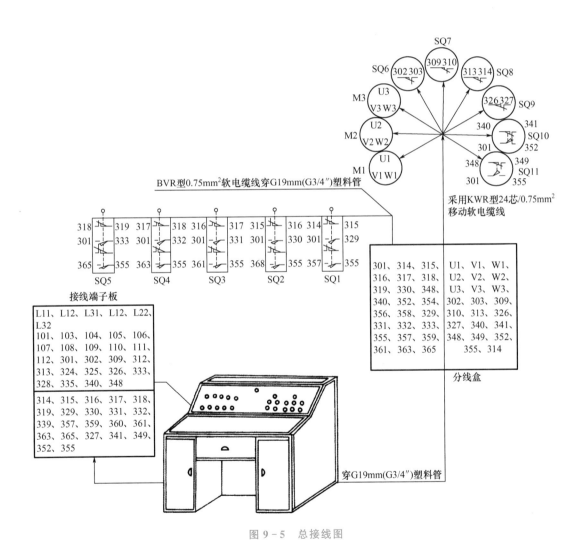

图 9-5 总接线图

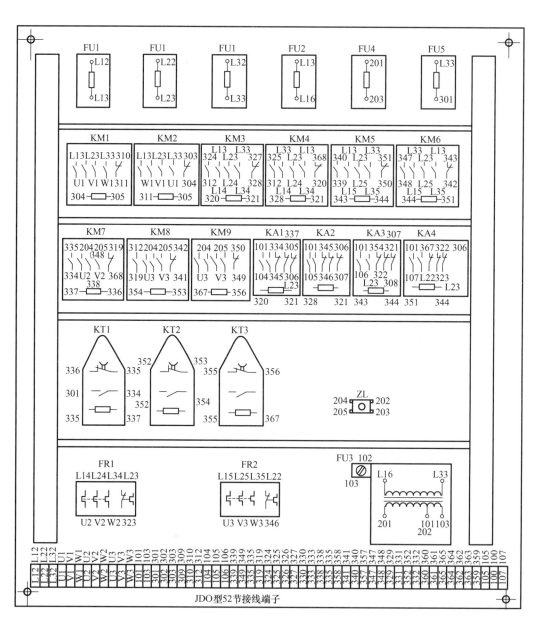

图 9 - 6　电器板接线图

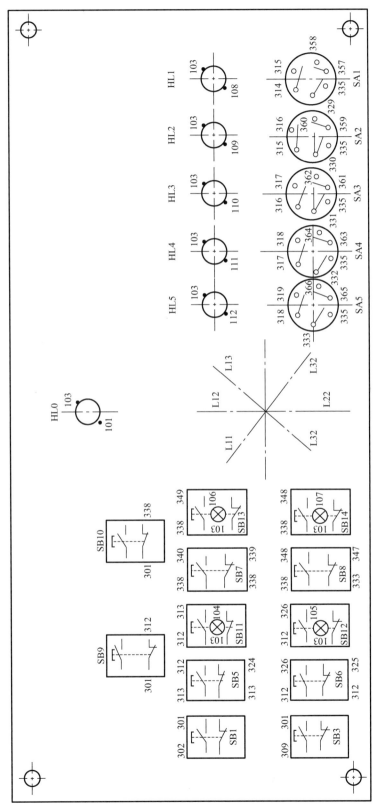

图9-7 控制面板电气元件布置图及接线图

（4）根据操作方便、美观、均匀、对称等原则，绘制控制面板电气元件布置图（图9-7）、电器板电气元件布置图（图9-8）。进出线采用接线端子板过桥。电器板电气元件目录表见表9-1。

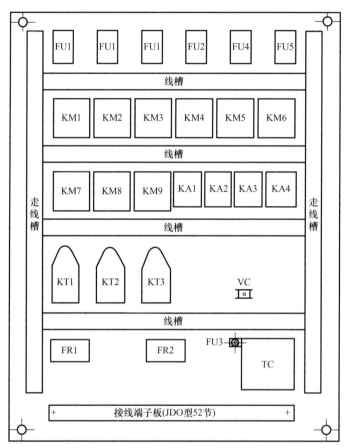

图9-8　电器板电气元件布置图

表9-1　电器板电气元件目录表

序号	代号	名称	数量	规格型号	备注
1	M1～M3	电动机	3	JO-12-4	
2	FR1，FR2	热继电器	2	JR10-10/3 热元件 15-21A	
3	YA	三相制动电磁铁	1	JC2，≤380V	
4	FU1，FU2，FU4，FU5	熔断器	4	RL1-15	
5	VC	整流器	1	QL5A，100V	
6	TC	变压器	1	BK-100	
7	QS	电源开关	1	HZ10-10/3	
8	SB1～SB8	点动按钮	8	LA19-11	
9	SB9～SB10	停止按钮	2	LA19-11D	红色指示灯6.3V

续表

序号	代号	名称	数量	规格型号	备注
10	SB11～SB14	启动按钮	4	LA19-11D	绿色指示灯6.3V
11	KM1～KM9	接触器	6	CJ10-10 10A/380V	
12	KA1～KA4	中间继电器	4	JZ7-44，≤380V	
13	KT1～KT3	时间继电器	3	JS7-2A，≤380V	
14	KT4～KT8	时间继电器	5	JS11-5，≤380V	
15	SQ1～SQ5	行程开关	5	LXK2-131	
16	SQ6～SQ11	限位开关	6	JZXK1-411	
17	SA1～SA5	组合开关	5	HZ10-10/13	
18	HL0～HL5	指示灯	6	XD1	6.3V，0.05A
19	FU3	熔断器	1	BHC	2A

⑤ 根据电器板电气元件布置图及电气元件的外形尺寸、安装尺寸（由产品手册给出），绘制电器板（胶木板或镀锌铁板）、控制面板（有机玻璃板或铝板）、垫板（保证一定强度，一般采用胶木板或镀锌铁板）等加工图，如图9-9和图9-10所示，并应在图中标明外形尺寸、安装孔及定位尺寸与公差、板的材料与厚度以及加工技术要求。

⑥ 根据电器板及控制面板尺寸绘制电气控制箱外形草图、电气控制箱加工图。

至此，初步完成本课题要求的原理设计及工艺设计任务。

4. 编写设计说明书、使用说明书及设计小结

（1）根据原理设计过程编写设计说明书。

① 总体方案的选择说明。

② 电气原理图设计说明（各控制要求的实现方法）。

③ 主要参数计算及主要电气元件选择说明，编制电气元件目录表。

④ 附上电气原理图及其他要求绘制的工艺图纸。

（2）根据电气原理图及控制要求编写使用说明书。

① 设备的用途和特点。

② 工作原理的简单说明。

③ 使用与维护注意事项。

5. 设计结果评定内容

（1）总体方案的选择依据及正确性。

（2）控制电路是否满足设计任务书中提出的各项控制要求并判断可靠性。

（3）联锁、保护、显示等是否满足要求。

（4）参数计算及电气元件选择是否正确。

（5）绘制的图纸是否符合有关标准。

（6）设计说明书及图纸的质量（简明、扼要、字迹端正、整洁等）。

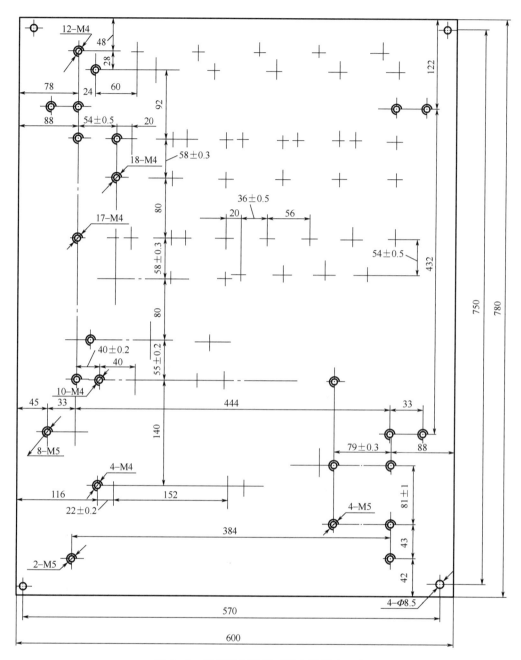

图 9-9　电器板加工图（胶木板厚 8mm）

6. 设计参考资料

（1）《电气控制原理与设计》《机电传动控制》及其他有关教材。

（2）《电工手册》。

（3）其他有关产品手册。

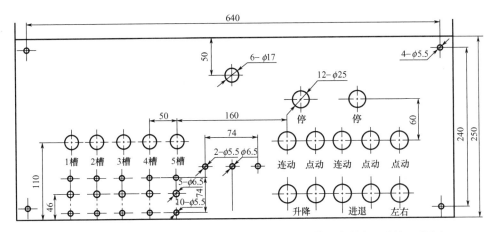

图 9-10　控制面板加工图（有机玻璃板厚 2mm，按要求刻字、喷漆、着色）

二、PLC 控制的污水净化处理系统

1. 引 言

随着我国经济的高速发展，城市环境污染特别是水污染问题日趋严重。城镇生活污水的排放量逐年增加，污水未经处理而直接排入江河湖海是导致水域富营养化污染的主要原因。对于工业生产中存在的此类环境问题，我们要特别关注。

在冶金企业有大量工业用水用于冷却，每天都会消耗大量水资源，由于用过的冷却水含有氧化铁杂质，因此不宜循环使用。为保护环境、节约用水，需要对含有氧化铁杂质的污水进行净化处理。

（1）常用污水净化处理系统的组成。

常用污水净化处理系统由两台磁滤器、两个水箱、八只电磁阀和连接管道组成的两台机组组成，如图 9-11 所示。

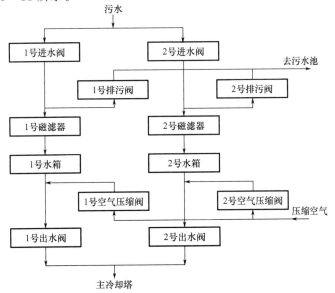

图 9-11　常用污水净化处理系统的组成

（2）分析系统组成和工艺流程，编制相应的 PLC 控制程序，以实现污水净化处理。

污水净化处理主要包括滤水工序和反洗工序。

① 滤水工序。打开进水阀和出水阀，污水流经磁滤器时，如果磁滤器的线圈一直通电，则污水中的氧化铁杂质会附着在磁滤器的磁铁上，从水箱中流出净化水。

② 反洗工序。滤水一段时间后，必须清洗附着在磁铁上的氧化铁杂质。切断磁滤器线圈的电源，关闭进水阀和出水阀，打开排污阀和空气压缩阀，压缩空气而强行使水箱中的水流入磁滤器，冲洗磁铁，去掉附着的氧化铁杂质，冲洗后的污水流入污水池进行二次处理。

污水净化处理的工艺流程如图 9 – 12 所示。

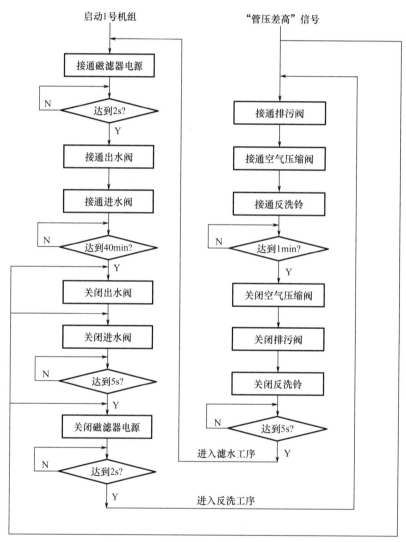

图 9 – 12　污水净化处理的工艺流程

2. 控制方案的选择

从工程实际出发，根据系统的工艺流程制订控制系统的方案，实现如下控制任务。

（1）两台机组的滤水工序可单独工作，也可同时工作。而反洗工序只允许单台机组工作，一台机组反洗时，另一台机组等待。两台机组同时要求反洗时，1号机组优先。

（2）为保证滤水工序正常进行，在两台机组的管道上均安装压差检测仪表，只要出现"管压差高"信号就立即停止滤水工序，自动进入反洗工序。

（3）为提高系统的可靠性，将两台机组的磁滤器及各电磁阀线圈的接通信号反馈到PLC输入端，一旦某输出信号不正常，系统就立即停止工作，可避免发生事故。

（4）接触器输出故障检测报警。

3. I/O 地址分配表

I/O 地址分配表见表 9-2。

表 9-2　I/O 地址分配表

现场器件		PLC 内部地址号	说明
输入（I）	SB10	X000	总启开关
	SB11	X001	1号启动开关
	SB21	X021	2号启动开关
		X003	1号模拟压差输入
		X023	2号模拟压差输入
		X002	模拟系统故障信号输入
	SB20	X004	总停开关
	SB12	X005	1号停止开关
	SB22	X025	2号停止开关
输出（O）		Y001	1号磁滤器
		Y002	1号出水阀
		Y003	1号进水阀
		Y004	1号排污阀
		Y005	1号空气压缩阀
		Y006	1号反洗铃
		Y020	2号磁滤器
		Y021	2号出水阀
		Y022	2号进水阀
		Y023	2号排污阀
		Y024	2号空气压缩阀
		Y025	2号反洗铃

4. PLC 硬件接线图

PLC 硬件接线图如图 9－13 所示。

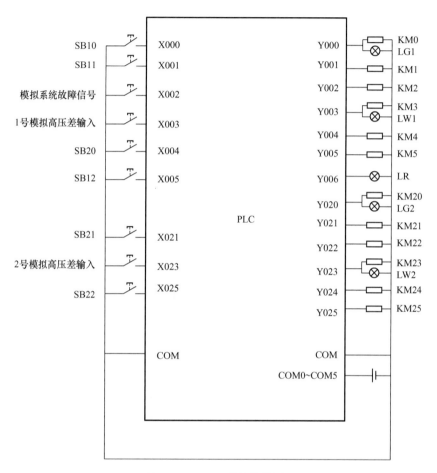

图 9－13　PLC 硬件接线图

5. 外部控制面板

外部控制面板如图 9－14 所示。

6. 梯形图

梯形图是简单、直观的 PLC 语言，可以反映系统的控制思路。污水净化处理系统的梯形图如图 9－15 所示。

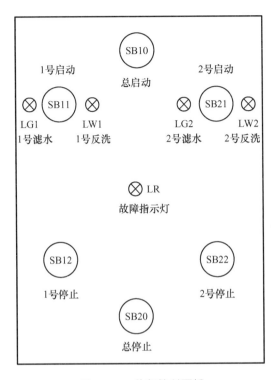

图 9-14 外部控制面板

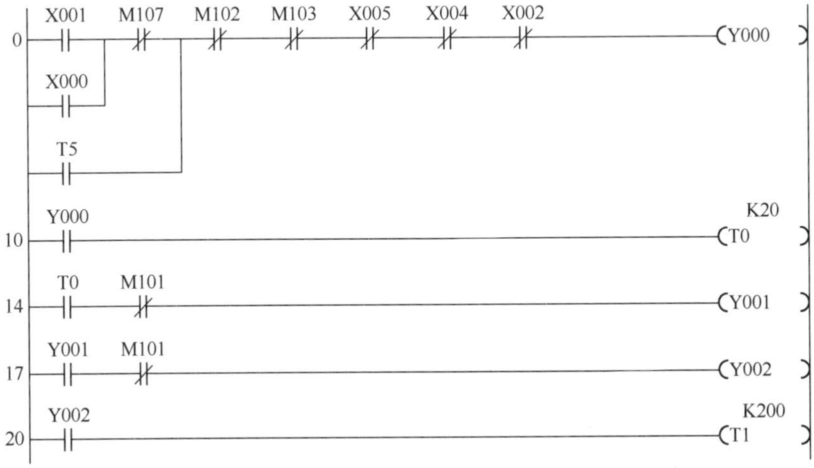

图 9-15 梯形图

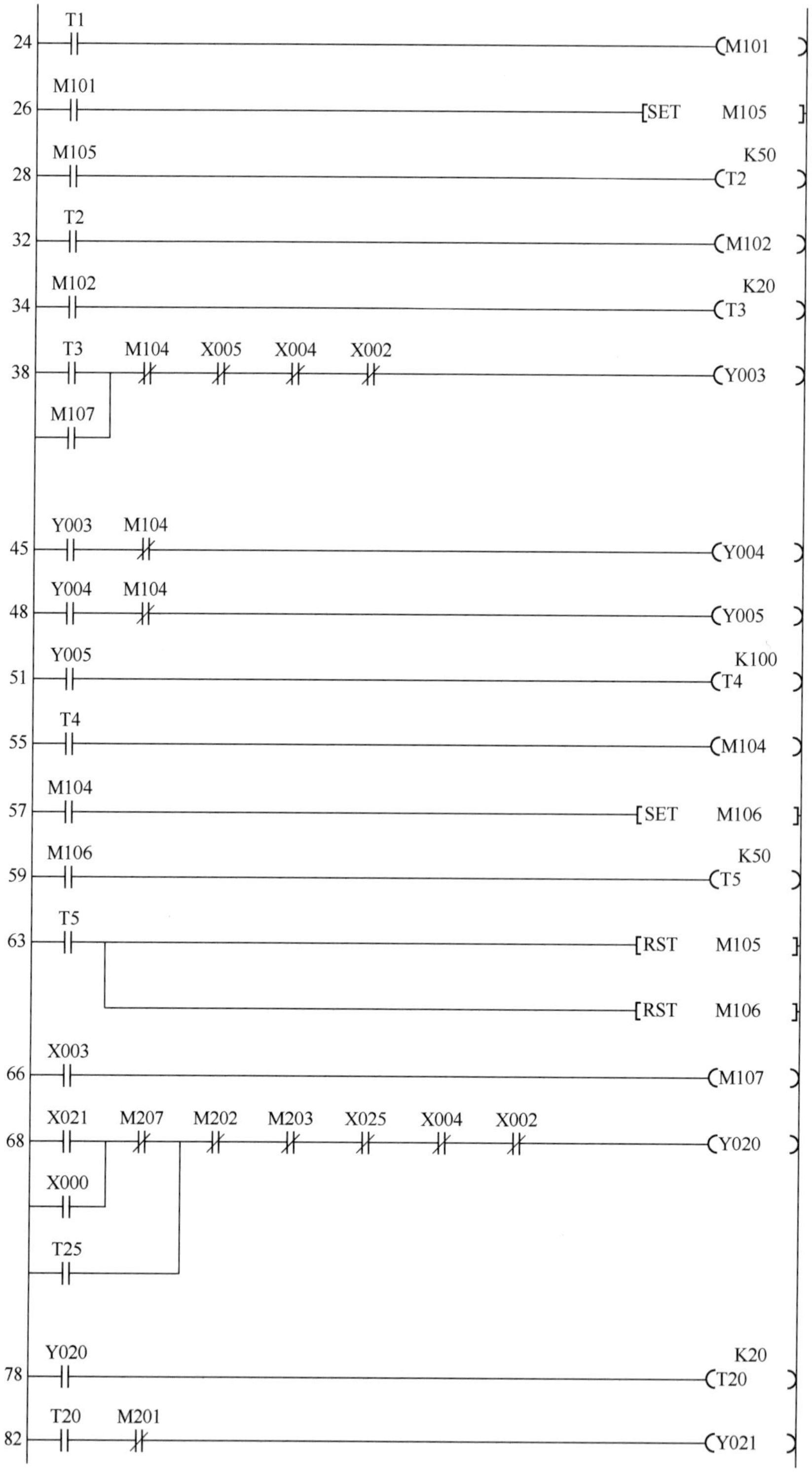

```
        T1
24  ──┤├──────────────────────────────────────────────(M101 )

        M101
26  ──┤├──────────────────────────────────[SET    M105 ]

        M105                                                K50
28  ──┤├──────────────────────────────────────────────(T2  )

        T2
32  ──┤├──────────────────────────────────────────────(M102 )

        M102                                               K20
34  ──┤├──────────────────────────────────────────────(T3  )

        T3    M104   X005   X004   X002
38  ──┤├───┬──┤╱├───┤╱├───┤╱├───┤╱├─────────────────(Y003 )
        M107 │
      ──┤├──┘

        Y003   M104
45  ──┤├───┤╱├────────────────────────────────────────(Y004 )

        Y004   M104
48  ──┤├───┤╱├────────────────────────────────────────(Y005 )

        Y005                                               K100
51  ──┤├──────────────────────────────────────────────(T4  )

        T4
55  ──┤├──────────────────────────────────────────────(M104 )

        M104
57  ──┤├──────────────────────────────────[SET    M106 ]

        M106                                               K50
59  ──┤├──────────────────────────────────────────────(T5  )

        T5
63  ──┤├───┬──────────────────────────────[RST    M105 ]
            │
            └───────────────────────────────[RST    M106 ]

        X003
66  ──┤├──────────────────────────────────────────────(M107 )

        X021   M207   M202   M203   X025   X004   X002
68  ──┤├──┬─┤╱├─┬─┤╱├──┤╱├───┤╱├───┤╱├───┤╱├────(Y020 )
        X000 │   │
      ──┤├──┤   │
        T25  │   │
      ──┤├──┘───┘

        Y020                                               K20
78  ──┤├──────────────────────────────────────────────(T20 )

        T20   M201
82  ──┤├───┤╱├────────────────────────────────────────(Y021 )
```

图 9-15 梯形图（续）

```
       Y021   M201
85    ──┤├────┤/├──────────────────────────────────────────(Y022)

       Y022                                                    K200
88    ──┤├──────────────────────────────────────────────────(T21)

       T21
92    ──┤├──────────────────────────────────────────────────(M201)

       M201
94    ──┤├────────────────────────────────────────[SET    M205]

       M205                                                    K50
96    ──┤├──────────────────────────────────────────────────(T22)

       T22
100   ──┤├──────────────────────────────────────────────────(M202)

       M202                                                    K20
102   ──┤├──────────────────────────────────────────────────(T23)

       T23    T3    M204   X025   X004   X002
106   ──┤├───┤/├───┤/├────┤/├────┤/├────┤/├──────────────────(Y023)
       M207
      ──┤├──┘

       Y023   M204
114   ──┤├────┤/├──────────────────────────────────────────(Y024)

       Y024   M204
117   ──┤├────┤/├──────────────────────────────────────────(Y025)

       Y025                                                    K100
120   ──┤├──────────────────────────────────────────────────(T24)

       T24
124   ──┤├──────────────────────────────────────────────────(M204)

       M204
126   ──┤├────────────────────────────────────────[SET    M206]

       M206                                                    K50
128   ──┤├──────────────────────────────────────────────────(T25)

       T25
132   ──┤├────────────────────────────────────────[RST    M205]
          └───────────────────────────────────────[RST    M206]

       X023   X003
135   ──┤├────┤/├──────────────────────────────────────────(M207)

       X002
138   ──┤├──────────────────────────────────────────────────(Y006)

140   ────────────────────────────────────────────────────[END]
```

图 9-15 梯形图 (续)

7. 指令语句表

根据梯形图写出指令语句表，如图 9 - 16 所示。

0	LD	X001			56	OUT	M104	
1	OR	X000			57	LD	M104	
2	ANI	M107			58	SET	M106	
3	OR	T5			59	LD	M106	
4	ANI	M102			60	OUT	T5	K50
5	ANI	M103			63	LD	T5	
6	ANI	X005			64	RST	M105	
7	ANI	X004			65	RST	M106	
8	ANI	X002			66	LD	X003	
9	OUT	Y000			67	OUT	M107	
10	LD	Y000			68	LD	X021	
11	OUT	T0	K20		69	OR	X000	
14	LD	T0			70	ANI	M207	
15	ANI	M101			71	OR	T25	
16	OUT	Y001			72	ANI	M202	
17	LD	Y001			73	ANI	M203	
18	ANI	M101			74	ANI	X025	
19	OUT	Y002			75	ANI	X004	
20	LD	Y002			76	ANI	X002	
21	OUT	T1	K200		77	OUT	Y020	
24	LD	T1			78	LD	Y020	
25	OUT	M101			79	OUT	T20	K20
26	LD	M101			82	LD	T20	
27	SET	M105			83	ANI	M201	
28	LD	M105			84	OUT	Y021	
29	OUT	T2	K50		85	LD	Y021	
32	LD	T2			86	ANI	M201	
33	OUT	M102			87	OUT	Y022	
34	LD	M102			88	LD	Y022	
35	OUT	T3	K20		89	OUT	T21	K200
38	LD	T3			92	LD	T21	
39	OR	M107			93	OUT	M201	
40	ANI	M104			94	LD	M201	
41	ANI	X005			95	SET	M205	
42	ANI	X004			96	LD	M205	
43	ANI	X002			97	OUT	T22	K50
44	OUT	Y003			100	LD	T22	
45	LD	Y003			101	OUT	M202	
46	ANI	M104			102	LD	M202	
47	OUT	Y004			103	OUT	T23	K20
48	LD	Y004			106	LD	T23	
49	ANI	M104			107	ANI	T3	
50	OUT	Y005			108	OR	M207	
51	LD	Y005			109	ANI	M204	
52	OUT	T4	K100		110	ANI	X025	
55	LD	T4						

图 9 - 16　指令语句表

111	ANI	X004	
112	ANI	X002	
113	OUT	Y023	
114	LD	Y023	
115	ANI	M204	
116	OUT	Y024	
117	LD	Y024	
118	ANI	M204	
119	OUT	Y025	
120	LD	Y025	
121	OUT	T24	K100
124	LD	T24	
125	OUT	M204	
126	LD	M204	
127	SET	M206	
128	LD	M206	
129	OUT	T25	K50
132	LD	T25	
133	RST	M205	
134	RST	M206	
135	LD	X023	
136	ANI	X003	
137	OUT	M207	
138	LD	X002	
139	OUT	Y006	
140	END		

图 9 - 16 指令语句表（续）

9.2 "机电传动控制"课程设计参考选题（一）

一、搬运机械手的电气控制系统设计

图 9-17 所示为搬运机械手的电气控制系统设计。将工件从左工作台搬到右工作台，机械手通常位于原点，1ST 为下限位开关，2ST 为上位限位开关，3ST 和 4ST 分别为右限位开关和左限位开关。机械手的上下、左右移动以及工件的夹紧均由电磁阀驱动气缸实现。动作顺序如下：启动 1SB→下降至 1ST→电磁阀 2YA 动作（夹紧工件并停 3s）→上升至 2ST→右移至 3ST→下降至 1ST→放开工件并停 2s→上升碰到 2ST 后左移→回到原点压在 4ST 和 2ST 上，各电磁阀均失电，机械手停在原位。

设计内容及要求如下。

（1）设计控制方案。列出输入/输出原件（分配输入/输出点）及控制功能。

（2）画出 PLC 控制硬件接线图。设计并绘制以下工艺图中的两种：电器板电气元件布置图，电器板零件加工图，控制面板电气元件布置图、接线图及控制面板加工图，电气箱图纸及总接线图。

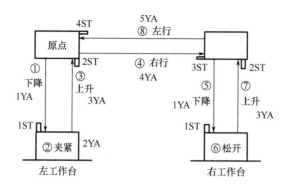

图 9-17　搬运机械手的电气控制系统设计

（3）画出梯形图。

（4）根据梯形图写出指令语句表。

（5）编写设计说明书。

二、传送带的电气控制系统设计

由三条传送带组成的零件传送系统如图 9-18 所示。在传送带左侧滑槽上，每 30s 向传送带 1 传送一个零件。控制要求如下：按下启动按钮，系统进入准备状态，当有零件经过接近开关 SQ1 时，启动传送带 1；当零件经过 SQ2 时，启动传送带 2；当零件经过 SQ3 时，启动传送带 3。如果开关 SQ1～SQ3 在传送带上 60s 未检测到零件则视为故障，需要闪烁报警。如果 SQ1 在 100s 内未检测到零件，则停止全部传送带。按下停止按钮，全部传送带停止。

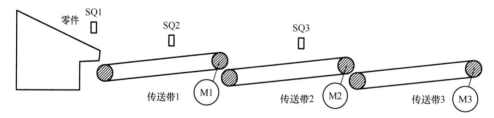

图 9-18　传送带的电气控制系统设计

设计内容及要求如下。

（1）设计控制方案。列出输入/输出原件（分配输入/输出点）及控制功能。

（2）画出 PLC 控制硬件接线图。设计并绘制以下工艺图中的两种：电器板电气元件布置图，电器板零件加工图，控制面板电气元件布置图、接线图及控制面板加工图，电气控制箱图纸及总接线图。

（3）画出梯形图。

（4）根据梯形图写出指令语句表。

（5）编写设计说明书。

三、装配流水线的电气控制系统设计

图9-19所示为装配流水线的电气控制系统设计。传送带共有八个工位，工件从0号位装入，分别在1、3、5、7四个工位完成四种装配操作；0、2、4、6号工位用于传送工件，在0号位装有传感器，装入工件时传感器发出信号，当合上电源启动传送带（未装入工件，传送带不动）时，每5s移动一个工位。

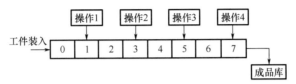

图9-19 装配流水线的电气控制系统设计

设计内容及要求如下。

（1）设计控制方案。列出输入/输出原件（分配输入/输出点）及控制功能。

（2）画出PLC控制硬件接线图。设计并绘制以下工艺图中的两种：电器板电气元件布置图，电器板零件加工图，控制面板电气元件布置图、接线图及控制面板加工图，电气控制箱图纸及总接线图。

（3）画出梯形图。

（4）根据梯形图写出指令语句表。

（5）编写设计说明书。

四、机械加工动力头的电气控制系统设计

图9-20所示为机械加工动力头的电气控制系统设计。其中，1ST～3ST为限位开关，SB为启动按钮，1YA～3YA为电磁阀，KT为延时继电器（设延时1s）。

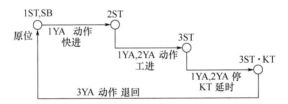

图9-20 机械加工动力头的电气控制系统设计

设计内容及要求如下。

（1）设计控制方案。列出输入/输出原件（分配输入/输出点）及控制功能。

（2）画出PLC控制硬件接线图。设计并绘制以下工艺图中的两种：电器板电气元件布置图，电器板零件加工图，控制面板电气元件布置图、接线图及控制面板加工图，电气控制箱图纸及总接线图。

（3）画出梯形图。

（4）根据梯形图写出指令语句表。

（5）编写设计说明书。

五、机械滑台的电气控制系统设计

某加工机械有 A、B 两个滑台，如图 9-21 所示，分别由两台电动机拖动。在初始状态，滑台 A 在左边，限位开关 SQ1 受压，滑台 B 在右边，限位开关 SQ3 受压。

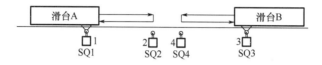

图 9-21　机械滑台的电气控制系统设计

控制要求如下：按下启动按钮，滑台 A 右行，碰到限位开关 SQ2 时停止并进行能耗制动 5s；然后滑台 B 左行，当碰到限位开关 SQ4 时停止并进行能耗制动 5s；再停 100s，两个滑台同时返回原位，分别碰到限位开关 SQ1 和 SQ3 时停止并进行能耗制动 5s，全过程结束。

（1）设计控制方案。列出输入/输出原件（分配输入/输出点）及控制功能。

（2）画出 PLC 控制硬件接线图。设计并绘制以下工艺图中的两种：电器板电气元件布置图，电器板零件加工图，控制面板电气元件布置图、接线图及控制面板加工图，电气控制箱图纸及总接线图。

（3）画出梯形图。

（4）根据梯形图写出指令语句表。

（5）编写设计说明书。

六、机械手分拣铁球的电气控制系统设计

某机械手用来分拣铁质大球和小球，如图 9-22 所示。输出继电器 Y4 状态为"ON"时，铁球被电磁铁吸住；状态为"OFF"时铁球被释放。机械手的五种工作方式由工作方式选择开关选择。控制面板上设有六个手动按钮，紧急停车按钮用于在紧急情况下（包括 PLC 发生故障时）可靠地切断 PLC 的负载电源。

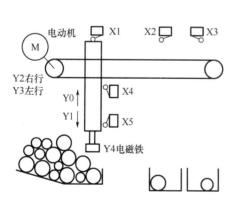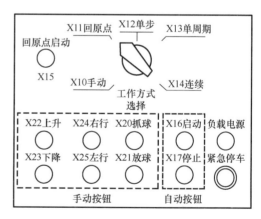

图 9-22　机械手分拣铁球的电气控制系统设计

设计内容及要求如下。

（1）设计控制方案。列出输入/输出原件（分配输入/输出点）及控制功能。

（2）画出 PLC 控制硬件接线图。设计并绘制以下工艺图中的两种：电器板电气元件布置图，电器板零件加工图，控制面板电气元件布置图、接线图及控制面板加工图，电气控制箱图纸及总接线图。

（3）画出梯形图。

（4）根据梯形图写出指令语句表。

（5）编写设计说明书。

七、小车循环往返运行的电气控制系统设计

用三相异步电动机拖动一辆小车在 A、B、C、D、E 五点之间自动往返运行，如图 9 - 23 所示。小车初始在 A 点，按下启动按钮，小车依次前进到 B、C、D、E 点，并分别停止 2s，返回到 A 点停止。

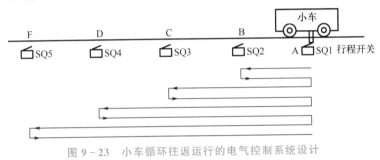

图 9 - 23　小车循环往返运行的电气控制系统设计

设计内容及要求如下。

（1）设计控制方案。列出输入/输出原件（分配输入/输出点）及控制功能。

（2）画出 PLC 控制硬件接线图。设计并绘制以下工艺图中的两种：电器板电气元件布置图，电器板零件加工图，控制面板电气元件布置图、接线图及控制面板加工图，电气控制箱图纸及总接线图。

（3）画出梯形图。

（4）根据梯形图写出指令语句表。

（5）编写设计说明书。

9.3　"机电传动控制"课程设计参考选题（二）

（第八至第十一题每题 1～2 人）

八、某型号车床的电气控制系统设计

（一）课程设计技术说明和控制要求

1. 设备机械部分运动说明

某型号车床属于中型车床，床身的最大工件回转半径为 1020mm，最大工件长度为

3000mm。车床的运动包括主运动和进给运动：主运动为主轴的旋转运动；进给运动是通过主轴运动分出部分动力，通过挂轮箱传给进给箱实现刀具的进给。

2. 设备电气控制要求及技术参数

（1）机床的主运动和进给运动由电动机 M1 集中传动，主电动机控制线路主要完成以下功能：可正反转；可正向点动，点动时串联电阻，限制启动电流；可双向反接制动。

（2）冷却泵由电动机 M2 拖动。

（3）刀架的快速移动由单独的快速电动机 M3 拖动。

（4）要求控制线路设计必要的保护环节（如短路保护、长期过载保护等）。

（5）要求控制电路电压为 380V，且车床有照明要求。

（6）电动机的型号：主电动机，额定功率为 30kW，额定转速为 1470r/min；冷却泵电动机，型号为 JCB-22；快速移动电动机，额定功率为 2.2kW，额定转速为 2840r/min。

（二）课程设计的主要内容

（1）分析设备的电气控制要求，制订设计方案，绘制草图。

（2）进行电路计算，选择元器件并列出元器件目录表，绘制电气原理图（包括主电路和控制电路）。

（3）根据原理线路划分组件，设计并绘制以下工艺图中的三种：电器板电气元件布置图，电器板零件加工图，控制面板电气元件布置图、接线图及控制面板加工图，电气控制箱图纸及总接线图。

（4）编写设计说明书。

九、某铣床的电气控制系统设计

（一）课程设计技术说明和控制要求

1. 设备机械部分运动说明

铣床的主运动由主轴电动机通过带传动到主轴变速箱再带动主轴旋转，工件的进给运动由进给电动机带动工作台完成。主电动机转速为 1450r/min，额定功率为 7.5kW。

2. 设备电气控制要求及技术参数

（1）铣床主运动由主电动机 M1 拖动，要求主电动机正反转。主电动机控制线路要求反接制动控制，且可在两地点控制启停。

（2）冷却泵由电动机 M2 拖动。

（3）工件的进给运动由电动机 M3 拖动，要求 M3 正反向自动循环控制；并通过机械机构改变工作台的上下、左右、前后方向；正反向点动控制（瞬时冲动）。

（4）要求控制线路设计短路保护、过载保护和过电流保护。

（5）要求控制电路电压为 110V，且有照明灯、电源指示灯、主电动机指示灯。

（6）电动机的型号：主电动机，根据给定参数选取；冷却泵电动机，型号为 JCB-22；工作台电动机，额定功率为 1.5kW，额定转速为 2840r/min。

(二) 课程设计的主要内容

（1）分析设备的电气控制要求，制订设计方案，绘制草图。

（2）进行电路计算，选择元器件并列出元器件目录表，绘制电气原理图（包括主电路和控制电路）。

（3）根据原理线路划分组件，设计并绘制以下工艺图中的三种：电器板电气元件布置图，电器板零件加工图，控制面板电气元件布置图、接线图及控制面板加工图，电气控制箱图纸及总接线图。

（4）编写设计说明书。

十、某钻床的电气控制系统设计

（一）课程设计技术说明和控制要求

1．设备机械部分运动说明

摇臂钻床的主运动为主轴电动机的旋转运动；进给运动为主轴的纵向移动；辅助运动有摇臂沿外立柱的垂直移动、主轴箱沿摇臂的径向移动、摇臂与外立柱一起相对于内立柱的回转运动。

2．设备电气控制要求及技术参数

（1）钻床主运动由主电机 M1 拖动。

（2）冷却泵由电动机 M4 拖动。

（3）摇臂升降控制由电动机 M2 实现，且摇臂上升和下降的前提是松开夹在外立柱上的摇臂，最后夹紧摇臂。

（4）摇臂的夹紧和松开由液压泵电动机 M3 实现。

（5）要求控制线路设计短路保护、过载保护和过电流保护。

（6）要求控制电路电压为 127V，且有照明灯、电源指示灯、主电动机指示灯、主回路电流表。

（7）电动机的型号：

主电动机 M1，额定功率为 3kW，额定转速为 1420r/min；摇臂升降电动机 M2，额定功率为 1.5kW，额定转速为 1400r/min；液压泵电动机 M3，额定功率为 0.75kW，额定转速为 1390r/min；冷却泵电动机 M4，型号为 AOB－25，额定功率为 90W，额定电压为 380V，额定转速为 2800r/min。

（二）课程设计的主要内容

（1）分析设备的电气控制要求，制订设计方案，绘制草图。

（2）进行电路计算，选择元器件并列出元器件目录表，绘制电气原理图（包括主电路和控制电路）。

（3）根据原理线路划分组件，设计并绘制以下工艺图中的三种：电器板电气元件布置图，电器板零件加工图，控制面板电气元件布置图、接线图及控制面板加工图，电气控制箱图纸及总接线图。

（4）编写设计说明书。

十一、某型号镗床的电气控制系统设计

（一）课程设计技术说明和控制要求

1. 设备机械部分运动说明

镗床的运动包括主运动和进给运动：主运动为镗杆或花盘的旋转运动；进给运动包括工作台的前、后、左、右及主轴箱的上、下和镗杆的进、出共八个方向的运动。进给运动既可以自动又可以手动，还可以快速移动。

2. 设备电气控制要求及技术参数

（1）镗床主电动机完成主运动和进给运动，专门设置了一台快速移动电动机。

（2）主电动机采用双速电动机，高、低速由行程开关控制。

（3）主电动机要实现正反转及正反转时的点动，点动时串联电阻，限制启动电流。

（4）主电动机在低速时直接启动，高速时先低速启动、延时再转到高速。

（5）当主轴变速和进给变速时，主电动机要缓慢转动，以保证变速时齿轮处于良好的啮合状态。

（6）要求控制电路电压为110V，且有照明和主电动机的启停显示灯及电源接通指示灯。

（7）电动机的型号：主电动机，额定功率为11kW，额定转速为1460r/min。快速移动电动机，额定功率为1.1kW，额定转速为1400r/min。

（二）课程设计的主要内容

（1）分析设备的电气控制要求，制订设计方案，绘制草图。

（2）进行电路计算，选择元器件并列出元器件目录表，绘制电气原理图（包括主电路和控制电路）。

（3）根据原理线路划分组件，设计并绘制以下工艺图中的三种：电器板电气元件布置图，电器板零件加工图，控制面板电气元件布置图、接线图及控制面板加工图，电气控制箱图纸及总接线图。

（4）编写设计说明书。

参 考 文 献

蔡文斐，郑火胜，2017. 机电传动控制 [M]. 3 版. 武汉：华中科技大学出版社.

陈冰，冯清秀，邓星钟，等，2022. 机电传动控制 [M]. 6 版. 武汉：华中科技大学出版社.

湖北省人才事业发展中心，2021. 电气控制与 PLC 应用技术 [M]. 北京：中国劳动社会保障出版社.

刘永华，2023. 电气控制与 PLC 应用技术 [M]. 5 版. 北京：北京航空航天大学出版社.

倪晓梅，信苗苗，2022. 机电一体化系统设计 [M]. 西安：西安电子科技大学出版社.

芮延年，2017. 机电一体化系统设计 [M]. 苏州：苏州大学出版社.

苏两河，李烈熊，2012. 基于 PLC 控制的变频恒压供水系统设计 [J]. 机电技术，35 (2)：49 - 50，56.

王丰、杨杰、王鑫阁，2019. 机电传动控制技术 [M]. 2 版. 北京：清华大学出版社.

王宗才，2020. 机电传动与控制 [M]. 3 版. 北京：电子工业出版社.

郁建平，2021. 机电控制技术 [M]. 2 版. 北京：科学出版社.

张振国，2017. 工厂电气与 PLC 控制技术 [M]. 5 版. 北京：机械工业出版社.